高等职业教育创新型人才培养系列教材

机械工程材料

（第 2 版）

主　编　宋奇慧

北京航空航天大学出版社

内 容 简 介

本书依据高职高专机械制造类专业"机械工程材料"课程教学的能力目标和知识目标编写,从培养学生具有初步的工程实践技能出发,在内容的选取上,遵循"必需与够用"的原则,既保证基本内容够用,又注重知识的工程实用性,有利于培养学生分析问题和解决问题的能力。

本书内容包括:工程材料的基础性能、金属的结晶与铁碳合金相图、金属的塑性变形与再结晶、钢的热处理、工业用钢、铸铁、有色金属与粉末冶金材料、非金属材料、新材料简介、工程材料的失效与选用。每章后附有知识小结和适量的习题。

本书可作为高等职业院校机械工程及相关专业的教材,也可以作为成人高等教育用书及相关工程技术人员的参考用书。

图书在版编目(CIP)数据

机械工程材料 / 宋奇慧主编. -- 2 版. -- 北京 :
北京航空航天大学出版社,2023.8
ISBN 978 - 7 - 5124 - 4142 - 2

Ⅰ. ①机… Ⅱ. ①宋… Ⅲ. ①机械制造材料—高等职业教育—教材 Ⅳ. ①TH14

中国国家版本馆 CIP 数据核字(2023)第 147199 号

机械工程材料(第 2 版)
主 编 宋奇慧
策划编辑 周世婷 责任编辑 周世婷

*

北京航空航天大学出版社出版发行

北京市海淀区学院路 37 号(邮编 100191) http://www.buaapress.com.cn
发行部电话:(010)82317024 传真:(010)82328026
读者信箱:goodtextbook@126.com 邮购电话:(010)82316524
北京富资园科技发展有限公司印装 各地书店经销

*

开本:787×1 092 1/16 印张:16 字数:410 千字
2023 年 9 月第 2 版 2023 年 9 月第 1 次印刷 印数:1 000 册
ISBN 978 - 7 - 5124 - 4142 - 2 定价:49.00 元

第 2 版前言

"机械工程材料"是高职高专机械类及近机械类的一门专业基础课程,该课程的教学目的是系统阐述机械工程材料的结构、组织与性能的基本理论和基本规律。本书以金属材料为重点,同时介绍了高分子材料、陶瓷、复合材料及其应用。在此基础上对材料的热处理原理及工艺进行阐述,也介绍了各种用钢的材料成分及特点。每章都给出了教学目标和小结,以便学生理解、掌握相关教学内容。

本教材力求充分体现高职高专教育的特点,突出理论和实践的紧密结合,强调学生可持续发展能力的培养,既适应产业对人才知识的需求,又体现以能力为本位的高职高专教育的特色。编者结合自身生产教学实践,将工程材料内容以通俗易懂的语言进行讲授,便于教师教学和学生学习,有利于促进教学质量的提高。

本书主要有以下特点:

① 突出"应用"特色,基础理论够用为度,强调知识的实际应用和实践训练。

② 教学内容的选择宽而精,紧随新技术发展,将新工艺、新材料引进教材,在内容上体现先进性、实用性和针对性。

③ 力求做到理论深入浅出,内容重点突出、图文并茂,文字通俗易懂。

④ 培养学生的综合应用能力,引导学生应用所学知识解决实际问题,使学生初步具有解决实际问题的感性认识和经验,努力做到触类旁通和融会贯通。

⑤ 强化实践教学环境,提高学生的动手能力和实践技能。

⑥ 配有部分视频资源,帮助读者加深理解所学内容。

本书在编写上尽量做到布局合理,内容丰富、新颖;在文字表达上尽量做到精炼、准确、通俗易懂,插图形象生动;在内容组织方面尽量注意逻辑性、系统性和层次性,注重理论和实践的结合。各院校机械类专业对课程内容要求不同,学时数也不同,教师在选用本书作为教材时,可根据具体情况对各章节的内容加以取舍和调整。

本书由黑龙江农业工程职业学院宋奇慧任主编(前言、绪论、第 1 章、第 3 章、第 4 章、第 9 章、第 10 章及附表)、赵娜任副主编(第 2 章、第 8 章),参与编写的有黑龙江农业工程职业学院王双印(第 5 章)、黑龙江农业工程职业学院何鑫(第 6 章)、蔡迪明(第7章)。全书由宋奇慧统稿,黑龙江农业工程职业学院许光驰教授主审。

在本书的编写过程中,得到了郭红岩老师及哈尔滨东安发动机有限公司肖立专家的支持和帮助,在此表示诚挚的谢意。同时,书中参考或引用的有关文献资料、插图等,编者在此对其原作者表示感谢。

由于编者水平有限,编写时间仓促,书中的疏漏和不足之处恳请读者批评指正。

编　者

2023 年 7 月

目　录

绪　论

1. 材料科学的发展及其在国民经济中的地位

　　材料是指能够用于制造结构、器材或者其他有用产品的物质。它是人类生产和生活的物质基础,是人类社会文明进步的重要标志。纵观人类利用材料的历史,可以发现:每一种重要材料的发明和应用都会引起生产技术的革命,并大大加速社会文明发展的进程。例如,合成纤维的研制成功改变了纺织工业的面貌,使人类的衣着发生重大变化;超高温合金的发明,加速了航天技术的发展;光导纤维的开发使通信技术发生了重大变革;高强、高硬度材料的应用使机械制造工艺产生了重大的变化。因此,历史学家曾经以石器时代、青铜器时代、铁器时代来划分历史发展的各个阶段。而今,人工合成材料的新技术日新月异,材料的发展进入了丰富多彩的新时代。新材料的不断发展和使用成为现代科学技术和现代文明发展的重要基础和强劲动力。

　　自古以来,材料的发展水平和利用程度是人类文明进步的标志。在远古时代,人类的祖先是以石器为主要工具的。他们在不断改进石器和寻找石料的过程中发现了天然铜块和铜矿石,并在用火烧制陶器的生产过程中发现了冶铜术,后来又发现把锡矿石加到红铜里一起熔炼,制成的物品更加坚韧、耐磨,这就是青铜。公元前 4000 年左右,人类进入青铜器时代。公元前 1000 年左右,人类进入铁器时代,开始使用铸铁,后来制钢工业迅速发展,成为 18 世纪产业革命的重要内容和物质基础。所以,也有人将 18—19 世纪称为“钢铁时代”。20 世纪后半叶,随着科学技术的迅猛发展,新材料研制日新月异,高分子材料、半导体材料、先进陶瓷材料、复合材料、人工合成材料、纳米材料等新材料层出不穷,给社会生产和人类生活带来了巨大变化。由此可见,材料科学对人类社会文明和经济发展具有不可估量的作用。作为以能源、信息、新材料和生物工程为代表的现代技术的四大支柱之一,新材料技术更是现代技术发展的关键领域,起着先导和基础的作用,被很多国家重视,我国也把新材料的研究与开发放在了优先发展之列。

2. 机械工程材料的分类

　　材料的种类很多,其中用于机械制造的各种材料称为机械工程材料。机械工程材料按其成分特点,一般分为金属材料、非金属材料和复合材料三大类。

　　金属材料包括钢铁材料和非铁材料。钢铁材料也称为黑色金属材料,是指铁和铁基的合金,如铸铁、钢;非铁材料又称为有色金属材料,是除钢铁材料以外的所有金属及其合金的统称,如铜、铝、钛及其合金等。钢铁材料具有力学性能优异,加工性能良好,原料来源广,生产成本低等突出的优点,因此机械工程材料中目前仍以钢铁材料的应用最为广泛,占整个机械制造业用材的 90% 左右。

　　非金属材料主要包括高分子材料和陶瓷材料。随着研究和应用的不断深入,非金属材料以其特有的性能,得到越来越广泛的应用,其中高分子材料发展尤为迅速,目前,其产量按体积计算已经超过了钢铁的产量。

复合材料保留了各组成材料的优点,具有单一材料所没有的优异性能,虽然目前成本较高,一定程度上限制了其应用范围,但随着成本的降低,其应用领域将日益广泛。

金属材料、非金属材料和复合材料之间不是独立应用或可以替代的关系,而是相互补充、相互结合,已经形成了一个完整的材料科学体系。

机械工程材料按其性能特点,又可分为结构材料和功能材料两种。结构材料以力学性能为主,而功能材料则以其特殊的物理、化学性能为主,如超导、激光、半导体、形状记忆材料等。机械工程材料主要研究和应用的是结构材料。

3. 本课程的性质、内容和学习方法

"机械工程材料"是高职高专机械类及近机械类专业必修的专业基础课程。随着材料科学的飞速发展,机械工程材料的种类越来越多,应用范围越来越广,在产品的设计与制造过程中,与材料和热处理有关的问题也日益增多。因此,具备与专业相关的材料知识,在机械设计过程中能够合理地选择工程材料和强化方法,正确地制定加工工艺路线,从而充分发挥材料本身的性能潜力,获得理想的使用性能,节约材料,降低成本,是从事机械设计与制造工作的工程技术人员必须具备的能力。

通过本课程的学习,了解常用机械工程材料的化学成分、组织结构、力学性能与热加工工艺之间的关系及变化规律,熟悉常用金属材料的牌号、成分、力学性能及用途,了解零件失效分析的方法,初步具备合理选择材料、正确制定热处理工艺及合理安排加工工艺路线的能力。

本课程的内容主要包括工程材料的力学性能、金属学基础知识、钢的热处理、金属材料、非金属材料及常用机械工程材料的选用等。本课程的重点内容可归纳为"一条线,两张图,三种材料,四把火"。"一条线"是指材料的"化学成分→组织→性能→使用"之间的相互关系及其变化规律,是贯穿本课程的纲;"两张图"是指 $Fe-Fe_3C$ 相图和过冷奥氏体等温转变曲线图;"三种材料"是指金属材料、非金属材料和复合材料;"四把火"是指退火、正火、淬火和回火,这是最常见的四种热处理方法,是其他处理方法的基础,是强化和改变材料性能的重要手段。

学好本门课程的原则和方法如下:

本门课程具有"三多",即名词概念多、定性描述及经验总结多、需要记忆的内容多,因此在听课时需要注意理解概念,善于结合实验教学分析材料的组织特征,弄清实验数据的含义及适用条件,及时做好课堂笔记。

课前预习,听完课要及时消化理解所学知识,把学过的基础知识弄懂。许多初学同学认为内容偏多,概念多不容易理解。随着课程的深入学习,同学们会对课程逐渐熟悉,认识也将逐步深化。

课后及时复习,以利于消化与巩固。尝试回忆,阅读教材,整理笔记,看参考书;阅读、整理是消化理解课堂听讲内容的过程,看参考书则是深入运用知识、拓展知识,形成知识技能的过程。

总之,本课程是一门实践性和应用性都很强的课程,在学习中应注意理论与实际相结合,知识的掌握与应用并重,以提高分析问题和解决问题的能力。

绪论的主要
学习内容

第1章 工程材料的基础性能

【导学】

为了正确、合理地选用材料,必须首先了解材料及其性能。材料必须符合机件的使用条件,才能发挥机件的机械性能及特性。材料的性能一般分为使用性能和工艺性能两类。使用性能是指材料在使用过程中所表现出来的性能,主要包括力学性能、物理性能和化学性能。在机械制造中选用材料时,一般以力学性能作为主要依据。力学性能是指材料在外力作用下所表现出来的特性,常用指标有:强度、硬度、塑性、韧性和疲劳强度等,力学性能指标是进行选材及强度计算的重要指标。

【学习目标】

◆ 掌握工程材料的力学性能,尤其是强度、硬度、塑性等;

◆ 理解工程材料的工艺性能,了解常见金属加工工艺的特点;

◆ 了解静载、动载及环境温度变化对工程材料力学性能的影响。

本章重难点

1.1 静载时材料的力学性能

静载荷是指大小不随时间的变化而发生变化的载荷。根据机械零件在机械中所处的部位不同,外加载荷分为三种:静载荷、冲击载荷、交变载荷。其中,静载荷施加载荷的速度比较缓慢,冲击载荷施加载荷的速度很快并且带有冲击的性质,交变载荷所施加的载荷大小、方向随着时间而变化。

材料是在不同的外界条件下使用的,在载荷、温度等条件的作用下表现出的不同行为,即材料在使用过程中表现出来的性能,主要包括:力学性能、物理性能和化学性能。材料的力学性能是指材料在外力作用下所表现出来的特性,常用的力学性能指标有强度、塑性、硬度、韧性和疲劳强度等,这些性能指标的高低表示了金属抵抗各种损伤能力的大小,也是机械零件的设计、材料选择和强度计算的重要指标。

1.1.1 强度与塑性

1. 拉伸试验

试验前,将金属材料制成一定形状和尺寸的标准拉伸试样,如图 1-1(a)所示。图中 d_0 为试样的原始直径(mm),L_0 为试样的原始标距长度(mm)。按照国家标准规定,拉伸试样可分为长试样($L_0 = 10d_0$)和短试样($L_0 = 5d_0$)两种。将试样装夹在试验机上,缓慢进行拉伸,使试样承受轴向拉力 F,直到试样断裂,并引起试样伸长,其伸长量 $\Delta L = L_u - L_0$。将拉力 F 除以试样的原始横截面积 S_0,即得拉应力 R,即 $R = F/S_0$,单位为 MPa(N/mm²)。将伸长量除以试样原始长度 L_0,即得到应变 ε,以 R 为纵坐标,以 ε 为横坐标,则可以画出应力-应变曲线,如图 1-1(b)所示。

拉伸试验时,将试样两端装入拉伸试验机夹头内夹紧,随后缓慢加载。随着载荷的不断增加,试样随之伸长,直至拉断为止。在拉伸过程中,拉伸试验机上的自动绘图装置绘制出拉应力和应变之间的关系曲线,即拉伸曲线,也称应力–应变曲线。图 1-1(b)为退火低碳钢的拉伸曲线。

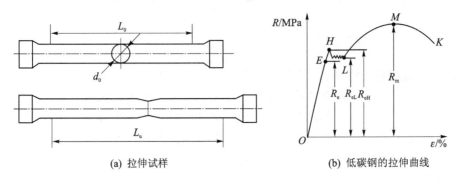

(a) 拉伸试样 (b) 低碳钢的拉伸曲线

图 1-1 标准试样和低碳钢的拉伸曲线

由图 1-1(b)可见,退火低碳钢在拉伸过程中,拉应力 R 与应变 ε 的关系有以下几个阶段:

- 弹性变形阶段($O-E$)。当拉应力增加到 R_e 时,试样处于弹性变形状态,卸除载荷后试样可恢复到原来的形状和尺寸,即载荷与伸长量呈正比关系,符合胡克定律。
- 屈服阶段($H-L$)。当拉应力超过 R_e 后,试样开始产生塑性变形,或称永久变形,即卸除载荷后,伸长的试样只能部分地恢复,而保留一部分的残余变形。当拉应力增加到 R_{eL} 时,拉伸曲线上出现平台或锯齿状,这种在载荷不增加的情况下,试样还继续伸长的现象称为屈服。
- 强化阶段($L-M$)。当拉应力超过 R_{eL} 后,由于塑性变形而产生形变强化(加工硬化),必须增大拉应力才能使伸长量继续增加。此时变形与强化交替进行,直至拉应力达到最大值 R_m。
- 局部塑性变形阶段($M-K$)。当拉应力达到 R_m 后,试样的某一部位横截面急剧缩小,出现"缩颈"。此时施加的拉应力逐渐减小,而变形继续增加,直到 K 点时试样断裂。

2. 强　度

材料在外力作用下抵抗永久变形和断裂的能力,称为材料的强度。由于材料承受外力形式不同,材料的强度分为抗拉强度、抗压强度、抗弯强度和抗剪强度等形式,其大小用材料在破坏前所承受的最大应力来衡量,常用的指标有屈服强度和抗拉强度,通常以抗拉强度作为基本的强度指标。金属强度与塑性在新、旧标准中的术语和符号对照见表 1-1。

材料在承受拉力时,抵抗变形和断裂的能力主要用屈服强度 R_{eL} 和抗拉强度 R_m 两个指标来衡量。

(1)弹性极限

弹性极限是指材料保持弹性变形所能承受的最大应力,用符号 R_e(MPa)表示。

$$R_e = \frac{F_e}{S_0} \tag{1-1}$$

式中,F_e——试样发生屈服时的载荷,N;

S_0——试样原始横截面积,mm^2。

表 1-1　金属材料强度与塑性在新、旧标准中术语和符号的对照

GB/T 228—2010(新国标)		GB/T 228—1987(旧国标)	
术　语	符　号	术　语	符　号
断面收缩率	Z	断面收缩率	ψ
断后伸长率	A	断后伸长率	δ
应力	R	应力	σ
屈服强度	—	屈服点	σ_s
上屈服强度	R_{eH}	上屈服点	σ_{sU}
下屈服强度	R_{eL}	下屈服点	σ_{sL}
规定残余延伸强度	R_r，如 $R_{r0.2}$	规定残余延伸强度	σ_r，如 $\sigma_{r0.2}$
规定非比例延伸强度	R_p，如 $R_{p0.2}$	规定非比例延伸强度	σ_p，如 $\sigma_{p0.2}$
抗拉强度	R_m	抗拉强度	σ_b
弹性极限	R_e	弹性极限	σ_e

（2）屈服强度

屈服强度是指材料开始产生屈服现象的最小应力，反映的是工程材料抵抗塑性变形的能力，用符号 R_{eL}（MPa）表示。

$$R_{eL} = \frac{F_{eL}}{S_0} \tag{1-2}$$

式中，F_{eL}——试样发生屈服时的载荷，N。

对于铸铁、高碳钢等没有明显屈服现象的金属材料，可测定其规定残余延伸强度值，用符号 R_r（MPa）表示，它表示材料在卸除载荷后，试样标距部分残余伸长率达到规定数值时的应力。表示此应力的符号，应附以下角标说明其规定的残余伸长率，例如，$R_{r0.2}$ 表示规定残余伸长率 ε_r 为 0.2% 时的应力。

$$R_{r0.2} = \frac{F_{r0.2}}{S_0} \tag{1-3}$$

式中，$F_{r0.2}$——残余伸长率为 0.2% 时的载荷，N。

零件在工作中如发生少量塑性变形，会导致零件精度降低或影响与其他零件的配合。为保证零件正常工作，材料的屈服强度应高于零件的工作应力。因此，材料的屈服强度是机械零件设计时的主要依据，也是评定金属材料性能的重要指标之一。

（3）抗拉强度（强度极限）

抗拉强度是指材料在拉断前所承受的最大应力，反映了材料抵抗断裂的能力，用符号 R_m（MPa）表示。

$$R_m = \frac{F_m}{S_0} \tag{1-4}$$

式中，F_m——试样拉断前承受的最大载荷，N。

零件在工作中所承受的应力不允许超过抗拉强度，否则零件就会断裂。抗拉强度也是机械设计和评定金属材料质量的主要依据。

3. 塑　性

塑性变形是指材料在外力作用下,发生不能恢复原状的变形,也称永久变形。材料的塑性是指材料在外力作用下断裂前发生不可逆永久变形的能力。

常用的塑性指标有断后伸长率 A 和断面收缩率 Z,可在静拉伸实验中,将拉断后试样对接起来进行测量而得到。

（1）断后伸长率

断后伸长率是指试样拉断后,标距的伸长量与原始标距的百分比,用符号 A 表示。

$$A = \frac{L_u - L_0}{L_0} \times 100\% \qquad (1-5)$$

式中,L_u——试样拉断后的标距,mm;

L_0——试样原始标距,mm。

（2）断面收缩率

断面收缩率是指试样拉断后,缩颈处截面积的最大缩减量与原始横断面积的百分比,用符号 Z 表示。

$$Z = \frac{S_0 - S_u}{S_0} \times 100\% \qquad (1-6)$$

式中,S_0——试样原始横截面积,mm^2;

S_u——试样拉断后缩颈处最小横截面积,mm^2。

断面收缩率的大小与试件尺寸无关。它对材料的组织变化比较敏感,尤其对钢的氢脆以及材料的缺口比较敏感。断后伸长率和断面收缩率值越大,材料的塑性越好。良好的塑形性能可使设备在使用中产生塑性变形而避免发生突然的断裂。塑性指标在机械设计中具有重要意义,塑性良好的材料才能进行成型加工,如弯曲和冲压等。

1.1.2　硬　度

硬度是指材料抵抗比它更硬物体压入其表面的能力,即受压时抵抗塑性变形的能力。硬度是衡量金属软硬程度的指标,试验操作简单、迅速,不一定要用专门的试样,且不破坏零件,根据测得的硬度值,还能估计金属材料的抗拉强度值,因而被广泛使用。硬度还影响到材料的耐磨性,一般情况下,金属的硬度越高,耐磨性也越好。目前生产中普遍采用的硬度试验方法主要有布氏硬度、洛氏硬度、维氏硬度等。

1. 布氏硬度

布氏硬度的试验原理如图 1-2 所示。以一定直径的球体(淬火钢球或硬质合金球)在一定载荷作用下压入试样表面,保持一定时间后卸除载荷,测量其压痕直径,计算硬度值。布氏硬度值用压痕单位面积上所承受的平均压力来表示,即

$$HBS(HBW) = 0.102 \times \frac{2F}{\pi D(D - \sqrt{D^2 - d^2})} \qquad (1-7)$$

式中,F——试验载荷,N;

D——压头直径,mm;

d——压痕平均直径,mm。

从式(1-7)可以看出,当试验力 F 和压头直径 D 一定时,压痕直径 d 越小,则布氏硬度值

越大,也就是硬度越高。在实际应用中,布氏硬度值一般不用计算方法求得,而是先测出压痕直径 d,然后从专门的硬度表中查得相应的布氏硬度值。

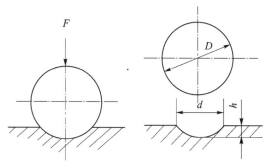

D—压头直径(mm);d—压痕平均直径(mm);h—压痕深度(mm)

图 1 - 2　布氏硬度试验原理

布氏硬度
试验原理

根据材料的情况,压头选择如下:

① 当用淬火钢球作为压头时,用符号 HBS 表示,适用于测量硬度值小于 450(HBS)的材料。

② 当用硬质合金球作为压头时,用符号 HBW 表示,适用于测量硬度值为 450～650 的材料。

符号 HBS 或 HBW 之前用数字表示硬度值,符号之后依次用数字注明压头直径 D、试验载荷 F 和载荷保持时间 t(10～15 s 不标注)。例如,120 HBS/10/1000/30,即表示用直径 10 mm 的淬火钢球作为压头,在 9.8 kN(1 000 kgf)[①]的实验载荷作用下,保持 30 s,测得的布氏硬度值为 120。

布氏硬度实验压痕面积较大,受测量不均匀度影响较小,故测量结果较准确,主要用于测定各种铸铁,退火、正火、调质处理的钢,以及非铁合金等质地相对较软的材料。而且由于布氏硬度与 R_m 存在一定的经验关系,因此得到了广泛的应用。

2. 洛氏硬度

洛氏硬度试验原理在初始试验力 F_0 和总试验力 (F_0+F_1) 的先后作用下,将顶角为 120°的金刚石圆锥体或直径为 1.588 mm(1/16 英寸)的淬火钢球压入试样的表面,保持规定时间后,卸除主试验力 F_1,用测量的残余压痕深度增量来计算洛氏硬度值,如图 1 - 3 所示。

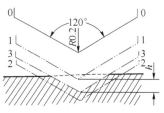

图 1 - 3　洛氏硬度测量原理

图 1 - 3 中,0—0 为压头未与试样接触时的位置;1—1 为压头受到初始试验力 F_0 后压入试样的位置;2—2 为压头受到总试验力 (F_0+F_1) 后压入试样的位置;保持规定的时间后,卸除主试验力 F_1,仍保留初始试验力 F_0,试样弹性变形的恢复使压头上升到 3—3 的位置。此时压头受主试验力作用压入的深度为 h,即 1—1 至 3—3 的位置。h 值

洛氏硬度
试验原理

① 1 kgf≈9.807 N

越小,则金属硬度越高。为适应人们习惯上数值越大硬度越高的观念,故人为地规定用一常数 K 减去压痕深度 h 作为洛氏硬度指标,并规定每 $0.002\ mm$ 为一个洛氏硬度单位,用符号 HR 表示,则洛氏硬度值为

$$HR = \frac{K - h}{0.002} \qquad (1-8)$$

由此可见,洛氏硬度值是一个无量纲的材料性能指标,硬度值在试验时直接从硬度计的表盘上读出。式(1-8)中 K 为一常数,使用金刚石压头时,K 为 0.2;使用淬火钢球压头时,K 为 0.26。

为了能用一种硬度计测定从软到硬的不同材料的硬度,采用不同的压头和载荷,组成几种不同的洛氏硬度标尺。常用的有 HRA、HRB、HRC 三种。洛氏硬度的标注方法如下:硬度符号 HR 前面的数字表示硬度值,后面的符号表示不同洛氏硬度的标度,如 50 HRC,80HRA 等。常用洛氏硬度的实验条件和应用范围见表 1-2。

表 1-2 常用洛氏硬度的试验条件和应用范围

硬度符号	压 头	总载荷 $F_总$ / N	硬度值有效范围	应用举例
HRA	120°金刚石圆锥体	588.4	HRA20~88	硬质合金、表面淬火、渗碳层等
HRB	$\phi 1.588\ mm$ 钢球	980.7	HRB20~100	低碳钢、退火钢、有色金属等
HRC	120°金刚石圆锥体	1 471	HRC20~70	一般淬火钢、调质钢、钛合金等

洛氏硬度试验方法简单直观,操作方便,测试硬度范围大,可以测量从很软到很硬的金属材料,测量时几乎不损坏零件,因而成为目前生产中应用最广的试验方法。但由于压痕较小,当材料内部组织不均匀时,测量值不够精确,因此在实际操作时,一般至少选取三个不同部位进行测量,取其算术平均值作为被测材料的硬度值。

3. 维氏硬度

布氏硬度试验不能测定硬度较高的金属材料,洛氏硬度试验虽可用来测定由极软到极硬金属材料的硬度,但不同标尺的硬度间没有简单的换算关系,使用很不方便。为了能在同一种硬度标尺上测定从极软到极硬金属材料的硬度值,特制定了维氏硬度试验法。

维氏硬度的试验原理与布氏硬度基本相似,如图 1-4 所示。将一个相对面夹角为 136°的正四棱锥体金刚石压头,以选定的试验力压入试样表面,保持规定的时间后,卸除试验力,测量压痕对角线长度。维氏硬度值为单位压痕表面积所承受试验力的大小,用符号 HV 表示,单位为 N/mm^2。维氏硬度计算公式为

$$HV = 0.189\ 1 \frac{F}{d^2} \qquad (1-9)$$

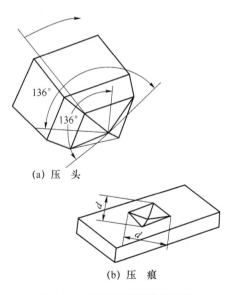

(a) 压 头

(b) 压 痕

图 1-4 维氏硬度测量原理图

式中,F——试验力,N;

　　　d——压痕两对角线长度算术平均值,mm。

　　在实际应用时,维氏硬度值与布氏硬度值一样,不用通过计算,而是根据压痕对角线长度直接查表获得。与布氏硬度一样,在硬度符号 HV 之前的数字为硬度值,HV 后面的数值依次表示载荷和载荷保持的时间(保持时间为 10～15 s 时不标注)。如:640 HV30/20 表示在294.2 N(30 kgf)载荷作用下,保持 20 s 测得的维氏硬度值为 640。

　　维氏硬度适用范围宽,从极软到极硬的材料都可以测量。尤其适用于零件表面层硬度的测量,如化学热处理的渗层硬度测量,其结果精确可靠。但测取维氏硬度值时需要测量对角线长度,然后查表或计算,而且对试样表面的质量要求高,所以测量效率较低,没有洛氏硬度方便,不适用于成批生产的常规试验。

1.2　动载时材料的力学性能

　　生产中许多零件是在冲击力的作用下工作的,零件的服役环境是多种多样的,如活塞销、锤杆、冲模、锻模等。这类零件既要满足其在静力作用下的强度、硬度、塑性等指标,还应该有足够的韧性。实际上许多机械零件和工具在工作中往往要受到冲击载荷的作用。

　　动载荷是指由于运动而产生的作用在构件上的作用力。根据作用力的不同分为冲击载荷和交变载荷,材料的主要动载力学性能指标有冲击韧性和疲劳强度。

1.2.1　冲击韧性

　　冲击韧性是指金属在断裂前吸收变形能量的能力,它表示了金属材料抗冲击的能力。韧性指标是通过冲击试验确定的,常用的方法是摆锤式一次冲击试验法。

1. 冲击试验及其指标

　　试验前按照《金属夏比(U 形或 V 形缺口)冲击试验法》规定,首先将金属材料制作成标准冲击试样,如图 1-5 所示。

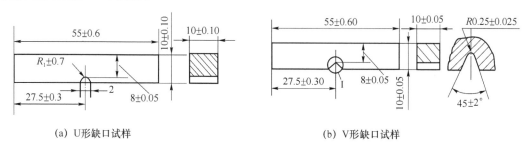

(a) U形缺口试样　　　　　　　　　　　　(b) V形缺口试样

图 1-5　标准冲击试样

冲击试验　　　　　　　　　冲击试验原理

试验时,将试样安放在冲击试验机的支座上,试样的缺口背向摆锤的冲击方向,如图 1-6(a) 所示。将重力为 G 的摆锤抬到高度 H,使其具有一定的势能 GH,如图 1-6(b) 所示。然后, 让摆锤由此高度落下,将试样冲断,摆锤继续向前升高到高度 h,此时摆锤的剩余势能为 Gh。 由此可计算出试样的冲击吸收功 A_K(J),其值为

$$A_K = G(H-h) \qquad (1-10)$$

式中,G——摆锤产生的重力,N;

$\quad H$——冲击前摆锤抬起的高度,m;

$\quad h$——冲断试样后,摆锤上升的高度,m。

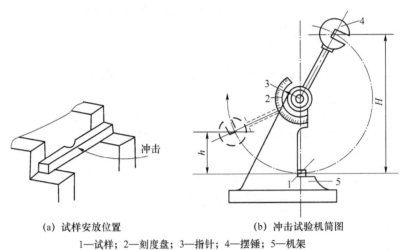

(a) 试样安放位置　　　　　　(b) 冲击试验机简图

1—试样;2—刻度盘;3—指针;4—摆锤;5—机架

图 1-6　冲击试验示意图

用试样缺口处的横截面积 S_0 去除冲击吸收功 A_K,即得到冲击韧性,用 a_K(J/cm^2)表示, 其计算公式为

$$a_K = \frac{A_K}{S_0} \qquad (1-11)$$

U 形缺口和 V 形缺口试样测定的结果,冲击吸收功分别用符号 A_{KU} 和 A_{KV} 来表示,冲击 韧性分别用符号 a_{KU} 和 a_{KV} 来表示。

一般来说,材料的冲击吸收功越大,冲击韧性越大,表明材料的韧性越好。但由于测出的 冲击吸收功 A_K 的组成比较复杂,所以有时测得的 A_K 值及计算出来的 a_K 值不能真正反映材 料的韧脆性质。

温度对一些材料的韧脆程度有很大的影响。在不同温度下进行的一系列冲击试验表明, 随温度的降低,A_K 值呈下降趋势。当温度降至某一范围时,A_K 值急剧下降,钢材由韧性断裂 变为脆性断裂,这种现象称为冷脆转变,此时的温度称为韧脆转变温度。韧脆转变温度是衡量 金属材料冷脆倾向的指标。材料的韧脆转变温度愈低,材料的低温冲击韧度愈好。对于在较 寒冷地区使用的车辆、桥梁、输送管道等,在选择金属材料时,应使其韧脆转变温度低于周围环 境的最低温度。

2. 小能量多次冲击试验

实践证明,承受冲击载荷的机械零件,很少因一次大能量冲击而遭到破坏,很多情况下是

在一次冲击不足以使零件破坏的小能量多次冲击作用下而破坏的。在这种情况下,它的破断是由多次冲击造成的损伤积累而引起裂纹的产生和扩展所造成的,如凿岩机风镐上的活塞,大功率柴油机曲轴等零件都是因一定能量下的多次冲击而破坏的。这与大能量一次冲击的破断过程并不一样,不能用一次冲击试验所测得的 a_K 值来衡量零件材料对这些冲击载荷的抗力。

小能量多次冲击试验机为凸轮落锤式结构,如图 1-7 所示。试验时将试样放在连续冲击试验机上,冲锤以一定的能量对试样多次冲击,测定试样出现裂纹和最后断裂的冲击次数 N,以此作为多次冲击抗力指标。

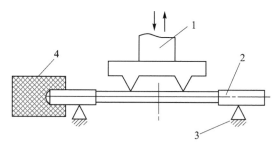

1—冲头；2—试样；3—支座；4—橡胶传动轴

图 1-7　小能量多冲试验示意图

大量试验证明,多次冲击抗力与材料的强度和塑性有关。当冲击能量高时,材料的多次冲击抗力主要取决于塑性;在冲击能量低时,则主要取决于强度。

1.2.2　断裂韧度

在实际工程应用中,一些用高强度钢制造的零件或大型焊接构件,如桥梁、船舶等,有时会在工作应力远低于材料屈服强度,甚至低于许用应力的条件下,突然发生脆性断裂,这样的断裂称为低应力脆断。

前面讨论的力学性能,都是假定材料内部是完整的、均匀的、连续的。但实际上,材料或构件本身不可避免地会存在各种冶金或加工缺陷,如夹杂、气孔等,这些缺陷可以看作是材料中的裂纹。根据近代断裂力学的观点,在外力的作用下,这些裂纹的尖端前沿将产生应力集中,形成一个裂纹尖端应力场,其强弱可用应力强度因子 K_I 来描述,单位为 MPa·m$^{1/2}$。

$$K_I = Y\sigma\sqrt{a} \tag{1-12}$$

式中,Y——与试样尺寸、加载方式及裂纹形状有关的无量纲系数;

　　σ——外加应力,MPa;

　　a——裂纹的半长,m。

对于一个有裂纹的试样,在拉伸载荷作用下,Y 值是一定的。当外力逐渐增大,或裂纹逐渐扩展时,应力强度因子 K_I 也随之增大。当 K_I 增大到某一值时,就可使裂纹前沿某一区域的内应力大到足以使材料产生分离,从而导致裂纹突然失稳扩展,直至发生脆断。这个应力强度因子的临界值称为材料的断裂韧度,用 K_{IC} 表示。

断裂韧度表明了材料抵抗裂纹失稳扩展断裂的能力。当 $K_I < K_{IC}$ 时,裂纹扩展很慢或不扩展,不发生脆断;当 $K_I > K_{IC}$ 时,裂纹失稳扩展,会发生脆性断裂。断裂韧度可通过实验测得,它与裂纹本身大小、形状、外加应力等无关,主要取决于材料本身的成分、内部组织和结构。

在工程上,如果用无损探伤的方法测出零件中的最大裂纹长度,就可以根据材料的断裂韧度计算出使裂纹失稳扩展的临界载荷,即零件的最大承载能力;或者根据零件的工作应力和测得的断裂韧度,也可以估算出材料中允许存在的最大裂纹长度。断裂韧度为零件设计和无损探伤提供了定量的依据,对于评估材料的使用寿命和机件工作的可靠性具有重要的指导意义。

1.2.3 疲劳强度

许多机械零件,如轴、弹簧、齿轮、轴承、叶片等都是在循环应力(交变应力)长期作用下工作的,尽管工作应力不太高,按照静强度的观点设计应该是安全的,但是在工作过程中仍然发生了破坏,而且往往是在工作应力低于其屈服强度甚至是弹性极限的情况下发生断裂,这种断裂称为疲劳断裂。据统计,约有80%以上的零部件失效是由疲劳断裂引起的。疲劳断裂往往是在没有任何先兆的情况下突然发生的,因而极易造成严重的后果。

疲劳断裂时没有明显的宏观塑性变形,疲劳断口一般可分为三个部分,即发源区(疲劳源)、扩展区(光亮区)和最后断裂区(粗糙区),如图 1-8 所示。

产生疲劳的原因一般是由于材料表面或内部的缺陷(如刀痕、夹杂等)引起应力集中,在交变载荷的作用下产生微裂纹,并随着载荷循环周次的增加,裂纹不断扩展,使零件实际承载面积不断减少,直至最后达到某一临界尺寸时,实际应力超过了材料的强度极限,零件发生突然断裂。

材料的疲劳强度通常是在旋转弯曲疲劳试验机上测定的。通过疲劳试验可以测得材料承受的交变应力值 σ 和断裂前的循环次数 N 之间的关系曲线,即如图 1-9 所示的疲劳曲线。从图中可以看出,应力值 σ 越低,断裂前的循环次数就越多。当应力值降低到某一定值后,曲线与横坐标平行。这表示当应力值低于此值时,材料可经受无数次应力循环而不断裂,此应力值称为材料的疲劳强度或疲劳极限。对称循环时,疲劳强度用符号 σ_{-1} 表示,单位为 MPa。

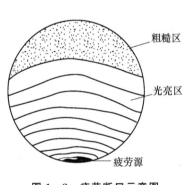

图 1-8　疲劳断口示意图

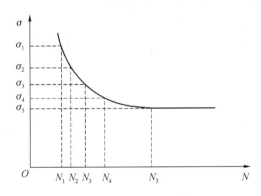

图 1-9　疲劳曲线

实际上,疲劳试验不可能进行无限次的交变载荷试验,因此工程上的疲劳强度是指在规定的循环次数不发生断裂的最大应力,一般规定钢的循环次数为 10^7 次,有色金属和某些超高强度钢为 10^8 次。

金属的疲劳极限与其内部质量、表面状态及应力状态等因素有关。实践表明,对零件结构形状进行合理设计以避免产生应力集中,降低表面粗糙度,对表面进行各种强化处理,使表面产生残余压应力等,都能有效地提高零件的疲劳强度。

1.3 材料的高、低温力学性能

1.3.1 高温力学性能

有许多设备是在高温下工作的,如高压锅炉、航空发动机、燃气轮机等。这些设备的性能要求不能以常温的力学性能来衡量,因为材料在高温下的力学性能与常温下的性能明显不同。材料在高温下力学性能的一个重要特点是产生了蠕变。蠕变是指材料在长时间的恒温、恒载荷的作用下缓慢地产生塑性变形的现象,由于蠕变而最后导致金属材料断裂的现象称为蠕变断裂。

常用材料的蠕变性能指标为蠕变极限和持久强度极限。

蠕变极限是表示材料抵抗蠕变能力大小的指标,一般用规定温度下和规定时间内达到一定总变形量的应力 $R_{\varepsilon/t}^{T}$ 表示。例如 $R_{1/10^5}^{500}=100\ \mathrm{MN/m^2}$,即表示材料在 500 ℃,$10^5$ h 内,产生的变形量为 1‰时所能承受的应力为 100 $\mathrm{MN/m^2}$。材料蠕变极限中所指定的温度和时间,一般由设备的具体服役条件而定。

持久强度极限是指材料在给定温度 T(单位℃)和规定的持续时间 t(单位 h)内引起断裂的最大应力值,用符号 R_t^T 表示。例如,$R_{1\times10^3}^{700}=300\ \mathrm{MN/m^2}$,表示材料在 700 ℃经 1 000 h 所能承受的断裂应力为 300 $\mathrm{MN/\ m^2}$。

某些在高温下工作的设备,其蠕变很小或对变形要求不严,只要求该设备在使用期内不发生断裂。在这种情况下,要用持久强度作为评价材料及设计的主要依据,对那些严格限制其蠕变变形的高温零件,如蒸汽机的叶片,虽然在设计时以材料的蠕变极限作为主要参考,但也必须考虑持久强度的数据,用它来衡量材料使用中的安全可靠程度。

1.3.2 低温力学性能

材料在低温下同样具有与常温明显不同的性能,除了陶瓷材料外,许多金属材料和高分子材料的力学性能随着温度的降低其硬度和强度增加,而塑性和韧性下降。某些线性非晶体高聚物会由于大分子链段运动的完全冻结,成为刚硬的玻璃态而明显脆化,由此而产生的最为严重的工程现象就是低温下使用的压力容器、管道、设备及其构件的脆性断裂,俗称冷脆。脆性断裂属于低应力破坏,其破坏应力远低于材料屈服极限,一般发生在较低的温度,发生脆断的裂纹源是构件的应力集中处。

评定材料低温脆性的最简便的试验方法是系列温度冲击试验。该试验采用标准的冲击试样,在从高温到低温的一系列温度下进行冲击试验,测定材料冲击吸收功随着温度的变化规律,揭示材料的低温脆性倾向,如图 1-10 所示。

其中韧脆转变温度 T_k 是从韧性角度选材的重要依据之一,可用于抗脆断设计,对于在低温服役的设备,依据韧脆转变温度 T_k 可以

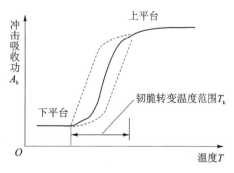

图 1-10 冲击吸收功随温度的变化曲线

直接或间接估计它们的最低使用温度。

1.4　材料的工艺性能

工艺性能是指材料承受各种加工、处理的能力，主要包括铸造性、可锻性、焊接性、冷弯性、切削加工性、热处理工艺性等。

大部分机械工程零件都是由金属材料制成的，一般加工工艺过程如图 1-11 所示。

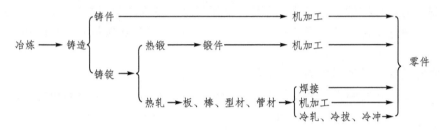

图 1-11　一般加工工艺过程

1. 铸造性

铸造性是指金属材料用铸造的方法获得优良铸件的能力，包括液体金属的流动性，凝固过程中的收缩、偏析等。金属材料中灰铸铁和青铜的铸造性能较好。

2. 可锻性

可锻性是指金属材料在压力加工时能改变形状而不产生裂纹的能力，包括在热态或冷态下能够进行锤锻、轧制、拉伸、挤压等加工的能力。可锻性的好坏主要与金属材料的塑性有关，塑性越好，可锻性越好。如黄铜和铝合金在室温下就有良好的可锻性，非合金钢在加热的状态下可锻性较好，而铸钢、铸铁等几乎不能够锻造。

3. 焊接性

焊接性是指金属材料对焊接加工的适应能力，主要是指在一定的焊接工艺条件下，获得优质焊接接头的难易程度。焊接性好的金属可以获得没有裂纹和气孔等缺陷的焊缝，并且接头有一定的力学性能。钢材的含碳量是影响焊接性好坏的主要因素，低碳钢具有良好的焊接性能，而高碳钢、不锈钢和铸铁的焊接性能则较差。

4. 冷弯性

冷弯性是指钢材在冷加工产生塑性变形时，对产生裂纹的抵抗能力。

5. 切削加工性

切削加工性是指金属材料经切削加工后成为合格工件的难易程度。切削加工性的好坏常用加工后工件的表面粗糙度、允许的切削速度以及刀具的磨损程度来衡量。切削性能好的金属对刀具的磨损小，可以选用较大的切削用量，加工表面也比较光洁。切削加工性与金属材料的硬度、热导性、冷变形强化等因素有关。铸铁、铜合金、铝合金及非合金钢都具有较好的切削加工性能，而高合金钢的切削加工性能则相对较差。

6. 热处理工艺性

热处理工艺性是指金属材料承受热处理工艺并获得良好性能的能力，将在后面的章节做详细介绍。

本章小结

1. 机械工程上应用的各种材料,其使用性能必须满足产品的实际功能需要,在机械制造中选择材料时,一般以力学性能作为选材的主要依据。

2. 金属材料的力学性能是指金属在外力作用下表现的性质,常用的指标有:强度、硬度、塑性、韧性、疲劳强度等。力学性能指标的高低反映了金属抵抗各种损伤能力的大小,也是金属制件设计和选材时的重要依据。

3. 材料的工艺性能是指金属材料在各种加工过程中所表现出来的性能,主要有铸造、锻造、焊接、冷弯、热处理和切削加工性能,它体现的是材料承受各种加工、处理的能力。

4. 特殊工作状态的材料在满足基本力学性能的同时,还要满足如高温、高压、耐蚀、低温等具体工作条件下的性能,这样才能保证零件的工作特性满足要求。

习　题

1. 什么是工程材料的力学性能? 主要有哪些性能指标?

2. 画出低碳钢拉伸时的曲线图,并说明拉伸变形时的几个阶段。

3. 什么是强度? 强度的主要指标有哪几种? 写出它们的符号和单位。

4. 什么是塑性? 材料的塑性指标有哪几种? 写出它们的符号。

5. 有一钢试样,其直径为 10 mm,标距长度为 50 mm,载荷达到 18 840 N 时,试样出现屈服现象;当载荷加至 36 110 N 时,试样发生缩颈现象,然后被拉断。拉断后标距长度为 73 mm,断裂处直径为 6.7 mm。求试样的 R_m,A 和 Z。

6. 下列硬度要求写法是否正确? 为什么?

　　① HRC12~15　　② HBW230~260　　③ HRC70~75　　④ HV800~850

7. 什么是硬度? 硬度试验方法主要有哪几种? 说明它们的应用范围。

8. 什么是冲击韧性? 写出冲击韧性的符号及单位。

9. 金属材料在受到大能量冲击载荷和小能量多次冲击条件下,冲击抗力主要取决于什么指标?

10. 什么是疲劳现象? 产生疲劳破坏的主要原因是什么? 如何提高零件的疲劳强度?

11. 什么是工程材料的工艺性能? 工艺性能包括哪些内容?

12. 发现一紧固螺栓使用后有塑性变形(伸长),试分析材料哪些性能指标没有达到要求?

第 2 章　金属的结晶与铁碳合金相图

【导学】

不同的金属材料具有不同的化学成分和内部结构，从而决定了该材料的性能和用途。即使材料的成分相同，其性能也可能不同。本章将从材料的微观世界介绍材料的成分、组织结构与性能之间的关系。

工业中应用最广泛的钢铁材料是以铁和碳为基本组元的合金，即铁碳合金，其成分和温度的不同使其组织和性能也不同。因此，了解铁碳合金的成分、温度及其组织和性能间的关系是熟悉钢铁材料及制定相关加工工艺的基础。

【学习目标】

◆ 了解金属的常见组织结构；

◆ 掌握组织结构对金属性能的影响；

◆ 掌握二元合金相图及典型合金的结晶过程；

◆ 掌握铁碳合金基本相的概念、表示符号和性能特点；

◆ 掌握铁碳合金的分类及其成分、组织和性能之间的关系；

◆ 能够利用 $Fe-Fe_3C$ 状态图分析铁碳合金在加热和冷却时的组织转变；

◆ 掌握 $Fe-Fe_3C$ 状态图的应用、钢材的生产过程以及杂质对钢性能的影响。

本章重难点

2.1　金属的晶体结构

2.1.1　常见金属的晶体结构

物质是由原子组成的，而固体物质按其内部原子排列方式的不同，可分为晶体和非晶体两大类。晶体是指材料内部的原子按一定规律、规则排列的物质，如金刚石、水晶、氯化钠等。固态金属与合金通常都是晶体。非晶体是指材料内部的原子无规则地堆积在一起的物质，如沥青、松香、玻璃等。晶体具有固定的熔点或凝固点，例如，铁的熔点为 1 538 ℃，铜的熔点为 1 083 ℃。晶体表现出各向异性，即不同方向上具有不同的性能。非晶体没有固定的熔点或凝固点，加热时材料逐渐变软，直至变为液体，冷却时则液体逐渐变稠，直至完全凝固。非晶体表现出各向同性，即在各个方向上性能是相同的。

1. 晶体结构

（1）晶　格

将理想晶体中周围环境相同的原子、原子群或分子抽象为几何点，这些几何点在空间排列构成的阵列称为空间点阵，简称点阵，几何点称为点阵的结点。为便于理解和描述晶体中原子的情况，可以用一些假想的几何线条将晶体中各原子几何结点连接起来，形成一个空间格架，各原子的中心就处在格架的各个结点上，这种抽象的、用来描述原子在晶体中排布规律的空间格架，称为晶格，如图 2 - 1 所示。

（2）晶　胞

由于晶体中原子排列有规律，且具有周期性，就可以从晶格中，选取一个能够完全反映晶格特征的最小几何单元来分析晶体中原子排列的规律，这种最小的几何单元称为晶胞，如图 2－1(c)所示。晶胞在三维空间作周期性重复排列即构成晶格。

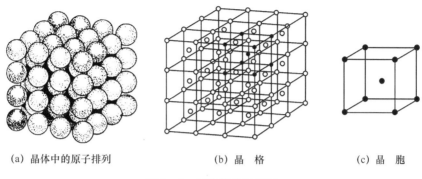

(a) 晶体中的原子排列　　　　(b) 晶　格　　　　(c) 晶　胞

图 2－1　晶体结构示意图

（3）晶格常数

晶胞的大小和形状可用晶胞的三条棱边长 a，b，c 和三条棱之间夹角 α，β，γ 等六个参数来描述，如图 2－2 所示。其中 a，b，c 称为晶格常数。当晶格常数 $a＝b＝c$，且棱边夹角 $\alpha＝\beta＝\gamma＝90°$ 时，这种晶胞称为简单立方晶胞，具有简单立方晶胞的晶格称为简单立方晶格。金属的晶格常数一般为 $(1\sim7)\times10^{-10}$ m。各种晶体由于其晶格类型与晶格常数不同，所以呈现出不同的物理、化学和力学性能。

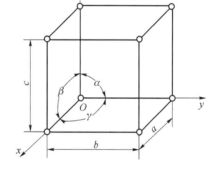

图 2－2　晶格常数

2. 常见的金属晶格类型

（1）体心立方晶格

体心立方晶格的晶胞是一个立方体，如图 2－3 所示。其晶格常数 $a＝b＝c$，棱边夹角 $\alpha＝\beta＝\gamma＝90°$，因此通常只用一个晶格常数 a 表述即可。晶胞中，立方体的八个顶角和中心各有一个原子，原子在立方体对角线上紧密排列。顶角上的原子为相邻八个晶胞所共有，中心的原子为该晶胞所独有，因此，一个体心立方晶胞所含的原子数为：$\dfrac{1}{8}\times8＋1＝2$(个)。

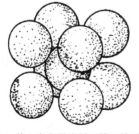 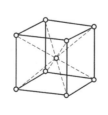 

(a) 体心立方晶胞原子排列模型　　　(b) 晶　格　　　(c) 晶胞原子数

图 2－3　体心立方晶胞

属于体心立方晶格的金属有 α – Fe、铬(Cr)、钼(Mo)、钨(W)、钒(V)等。

(2) **面心立方晶格**

面心立方晶格的晶胞也是一个立方体,如图 2 – 4 所示。其晶格常数 $a=b=c$,棱边夹角 $\alpha=\beta=\gamma=90°$,因此也可用一个晶格常数 a 表述即可。晶胞中,立方体的八个顶角和六个面的中心各有一个原子,原子在每个面对角线上紧密排列。顶角上的原子为相邻八个晶胞所共有,每个面中心的原子为相邻两个晶胞所共有,因此,一个面心立方晶胞所含的原子数为:$\frac{1}{8}\times 8+\frac{1}{2}\times 6=4$(个)。

属于面心立方晶格的金属有 γ – Fe、铝(Al)、铜(Cu)、镍(Ni)、金(Au)、银(Ag)等。

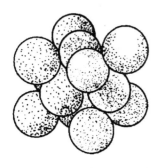 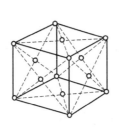 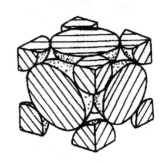

(a) 面心立方晶胞原子排列模型　　　(b) 晶　格　　　(c) 晶胞原子数

图 2 – 4　面心立方晶胞

(3) **密排六方晶格**

密排六方晶格的晶胞是一个六方柱体,如图 2 – 5 所示。其晶格常数用正六边形的边长 a 和柱体的高 c 来表示,且 $c/a=1.633$,两相邻侧面之间的夹角为 $120°$,侧面与底面之间的夹角为 $90°$。晶胞中,六方柱体的十二个顶角和上下两个底面的中心各有一个原子,上下底面中间还均匀分布着三个原子。顶角上的原子为相邻六个晶胞所共有,上下底面上的原子为相邻两个晶胞所共有,上下底面中间的原子为该晶胞所独有,因此一个密排六方晶胞所含的原子数为:$\frac{1}{6}\times 12+\frac{1}{2}\times 2+3=6$(个)。

 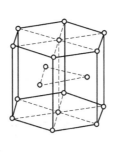 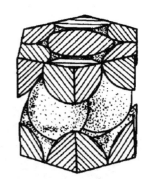

(a) 密排六方晶胞原子排列模型　　　(b) 晶　格　　　(c) 晶胞原子数

图 2 – 5　密排六方晶胞

属于密排六方晶格的金属有镁(Mg)、锌(Zn)、铍(Be)等。

晶格类型不同,其致密度(即晶胞中原子所占体积与该晶胞体积之比)也不同。体心立方晶格的致密度为 68%,而面心立方晶格和密排六方晶格的致密度均为 74%。致密度越大,原子排列越紧密。晶格类型发生变化,会引起金属体积和性能的变化。

2.1.2　实际金属的晶体结构

即使是一块体积很小的金属材料,其内部也包含了许多颗粒状的小晶体,每个小晶体内部的晶格位向都基本一致。由于每个小晶体的外形呈不规则的颗粒状,故称为晶粒,晶粒与晶粒之间的界面称为晶界,这种由许多晶粒组成的晶体就称为多晶体,一般金属材料都是多晶体,如图 2-6 所示。由于实际金属中各晶粒的位向是任意的,其性能是位向不同的晶粒的平均值,在各个方向基本上是一致的,表现出各向同性的特点。

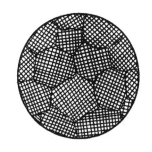

图 2-6　金属的多晶体结构

人们用肉眼或放大镜所能观察到的粗大晶粒的集合状态称为宏观组织,而更多情况下借助于光学金相显微镜或电子显微镜观察到的材料内部晶粒的集合状态(或微观形貌图像),称为显微(或微观)组织。这里的集合状态是指各种晶粒的尺寸大小、相对量、形状和分布。晶体的组织很容易随材料的成分及加工工艺而发生变化,是一个影响材料性能的极为敏感而重要的结构因素。

实际上,由于各种干扰因素的影响,每个晶粒内部的原子排列并不像理想晶体那样规则和完整,而是存在有许多不同类型的缺陷,根据晶体缺陷的几何特征,通常将其分为点缺陷、线缺陷和面缺陷三类。在晶体中由于点缺陷的存在,使得附近原子间作用力的平衡被破坏,使其周围的原子偏离了原来的平衡位置,向缺陷处靠近或分离,造成晶格扭曲,这种现象称为晶格畸变。晶格畸变使变形抗力增大,从而提高了材料的强度和硬度。

1. 点缺陷

点缺陷是指在空间三维尺寸上都很小的、不超过几个原子直径的缺陷。点缺陷主要有空位、间隙原子和置换原子 3 种。

① 空位。在晶体的晶格中,某些结点未被原子占有,这种空缺的位置称为空位,如图 2-7 所示。

② 间隙原子。位于晶格间隙之中的多余原子称为间隙原子,如图 2-8 所示。

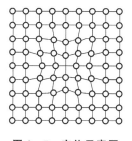 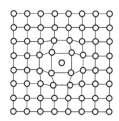

图 2-7　空位示意图　　　　图 2-8　间隙原子示意图

③ 置换原子。金属中的异类原子占据了晶格中的结点位置,代替了金属原来的原子,则

这种异类原子称为置换原子,如图 2-9 所示。

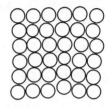

(a) 杂质原子半径比原金属原子半径大   (b) 杂质原子半径比原金属原子半径小

图 2-9　置换原子示意图

2. 线缺陷

线缺陷是指晶体中某处一列或若干列原子发生有规律的错排现象。晶体中最普通的线缺陷就是位错,这种错排现象是由晶体内部局部滑移造成的,根据局部滑移的方式不同,可以形成刃形位错和螺形位错。

① 刃形位错。如图 2-10(a)所示,在晶体 ABC 晶面的 E 点以上,多出一个垂直方向的原子面,使得晶体上下两部分产生错排现象,这个多余的原子面犹如刀刃一样插入晶体,在刃口 EF 附近形成缺陷,称为刃形位错,EF 线称为刃形位错线。通常将晶体上半部多出原子面的位错称为正刃形位错,用符号"⊥"表示,下半部多出原子面的位错称为负刃形位错,用符号"⊤"表示,如图 2-10(b)所示。

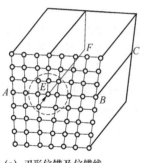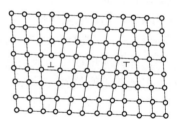

(a) 刃形位错及位错线   (b) 正、负刃形位错

图 2-10　刃形位错示意图

② 螺形位错。如图 2-11 所示,在晶体 ABCD 晶面上,左右两部分的原子排列上下错动了一个原子的距离,使不吻合的过渡区域(BC 线附近区域)的原子排列呈螺旋状,故称螺形位错,BC 线称为螺形位错线。

位错能够在金属的结晶、塑性变形和相变等过程中形成。位错的存在使得其附近区域产生严重的晶格畸变,是强化金属的重要方式之一,位错的运动及其密度的变化对金属的性能、塑性变形过程等有很大的影响。

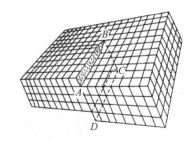

图 2-11　螺形位错示意图

3. 面缺陷

面缺陷是指在空间两维方向上尺寸都很大,而第三维尺寸很小的呈面状分布的缺陷。金属晶体中的面缺陷主要包括晶界和亚晶界。

① 晶界。实际金属为多晶体,相邻晶粒之间的晶格位向是不同的,位向差一般为 $10°\sim 15°$,称为大角度晶界。晶界处的原子排列是不规则的,晶界实际上是由一个位向向另一个位向的过渡区域,宽度通常为 $5\sim 10$ 个原子间距,如图 2-12(a)所示。

② 亚晶界。一般晶粒内部也不是完全的理想晶体,而是由许多位向相差很小的亚晶粒(又称亚结构或嵌镶块)组成的,亚晶粒之间的位向差 θ 很小,角度通常只有几十分。亚晶粒之间的边界称为亚晶界,如图 2-12(b)所示。亚晶界实际上是由一系列刃形位错排列而成的小角度晶界。

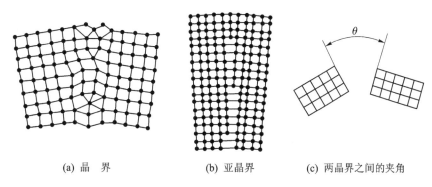

(a) 晶　界　　　　　(b) 亚晶界　　　　(c) 两晶界之间的夹角

图 2-12　晶界及亚晶界示意图

晶界和亚晶界处的原子排列极不规则,晶格畸变程度很大,而且位错密度很高,在常温下对金属的塑性变形起阻碍作用,使得晶界处具有较高的强度和硬度,因此晶粒越细,晶界和亚晶界越多,金属强度和硬度就越高。细化晶粒也是强化金属的一个重要手段。

2.2　纯金属的结晶

物质由液态转变为固态的过程称为凝固,如果凝固后的固态物质是晶体,这种凝固过程即称为结晶。工业上常用的金属制品一般都是经过熔化和浇铸而成的,铸件的组织会对产品的质量和性能产生重要的影响,因此掌握结晶的基本规律是十分必要的。

2.2.1　冷却曲线和过冷度

纯金属的结晶是在一定的温度下进行的,其结晶过程可用冷却曲线来描述。冷却曲线是纯金属结晶时温度与时间的关系曲线,通常用热分析法进行测量。将熔化的金属以非常缓慢的速度冷却,在此过程中记录下温度与时间变化的数据,然后绘制出如图 2-13 所示的冷却曲线。

由图 2-13(a)可以看出,在液态金属缓慢冷却过程中,随着时间的增加温度不断下降。当其冷却到某一温度时,冷却曲线上出现一个固定温度,其表现为不随时间变化的水平线段,即为金属进行结晶的温度,称为结晶温度。曲线上之所以出现水平线段是由于结晶时放出的结晶潜热补偿了向外界散失的热量。结晶完成后,固态金属继续散热,故温度又重新下降。

纯金属在冷却速度极其缓慢的条件下测得的结晶温度称为理论结晶温度(T_0)。但实际生产中,金属由液态结晶为固态时的冷却速度一般都很快,此时金属要在理论结晶温度 T_0 以下某一温度才开始结晶,如图 2-13(b)所示,这一温度称为实际结晶温度(T_1)。金属的实际结晶温度总是低于理论结晶温度，这种现象称为过冷。理论结晶温度与实际结晶温度之差称为过冷度，用 ΔT 表示，即 $\Delta T = T_0 - T_1$。

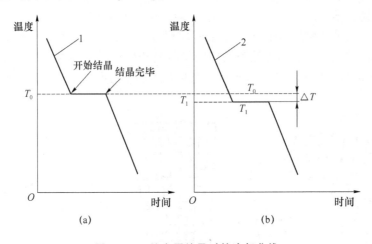

图 2－13　纯金属结晶时的冷却曲线

实验证明，过冷度的大小与冷却速度、金属的性质和纯度有关。冷却速度越快，过冷度就越大。实际上，金属都是在过冷情况下结晶的，过冷是金属结晶的必要条件。

金属结晶之所以要在一定过冷度下进行，是由液相和固相的自由能差决定的。自由能 E 是一个状态函数，是指物质转变过程中用来对外界作功的那部分能量。根据热力学定律，在等温等压条件下，一切自发转变过程都是朝着自由能降低的方向进行的，金属液相和固相晶体的自由能随温度变化的规律如图 2－14 所示。在温度 T_0 时，液相和固相自由能相等，没有自由能差，即没有相变推动力，因而不能进行结晶。只有在过冷的条件下，固相自由能才小于液相自由能，液相才能自发地向固相

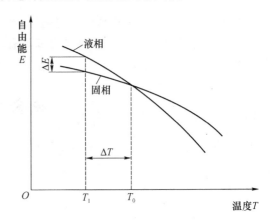

图 2－14　液相和固相晶体的自由能曲线

转变，即开始结晶，而且过冷度 ΔT 越大，液相与固相的自由能差 ΔE 也越大，结晶的推动力就越大。

2.2.2　纯金属的结晶过程

纯金属的结晶包括晶核的形成与长大两个基本过程。

1. 晶核的形成

结晶过程总是从形成一些极小的晶体开始，这些细小晶体称为晶核。晶核形成的方式主要有自发形核和非自发形核两种。

（1）自发形核

在一定的过冷条件下，金属仅依靠本身的原子有规则排列而形成晶核，这一过程称为自发

金属结晶过程

形核,又称均质形核。

（2）非自发形核

实际金属中往往含有许多杂质,当液态金属降到一定温度后,这些固态的杂质质点可附着金属原子,成为结晶核心,这一过程称为非自发形核,又称非均质形核。

实际液态金属中总是或多或少地存在着未熔固体杂质,而且浇注时液态金属总是要与模具内壁接触,因此实际液态金属结晶时,首先以非自发形核为主,它起着优先和主导作用。

2. 晶核的长大

晶核形成后就会立刻长大,晶核长大的实质就是原子由液体向固体表面的转移。晶核的长大方式主要有平面长大和树枝状长大两种。

（1）平面长大

当过冷度很小或在平衡状态时,金属晶体以其结晶表面向前平行推移的方式长大。晶体长大时,结晶表面前沿不同方向的长大速度是不同的,沿原子密排面的垂直方向的长大速度最慢,而非密排面的垂直方向的长大速度较快。在长大过程中,晶体一直保持着规则的形状,直到与其他晶体接触后,规则的外形才被破坏。

（2）树枝状长大

当过冷度较大,尤其是液态金属中存在非自发形核时,金属晶体常以树枝状的形式长大。在晶核长大的初期,晶体的外形是较为规则的,但随着晶体的继续长大,晶体的棱角和棱边由于散热条件优越而优先生长,成为伸入到液体中的晶枝,如图 2-15 所示。通常把首先生成的晶枝称为一次晶轴;在一次晶轴增长和变粗的同时,在其侧面棱角和缺陷处又生出新的晶枝,称为二次晶轴;其后又生成三次晶轴、四次晶轴等,如此不断地生长和分枝下去,直到液体全部结晶完毕。结晶后得到的是树枝状的晶体,称为枝晶。实际金属结晶时,晶体多以树枝状长大方式长大。

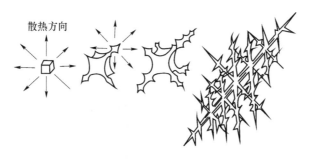

图 2-15　树枝状晶体长大过程示意图

2.2.3　晶粒大小及控制方法

金属结晶后形成由许多晶粒组成的多晶体,晶粒的大小对金属力学性能有很大的影响。晶粒大小通常用单位截面积上晶粒数目或晶粒的平均直径来表示。金属结晶后的晶粒大小主要取决于形核速率（简称形核率）N 和长大速率（简称长大率）G。形核率是指单位时间内在单位体积液态金属中产生的晶核数,长大率是指单位时间内晶核长大的线速度。形核率越大,单位体积中所生成的晶核数目越多,晶粒就越细小;若形核率一定,长大率越小,则结晶时间越长,生成的晶核越多,晶粒也越细小。

晶粒大小对金属性能有重要的影响,一般来说,晶粒越细小,则金属的强度越高,同时塑性和韧性也越好,如表 2-1 所列。细化晶粒可以提高金属的力学性能,这种方法称为细晶强化。

表 2-1 晶粒大小对纯铁力学性能的影响

晶粒平均直径 $d/10^{-2}$mm	抗拉强度 R_m/MPa	屈服强度 R_{eL}/MPa	延伸率 A/%
9.7	165	40	28.8
7.0	180	38	30.6
2.5	211	44	39.5
0.2	263	57	48.8
0.16	264	65	50.7
0.10	278	116	50.0

实际工作中常用的控制晶粒大小的方法有以下几种。

1. 增大过冷度

金属结晶时,随着过冷度的增加,形核率 N 和长大率 G 均会增大,但增大的速度不同,如图 2-16 所示。当过冷度较小时,形核率增加速度小于长大率;随着过冷度的增大,形核率和长大率都增大,但前者的增大更快,比值 N/G 也增大,使晶粒细化。当过冷度过大或温度过低时,形核率和长大率反而下降,实际应用中一般达不到这样的过冷度。

增大过冷度的方法主要是提高液态金属的冷却速度。例如,在铸造生产中,采用金属模代替砂型铸模,可大大提高铸件的冷却速度,获得细小的晶粒。

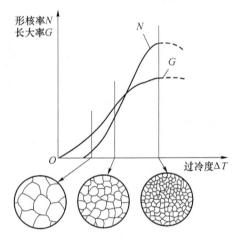

图 2-16 形核率和长大率与过冷度的关系

2. 变质处理

实际生产中,当金属的体积较大时,获得大的过冷度较困难,或当形状结构复杂时,不允许采取较快的冷却速度,这时多采用变质处理细化晶粒。

变质处理就是有意地向液态金属中加入某些变质剂,以细化晶粒和改善组织,达到提高材料性能的目的。变质剂发挥作用有两种方式,一种是变质剂加入液态金属时,变质剂或由它们生成的化合物,符合非自发晶核的形成条件,大大增加晶核的数目,这一类变质剂称为孕育剂,相应处理称为孕育处理。另一种是变质剂加入后,虽然不能提供结晶核心,但能改变晶核的生长条件,强烈地阻碍晶核长大或改善组织形态。如在铝硅合金中加入钠盐,钠能在硅表面上富集,从而降低硅的长大速度,阻碍粗大硅晶体形成,细化了组织。

3. 振动或搅拌处理

在金属结晶的过程中,采用机械振动、超声波振动或电磁搅拌等方法,促使液态金属剧烈运动,造成正在生长中的较大的树枝状晶体被折断、破碎,破碎的晶枝又成为新的晶核,增大了形核率,使晶粒细化。目前,钢的连铸工艺中,电磁搅拌已成为控制凝固组织的重要技术手段。

2.3　二元合金相图

2.3.1　合金的相结构

虽然纯金属具有良好的导电性和导热性,但由于其强度、硬度和耐磨性等力学性能较差,不适于制造力学性能要求较高的机械零件,因此,目前机械工业中广泛使用的金属材料是合金。

1. 合金的基本概念

（1）合　金

由两种或两种以上的金属元素或金属与非金属元素通过熔化或其他方法结合在一起的具有金属特性的物质称为合金。同纯金属相比,合金材料具有优良的综合性能,应用比纯金属要广泛得多。例如,工业上广泛使用的普通钢铁就是铁和碳组成的铁碳合金。

（2）组　元

组成合金的最基本的独立的物质叫做组元。组元可以是组成合金的元素,也可以是稳定的化合物。

（3）合金系

由两个或两个以上的组元按不同比例配制成一系列不同成分的合金,这一系列合金构成一个合金系统,这个系统称为合金系。

（4）相

合金中具有相同化学成分、相同晶体结构并有界面与其他部分分开的均匀组成部分称为相。液态物质称为液相,固态物质称为固相。

（5）组　织

通过肉眼、放大镜或显微镜所观察到的金属材料内部的相的组成、各相的数量、相的形态分布和晶粒的大小等称为组织。数量、形态、大小和分布方式不同的各种相组成合金组织。组织可由单相组成,也可由多相组成。合金的性能一般由组成合金各相的成分、结构、形态、性能及各相的组合形式共同决定,合金的组织是决定材料性能的根本因素。

（6）结　构

晶体中原子的排列方式称为结构。

2. 合金的相结构

合金的相结构是指合金组织中相的晶体结构。根据合金中各组元的相互作用的不同,合金中的相结构可分为固溶体和金属化合物两大类。

（1）固溶体

在固态下合金组元之间相互溶解形成的均匀的相称为固溶体。固溶体是单相,其晶格类型与其中某一组元相同,该组元称为溶剂（一般含量较多）,另一组元称为溶质（一般含量较少）。

按溶质原子在溶剂晶格中存在的位置不同,固溶体可分为置换固溶体和间隙固溶体两类。

1）置换固溶体

溶质原子代替了部分溶剂原子而占据了溶剂晶格某些结点位置,称为置换固溶体,如

图 2-17(a)所示。

按溶质原子在溶剂中的溶解度不同,置换固溶体可分为有限固溶体和无限固溶体两种。形成置换固溶体时,溶质在溶剂中的溶解度主要取决于两者在周期表中的相互位置、晶格类型和原子半径差。一般来说,在周期表中的位置越靠近、晶格类型越相同、原子半径差越小,则溶解度越大。在各方面条件都满足的情况下,溶质和溶剂可以任何比例形成置换固溶体,这种固溶体称为无限固溶体;反之,溶质在溶剂中的溶解度是有限的,称为有限固溶体。如铜镍合金中,铜与镍原子可以按任何比例互相溶解,为无限固溶体;而铜锌合金、铜锡合金则只能形成有限固溶体。有限固溶体的溶解度与温度密切相关,一般温度越高,溶解度越大。

2) 间隙固溶体

溶质原子嵌入溶剂晶格的间隙内形成的固溶体称为间隙固溶体,如图 2-17(b)所示。由于溶剂晶格的间隙是有限的,因此要求溶质原子的直径必须较小。间隙固溶体中的溶质元素大多是原子直径较小的非金属,如碳、氮、硼等。

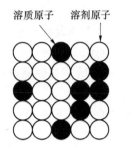

(a) 置换固溶体　　　　(b) 间隙固溶体

图 2-17　固溶体的两种类型

无论是置换固溶体,还是间隙固溶体,随着溶质原子的溶入,都将使晶格发生畸变,如图 2-18 所示。晶格畸变增大了位错运动的阻力,使金属的滑移变形更加困难,从而提高固溶体的强度和硬度。这种通过溶入溶质原子,使固溶体的强度和硬度提高的现象称为固溶强化。固溶强化是金属强化的重要方法之一。

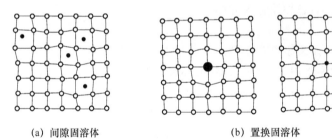

(a) 间隙固溶体　　　　　　　　(b) 置换固溶体

图 2-18　形成固溶体时的晶格畸变

如果溶质含量适当,材料的强度和硬度可显著提高,而塑性和韧性不会明显降低。如纯铜的强度 R_m 为 220 MPa,硬度为 40 HB,断面收缩率 Z 为 70%,当加入 19%(质量分数)的镍形成单相固溶体后,强度升高到 390 MPa,硬度升高到 70 HB,而断面收缩率仍有 50%。

(2) 金属化合物

合金组元相互作用形成的具有金属特性的新相称为金属化合物,一般可用分子式来表示。金属化合物的晶格类型不同于组成它的任何一个组元,一般具有复杂的晶体结构,熔点高,性能硬而脆。当金属化合物呈细小颗粒状均匀分布在固溶体基体上时,可使合金的强度、硬度和耐磨性提高,而对塑性和韧性影响不大,这一现象称为弥散强化。因此,金属化合物通常作为材料的重要强化相。

① 正常价化合物。指严格遵守原子化合价规律的化合物,如 Mg_2Sn,Mg_2Si,ZnS 等。

② 电子价化合物。指不遵守一般的化合价规律,但按一定电子浓度(价电子数与原子数之比值)化合的化合物,如 $CuZn$,$FeAl$,Cu_5Zn_8,$CuZn_3$ 等。电子价化合物主要以金属键结合,具有明显的金属特性,如导电性。电子价化合物的硬度高、塑性低,在许多有色金属中是重要的强化相。

③ 间隙化合物。指由原子直径较大的过渡族金属元素(铁、铬、锰、钼、钨、钒等)和原子直径较小的非金属元素(碳、氮、氢、硼等)形成的化合物,如 VC,WC,Fe_3C,Cr_7C_3,$Cr_{23}C_6$ 等。间隙化合物中,金属原子占据新晶格的结点位置,而直径较小的非金属原子则有规律地嵌入晶格的间隙之中,故称为间隙化合物。

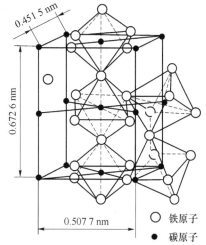

图 2 – 19　Fe_3C 的晶体结构

Fe_3C 是一种具有复杂晶体结构的间隙化合物,通常称为渗碳体,其晶体结构如图 2 – 19 所示。Fe_3C 的性能特点是熔点高、硬而脆,可以提高钢的强度和硬度,是钢中的重要强化相。

2.3.2　二元合金相图

合金的性能取决于合金的组织和结构,与各组成相的数量、大小、形状和分布状态密切相关。因此,了解合金各组成相的特点及其随成分、温度的变化规律,运用合金相图研究合金性能,对于指导生产具有重要的意义。

合金相图是表示合金系在平衡条件下合金的成分、温度与合金状态之间关系的图解,也称为平衡图或状态图。平衡是指在一定条件下合金系中参与相变过程的各相的成分和质量分数不再变化的一种状态。此时合金系的状态稳定,不随时间改变。合金在极其缓慢冷却的条件下的结晶过程一般可以认为是平衡的结晶过程。

二元合金相图用成分-温度坐标系的平面图来表示,通常用实验的方法来建立。实验方法主要有热分析法、金相分析法、硬度法、热膨胀法、磁性法、电阻法、X 射线分析法等,其中最常用的方法是热分析法。下面以铜镍二元合金为例,说明用热分析法建立 Cu – Ni 合金相图的步骤。

**热分析法建立
Cu – Ni 合金相图**

① 配制一系列不同成分的 Cu – Ni 合金。

② 用热分析法分别测定各成分合金的冷却曲线,如图 2 – 20(a)所示。

③ 根据冷却曲线上的转折点或平台温度,确定各合金的相变点(即合金的结晶开始及终了温度)。

④ 将各成分合金的相变点分别标注在成分-温度的坐标图中,并连接意义相同的相变点,得到 Cu – Ni 二元合金相图,如图 2 – 20(b)所示。

由图 2 – 20 可见,$w_{Cu}=100\%$ 和 $w_{Ni}=100\%$ 的纯金属发生恒温结晶,冷却曲线上出现平台。而其他的合金冷却曲线没有出现水平线,这是因为这些合金的固相是固溶体,在一个温度范围内结晶。

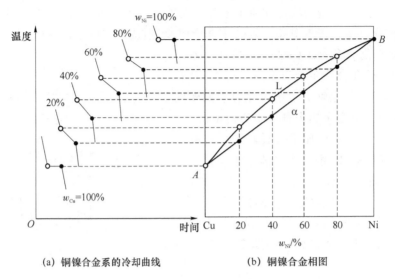

(a) 铜镍合金系的冷却曲线　　　　(b) 铜镍合金相图

图 2-20　用热分析法建立铜镍合金相图

2.3.3　二元合金相图的基本类型

1. 匀晶相图

合金的两组元在液态和固态均能无限互溶的合金相图称为匀晶相图。具有这类相图的二元合金系主要有 Cu-Ni,Au-Ag,Fe-Cr,Fe-Ni 等。这类合金结晶都会由液相结晶出单相固溶体,这种结晶过程称为匀晶转变。下面以 Cu-Ni 合金相图为例进行分析。

（1）相图分析

图 2-21(a) 所示的 Cu-Ni 合金相图中,A 点为纯铜熔点(1 083 ℃),B 点为纯镍熔点(1 452 ℃)。曲线 a 为合金开始结晶的温度线,称为液相线;曲线 b 为合金结晶终了的温度线,称为固相线。液相线以上为液相区,用 L 表示;固相线以下为固相区,合金全部形成均匀的单相固溶体,用 α 表示;液相线与固相线之间为液相与固相共存的区域,称为两相区,用 (L+α) 表示。

（2）合金的结晶过程

由于铜、镍两组元能以任何比例形成单相 α 固溶体,因此,任何成分的 Cu-Ni 合金在冷却时都有相似的结晶过程。下面以 $w_{Ni}=60\%$ 的铜镍合金为例进行分析。

**Cu-Ni 合金
结晶过程**

图 2-21(b) 所示为 $w_{Ni}=60\%$ 铜镍合金的冷却曲线,当液态合金缓冷到 t_1 时,开始从液相中结晶出 α 相,随着温度的继续下降,α 相的量不断增多,剩余液相的量不断减少。缓冷至 t_3 时,液相全部转变为 α 相,结晶结束。温度继续下降,合金组织不再发生变化。

由图 2-21(a)可以看出,在结晶过程中,液相和固相的成分是在不断变化的。在 t_1 温度时,开始从成分为 $L_1(w_{Ni}=60\%)$ 的液相中结晶出成分为 α_1 的固溶体;温度降至 t_2 时,通过原子扩散,固溶体的成分沿固相线变化为 α_2,液相的成分则沿液相线变化为 L_2;温度进一步降至 t_3 时,结晶结束,全部转变为成分与原合金相同的 $\alpha_3(w_{Ni}=60\%)$ 的固溶体。

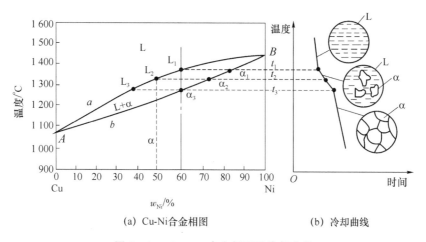

(a) Cu-Ni合金相图　　　　(b) 冷却曲线

图 2 - 21　Cu - Ni 合金相图及冷却曲线

（3）晶内偏析

如上所述，只有在非常缓慢冷却和原子能充分进行扩散的条件下，固相的成分才能沿固相线均匀变化，最终得到与原合金成分相同的均匀 α 相。但在实际生产中，由于冷却速度较快，原子来不及充分扩散，使晶粒内部产生化学成分不均匀的现象，这种现象称为晶内偏析。由于晶粒通常是以树枝状方式长大的，故又称枝晶偏析。在铜镍合金的实际结晶过程中，先结晶的树枝状晶轴含高熔点的镍较多，而后结晶的分枝及枝间部分则含低熔点的铜较多，造成晶粒内呈现出心部镍含量较多、表层镍含量较少的情况。

晶内偏析会使晶粒内部的性能不一致，降低合金的力学性能（如塑性和韧性）、加工性能和耐蚀性。因此，生产中常采用扩散退火或均匀化退火的方法，使原子充分扩散，达到成分均匀化的目的。

2. 共晶相图

合金的两组元在液态无限互溶，在固态有限互溶，在结晶过程中发生共晶转变所形成的相图称为共晶相图。具有这类相图的二元合金系主要有：Pb - Sn，Pb - Sb，Ag - Cu，Al - Si 等。这类合金结晶时，在一定温度（共晶温度）下，从具有一定成分的液相中同时结晶出两种不同的固相，这种结晶过程称为共晶转变或共晶反应。下面以 Pb - Sn 合金相图为例进行分析。

共晶相图
组织变化

（1）相图分析

图 2 - 22 所示的 Pb - Sn 合金相图中，A 点为纯铅熔点（327.6 ℃），B 点为纯锡熔点（231.9 ℃）；C 点为共晶点，其成分为 $w_{Sn} = 61.9\%$，温度为 183 ℃。具有共晶成分（$w_{Sn} = 61.9\%$）的液态合金在共晶温度（183 ℃）时将发生共晶转变，同时结晶出 E 点成分的 α 相和 F 点成分的 β 相。

$$L_C \xrightleftharpoons{183\ ℃} \alpha_E + \beta_F$$

发生共晶转变时，L、α 和 β 三相共存，它们各自的成分是确定的，反应在恒温下平衡地进行。共晶转变的产物为两个固相的机械混合物，称为共晶体。

ACB 为液相线，$AECFB$ 为固相线，ED 为锡在铅中的固溶线，表示在不同的温度下，锡

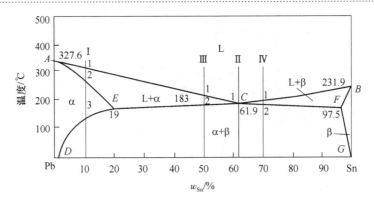

图 2 - 22　Pb - Sn 合金相图

在铅中的溶解度曲线;同理,FG 为铅在锡中的固溶线。水平线 ECF 为共晶转变线,成分在 EF 范围内的合金平衡结晶时都会发生共晶反应。

合金系有 L,α 和 β 三个相,L 为铅锡合金形成的液相,α 相为锡溶于铅中的固溶体,β 相为铅溶于锡中的固溶体。

相图中有 L,α 和 β 三个单相区,(L+α),(L+β),(α+β)三个双相区。

(2)典型合金的结晶过程

1)合金 I

合金 I 的平衡结晶过程如图 2-23 所示,结合图 2-22 分析如下:

1 点以上,合金为液相。

1~2 点,合金从 1 点开始发生匀晶转变,结晶出 α 固溶体,到 2 点全部结晶为 α 固溶体。

2~3 点,合金不断冷却过程中,α 固溶体不发生任何结构变化。

3 点以下,从 3 点开始,由于锡在 α 相中的溶解度沿 ED 线降低,将从 α 相中不断析出 β 相。为了区别从液体中结晶出的初生 β 相,通常把从 α 相中析出 β 固溶体的过程称为二次结晶,析出的 β 固溶体称为二次 β 相,用 $β_{II}$ 表示。温度降低到室温时,α 相中锡的质量分数逐渐变为 D 点。最后合金得到的组织为 $α+β_{II}$,其组成相是 D 点成分的 α 相和 G 点成分的 β 相。

成分位于 D 和 E 之间的合金,其结晶过程均与合金 I 相似,室温组织都由 $α+β_{II}$ 组成,只是两相的相对含量不同,合金成分越靠近 E 点,则 $β_{II}$ 的量越多。

2)合金 II

合金 II 的平衡结晶过程如图 2-24 所示。

图 2-22 中,合金 II 为共晶成分($w_{Sn}=61.9\%$),当液态合金冷却到 1 点(183 ℃)时,将发生共晶转变,同时结晶出 $α_E$ 和 $β_F$ 固溶体。

$$L_C \underset{}{\overset{183\,℃}{\rightleftharpoons}} α_E + β_F$$

共晶转变是在恒温(183 ℃)下进行的,直到液相全部消失为止。

在合金继续冷却至室温的过程中,共晶体中的 α 相和 β 相将分别沿 ED 和 FG 线发生变化,并分别析出 $β_{II}$ 和 $α_{II}$ 相。由于析出的 $α_{II}$ 相和 $β_{II}$ 相数量较少,且常依附于共晶体中的 α 相和 β 相生长,在显微镜下很难分辨,故一般忽略不计,认为合金 II 的室温组织全部为共晶体(α+β),图 2-25 所示为 Pb - Sn 共晶合金的显微组织。

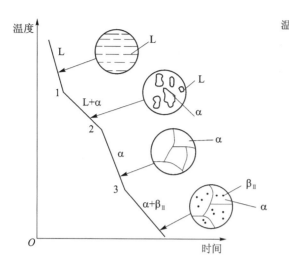

图 2-23　合金 I 的结晶过程示意图

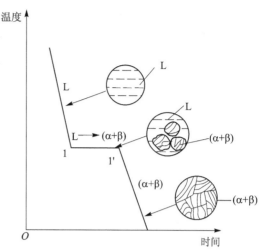

图 2-24　合金 II 的结晶过程示意图

3）合金 III

合金 III 的平衡结晶过程如图 2-26 所示,结合图 2-22 分析如下:

图 2-25　Pb-Sn 共晶合金显微组织

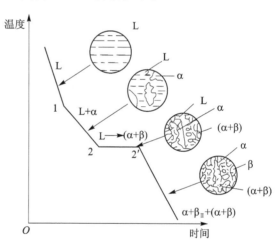

图 2-26　亚共晶合金的结晶过程示意图

1 点以上,合金为液相。

1～2 点,合金从 1 点开始发生匀晶转变,结晶出 α 固溶体。随着温度的降低,α 相不断析出,成分沿 AE 线变化;液相不断减少,成分沿 AC 线变化。当温度降低到 2 点时,剩余液相的质量分数达到 C 点,并发生共晶转变,直至全部生成（α+β）共晶组织为止,而先结晶的初生 α 相不参与转变,此时的合金组织为初生 α 固溶体和共晶体（α+β）。

2 点以下,在 2 点以下继续冷却的过程中,初生 α 相中将不断析出 $β_{II}$ 相,而从共晶体中的 α 相和 β 相析出的 $β_{II}$ 和 $α_{II}$ 相,同样由于数量较少且难以分辨,也忽略不计,因此,合金 III 的室温组织为 $α+β_{II}+$（α+β）。

凡成分位于 E 和 C 点之间的合金称为亚共晶合金,其结晶过程与合金 III 相似,室温组织都是 $α+β_{II}+$（α+β）,只是初生 α 相和共晶组织（α+β）的

Pb-Sn 亚共晶
结晶过程

相对含量不同,合金成分越靠近 C 点,则初生 α 相的量越少而共晶组织($\alpha+\beta$)的量越多。

4) 合金 Ⅳ

合金 Ⅳ 的成分位于 C 和 F 点之间,其结晶过程与合金 Ⅲ 类似。所不同的是由液相先结晶出初生 β 相,二次结晶由初生 β 相析出的是 α_{II} 相,因而合金 Ⅳ 的室温组织为 $\beta+\alpha_{\text{II}}+(\alpha+\beta)$。

3. 其他相图

(1) 包晶相图

合金的两组元在液态无限互溶,在固态有限互溶,且在结晶过程中发生包晶反应所形成的相图,称为包晶相图。具有这类相图的二元合金系主要有 Pt - Ag,Ag - Sn,Cu - Sn,Cu - Zn 等。

包晶形核过程

这类合金结晶时,可由一种液相与一种固相在恒温下相互作用而转变为另一种固相,这种结晶过程称为包晶转变或包晶反应,图 2-27 为具有包晶转变的 Pt - Ag 合金相图。图中 e 点为包晶点,e 点对应的温度为包晶温度,水平线 ced 为包晶转变线。所有成分在 c 和 d 点之间的合金,在包晶温度(1 186 ℃)下都将发生包晶转变:

$$\alpha_c + L_d \xrightleftharpoons{1\ 186\ ℃} \beta_e$$

(2) 共析相图

液态合金在完全形成固溶体后的继续冷却过程中,一定成分的固相在恒温下转变为两种不同成分的新固相,这种转变过程称为共析转变或共析反应。转变产物为两相机械混合物,称为共析体。

由共析转变过程形成的相图称为共析相图,如图 2-28 所示。图中 c 点为共析点,c 点对应的温度为共析温度,水平线 dce 为共析转变线。所有成分在 d 和 e 点之间的合金,在共析温度下都将发生共析转变:

$$\gamma_c \xrightleftharpoons{\text{共析温度}} \alpha_d + \beta_e$$

由于共析转变是在固态下进行的,转变温度较低,原子扩散困难,需要较大的过冷度,共析转变产物比共晶转变产物更加细密。

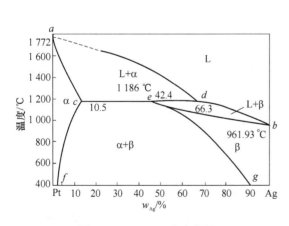

图 2-27　Pt - Ag 合金相图

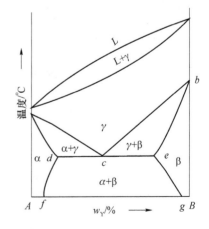

图 2-28　共析相图

(3) 形成稳定化合物的相图

具有一定的化学成分和固定的熔点,在熔化前不分解、也不产生任何化学反应的化合物称为稳定化合物。图 2-29 为具有稳定化合物的 Mg-Si 相图。

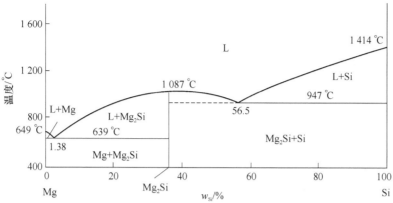

图 2-29 具有稳定化合物的 Mg-Si 相图

Mg 和 Si 能形成稳定化合物 Mg_2Si,因此可将 Mg_2Si 看成一个独立的组元,将 Mg-Si 相图分为 $Mg-Mg_2Si$ 和 Mg_2Si-Si 两个共晶相图来进行分析。

2.4 合金性能与相图的关系

合金的性能取决于它的成分和组织,而相图既可表明合金成分与组织间的关系,又可表明合金的结晶特点。因此,合金相图与合金性能之间存在一定的联系。了解相图与性能的联系规律,就可以利用相图大致判断出不同成分合金的性能特点,为正确合理地配制合金、选择材料、制定加工工艺提供依据。

2.4.1 合金的力学性能、物理性能与相图的关系

通过对各种合金相图的分析可以看出,二元合金的平衡组织主要有单相固溶体和两相混合物两类。

1. 单相固溶体

单相固溶体合金相图为匀晶相图。实验表明,单相固溶体的强度、硬度和导电率随成分呈透镜状曲线关系变化,如图 2-30(a)所示。对于一定的溶剂和溶质来说,溶质的溶入量越多,则合金晶格畸变程度越大,合金的强度、硬度越高,电阻越大、电阻温度系数越小,并在某一成分下达到极值。

2. 两相混合物

当合金形成普通两相混合物时,其性能随成分在两相性能之间呈直线变化,为两相性能的算术平均值,如图 2-30(b)所示。当合金形

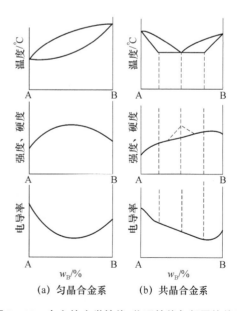

(a) 匀晶合金系　(b) 共晶合金系

图 2-30 合金的力学性能、物理性能与相图的关系

成共析或共晶机械混合物时,其性能还与组织的形态有很大关系,组织越细密,强度、硬度就越高,并会偏离直线关系(见图2-30中的虚线),在共析点或共晶点附近出现极值。

2.4.2 合金的工艺性能与相图的关系

1. 合金的铸造性能

铸造性能主要是指液态合金的流动性以及产生缩孔的倾向性等。由图2-31可以看出,相图中液相线和固相线之间距离越宽,合金的流动性就越差,形成分散缩孔倾向及晶内偏析的倾向越大,铸造性能越差。所以,铸造合金的成分常取共晶成分或在其附近的合金。

2. 合金的压力加工性能

单相固溶体合金的塑性较好,变形抗力小,变形均匀,不易开裂,具有良好的压力加工性能。当合金为两相机械混合物时,其变形抗力较大,特别是在晶界处有网状分布的硬而脆的第二相时,其塑性、韧性和强度会显著下降,压力加工性能最差。但两相机械混合物合金的切削加工性能比单相固溶体合金好。

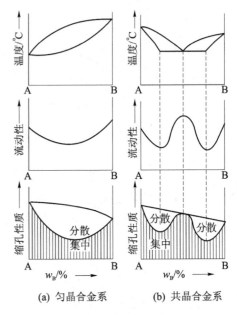

(a) 匀晶合金系　　(b) 共晶合金系

图 2-31　合金的铸造性能与相图的关系

2.5　铁碳合金的结晶

2.5.1　纯铁的同素异构转变

大多数金属在结晶后晶格类型不变,但有些金属在固态下存在着两种以上的晶格形式,这类金属在冷却或加热过程中,随着温度的变化,其晶格形式也要发生变化。金属在固态下,随着温度的改变由一种晶格转变为另一种晶格的现象称为同素异构转变。具有同素异构转变的金属有铁、钴、钛、锡、锰等。以不同晶格形式存在的同一金属元素的晶体称为该金属的同素异晶体。同一金属的同素异晶体按其稳定存在的温度,由低温至高温依次用 α,β,γ,δ 等表示。

纯铁的冷却曲线及晶体结构变化如图2-32所示。由图可见,液态纯铁在1 538 ℃出现平台,其结晶为体心立方晶格的 $\delta-Fe$;继续冷却至1 394 ℃时又出现一个平台,此时发生同素异构转变,$\delta-Fe$ 转变为面心立方晶格的 $\gamma-Fe$;再继续冷却至912 ℃,又出现一个平台,再次发生同素异构转变,$\gamma-Fe$ 转变为体心立方晶格的 $\alpha-Fe$;再继续冷却至室温,晶格类型不再发生变化。在770 ℃时又会出现一个平台,但该温度下的改变不是晶格类型的改变,而是磁性转变。纯铁的同素异构转变可表示为

$$\underset{\text{液相}}{L} \overset{1\,538\,℃}{\rightleftharpoons} \underset{\text{体心立方}}{\delta-Fe} \overset{1\,394\,℃}{\rightleftharpoons} \underset{\text{面心立方}}{\gamma-Fe} \overset{912\,℃}{\rightleftharpoons} \underset{\text{体心立方}}{\alpha-Fe}$$

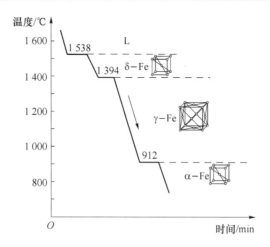

图 2-32　纯铁的冷却曲线和晶体结构变化

同素异构转变是纯铁的一个重要特性,是钢铁能够进行热处理的重要依据。金属同素异构转变实质上就是一个重结晶的过程,转变时需要过冷,有潜热产生。转变过程也是在恒温下通过晶核的形成和长大来完成的。由于同素异构转变是在固态下发生的,原子扩散比较困难,致使同素异构转变需要较大的过冷度。同时,由于同素异构转变前后晶格类型不同,原子排列发生变化,则晶体体积也发生变化,所以,同素异构转变往往会产生较大的内应力。例如 γ-Fe 转变为 α-Fe 时,铁的体积会膨胀约 1%,这是钢热处理时引起应力,导致工件变形和开裂的重要原因。

工业纯铁的含铁量一般为 $w_{Fe}=99.8\%\sim99.9\%$,常含有 $0.1\%\sim0.2\%$ 的杂质,杂质主要是碳。工业纯铁的力学性能指标大致为:抗拉强度 $R_m=180\sim280$ MPa,屈服强度 $R_{r0.2}=100\sim170$ MPa,伸长率 $A=30\%\sim50\%$,断面收缩率 $Z=70\%\sim80\%$,冲击韧度 $a_K=160\sim200$ J/cm²,布氏硬度为 HBS50～80。

工业纯铁的塑性和韧性较好,但强度和硬度很低,在工程上很少使用。但由于纯铁具有同素异构转变的特性,因此生产中才有可能通过不同的热处理工艺来改变钢铁的组织和性能。

2.5.2　铁碳合金的基本组织

在铁碳合金中,铁和碳是它的两个基本组元,碳可以与铁组成化合物,也可以形成固溶体,还可以形成混合物。由于铁和碳的相互作用不同,铁碳合金中有铁素体、奥氏体、渗碳体、珠光体和莱氏体等基本组织。

1. 铁素体

碳溶解在 α-Fe 中形成的间隙固溶体称为铁素体,用符号 α 或 F 表示。其晶胞与显微组织如图 2-33 所示,在显微镜下铁素体为均匀明亮的多边形晶粒。由于 α-Fe 是体心立方晶格,最大间隙半径只有 0.031 nm,比碳原子半径 0.077 nm 小得多,碳原子只能处于位错、空位、晶界缺陷处或个别八面体间隙中,所以碳在 α-Fe 中溶解度很低,在 727 ℃时溶碳量最大为 0.021 8%,随着温度下降,溶碳量逐渐减少,在 600 ℃时溶碳量为 0.005 7%,在室温时仅为 0.000 8%,几乎为零。铁素体的力学性能几乎与纯铁相同,强度和硬度低,而塑性和韧性好。

2. 奥氏体

碳溶解在 γ-Fe 中形成的间隙固溶体称为奥氏体,用符号 γ 或 A 表示。其晶胞与显微组

(a) 铁素体晶胞模型　　　　　　(b) 铁素体的显微组织

图 2-33　铁素体晶胞与显微组织示意图

织如图 2-34 所示,晶粒呈多边形,晶界较平直,晶粒内常有孪晶出现。在 γ-Fe 面心立方晶格中,晶格间的最大间隙要比 α-Fe 大,所以溶碳量较强,γ-Fe 在 1 148 ℃时溶碳量最大可达 2.11%,随着温度的下降,溶碳量逐渐减少,在 727 ℃时溶碳量最低为 0.77%。

 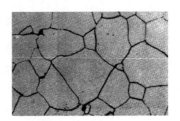

(a) 奥氏体晶胞模型　　　　　　(b) 奥氏体的显微组织

图 2-34　奥氏体晶胞与显微组织示意图

奥氏体仅存在于 727 ℃以上的高温范围内,奥氏体不呈铁磁性。

奥氏体的抗拉强度 $R_m = 400$ MPa,伸长率 $A = 40\% \sim 50\%$,硬度为 170～220 HBS,因此奥氏体强度、硬度较低,而塑性、韧性较高。钢材锻造时都加热到奥氏体状态,以便进行塑性变形加工。

3. 渗碳体

渗碳体是铁和碳形成的一种具有复杂晶格的间隙化合物,其碳的质量分数为 $w_C = 6.69\%$,通常用分子式 Fe_3C 表示。渗碳体的熔点为 1 227 ℃。渗碳体的硬度很高($\leqslant 800$ HBW),但强度较低,塑性和韧性几乎为零。因此,渗碳体是一个硬而脆的组织。

渗碳体是一种亚稳定化合物,在一定条件下能分解出单质状态的碳,称为石墨。渗碳体中碳原子可被氮等小尺寸原子置换,而铁原子也可被 Cr,Mn 等金属原子置换,形成合金渗碳体,如 $(Fe,Mn)_3C$,$(Fe,Cr)_3C$ 等。

渗碳体在 230 ℃以下具有弱铁磁性,在 230 ℃以上铁磁性消失。

渗碳体是碳钢中主要的强化相,在钢和铸铁中常以片状、球状或网状的形式存在,它的形态、大小、数量和分布状态对钢的性能有很大影响。

4. 珠光体

珠光体是铁素体和渗碳体组成的混合物,其含碳量为 0.77%(质量分数),珠光体用符号 P 表示。

如图 2-35 所示,在金相显微镜下,能清楚地看到它是渗碳体和铁素体片层相间、交替排列或 Fe_3C 以颗粒状分布在铁素体基体上形成的混合物,因此珠光体的性能大体上是铁素体和渗碳体两者性能的平均值,其力学性能指标大致为:$R_m \approx 770$ MPa,$A = 20\% \sim 35\%$,$a_K =$

$24\sim32\ \mathrm{J/cm^2}$，硬度$\approx180\ \mathrm{HBS}$。故，珠光体的强度较高、硬度适中，具备一定的塑性，综合力学性能较好。

 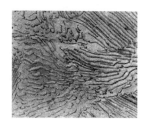

(a) 放大500倍　　　　　　　　　　(b) 放大4 000倍

图 2-35　珠光体显微组织示意图

5. 莱氏体

莱氏体是碳质量分数为 4.3% 的奥氏体和渗碳体组成的两相机械混合物，用符号 Ld 表示，它存在于高温区（$727\sim1\ 148\ ℃$），在 727 ℃ 以下时奥氏体转变为珠光体，此时变成渗碳体和珠光体的混合物，称为低温莱氏体，用符号 L'd 表示。

由于莱氏体含有大量的渗碳体，所以莱氏体的力学性能与渗碳体相似，也是既硬又脆的组织。

上述五种基本组织中，铁素体、奥氏体与渗碳体都是单相组织，称为铁碳合金的基本相；珠光体、莱氏体则是由基本相混合组成的多相组织。

铁碳合金基本组织的力学性能对比如表 2-2 所列。

表 2-2　铁碳合金基本组织的力学性能

序　号	组织名称	符　号	含碳量/%	力学性能		
				$R_\mathrm{m}/\mathrm{MPa}$	$A/\%$	HBS(HBW)
1	铁素体	F	≤0.021 8	180~280	30~50	50~80
2	奥氏体	A	≤2.11	—	40~60	120~220
3	渗碳体	Fe_3C	6.69	30	0	≤800
4	珠光体	P	0.77	800	20~35	180
5	莱氏体	Ld(L'd)	4.30	—	0	>700

2.5.3　铁碳合金相图

铁碳合金相图是指在平衡条件下（极其缓慢的加热或冷却），不同成分的铁碳合金的状态或组织随温度变化的图形，是研究铁碳合金的重要工具。

1. 铁碳合金相图概述

在铁碳合金中，铁和碳可以形成 Fe_3C，Fe_2C，FeC 等一系列稳定的化合物。每一种稳定的化合物都可以成为一个独立的组元，整个铁碳合金相图可以分解为 $Fe-Fe_3C$，Fe_3C-Fe_2C，Fe_2C-FeC 等一系列铁碳二元合金相图。工业用铁碳合金的碳质量分数一般不超过 5%，因为碳质量分数过高的铁碳合金脆性很大，难以加工，在生产中无实用意义。所以，对铁碳合金的研究集中在 $Fe-Fe_3C(w_c=6.69\%)$ 范围内，对铁碳合金相图的研究也就是对 $Fe-Fe_3C$ 相图的研究，如图 2-36 所示。

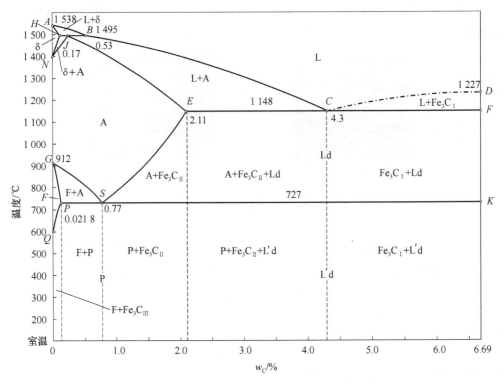

图 2 - 36 Fe - Fe₃C 相图

由于图 2-36 所示相图中左上角部分在实际应用中意义不大,为了便于研究和分析相图,可以将其省略,形成如图 2-37 所示的简化后的 Fe - Fe₃C 相图,它可以看作是由右上半部分的共晶转变相图和左下部分的共析转变相图这两个简单二元相图叠加而成的相图。以下的相图分析均按此图进行。

铁碳合金相图中主要特性点的温度、成分及含义见表 2-3。各代表符号属通用,一般不可随意改变。

表 2 - 3 Fe - Fe₃C 相图中主要特性点的意义

序　号	主要特性点	温度/℃	w_C/%	含　义
1	A	1 538	0	纯铁的熔点
2	C	1 148	4.30	共晶点,$L_C \rightleftharpoons Ld(A_E + Fe_3C)$
3	D	1 227	6.69	渗碳体的熔点
4	E	1 148	2.11	碳在 γ - Fe 中的最大溶解度
5	F	1 148	6.69	共晶渗碳体成分点
6	G	912	0	同素异构转变点
7	K	727	6.69	共析渗碳体成分点
8	P	727	0.021 8	碳在 α - Fe 中的最大溶解度
9	S	727	0.77	共析点,$A_S \rightleftharpoons P(F_P + Fe_3C)$
10	Q	600	0.005 7	600 ℃时碳在 α - Fe 中的溶解度

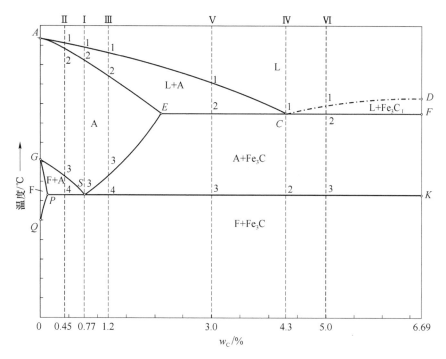

图 2-37　简化后的 Fe-Fe₃C 相图

2. 铁碳合金相图中特性线的意义

Fe-Fe₃C 相图中的线条是若干合金发生组织转变的临界线,即不同成分合金相变点的连线。各主要特性线的意义如下。

(1) ACD 线

ACD 线是液相线,此线以上区域全部为液相,用符号 L 表示,金属液冷却到此线开始结晶,在 AC 线以下从液相中结晶出奥氏体,在 CD 线以下从液相中结晶出一次渗碳体 Fe₃C₁。

(2) AECF 线

AECF 线是固相线,金属液冷却到此线全部结晶为固体,此线以下为固态区,液相线与固相线之间为金属液的结晶区域。这个区域内金属液与固相并存,AECA 区域内为金属液与奥氏体共存区,CDFC 区域内为金属液与渗碳体共存区。

(3) ECF 线

ECF 线是共晶线,C 点为共晶点。液态合金在 1 148 ℃恒温下,由 C 点成分($w_C=4.3\%$)的液相同时结晶出 E 点成分($w_C=2.11\%$)的奥氏体和渗碳体,称为共晶转变,其表达式为

$$L_C \xrightleftharpoons{1\,148\ ℃} A_E + Fe_3C$$

在铁碳合金相图中,碳的质量分数 $w_C>2.11\%$ 的液态合金,冷却到 ECF 线时都将发生共晶转变,生成由奥氏体和渗碳体组成的共晶体。在 727 ℃以上的莱氏体是由共晶奥氏体与渗碳体组成的复合相,称为高温莱氏体(Ld),而在 727 ℃以下的莱氏体则是由珠光体与渗碳体组成的复合相,称为低温莱氏体(L'd)。

(4) ES 线

ES 线又称 A_{cm} 线,是碳在奥氏体中的溶解度曲线。随着温度从 E 点(1 148 ℃)下降到 S

点(727 ℃),奥氏体含碳量 w_C 也从 2.11% 减少到 0.77%。因此,$w_C>0.77\%$ 的碳钢,从 1 148 ℃ 冷却到 727 ℃ 的过程中,奥氏体中过剩的碳以渗碳体形式析出。通常称奥氏体中析出的渗碳体为二次渗碳体,用 Fe_3C_{II} 来表示,从液态中析出的渗碳体称为一次渗碳体,用 Fe_3C_I 来表示。

(5) GS 线

GS 线也叫 A_3 线,它是冷却时从奥氏体中析出铁素体的开始线,或者说在加热过程中,铁素体溶入奥氏体的转变终止线。常称此温度为 A_3 温度。

(6) PSK 线

PSK 线为共析线,又称 A_1 线,S 点为共析点。奥氏体冷却到该温度线(727 ℃)时将发生共析转变,由 S 点成分($w_C=0.77\%$)的奥氏体同时析出 P 点成分($w_C=2.11\%$)的铁素体和渗碳体,称为共析转变,其表达式为

$$A_S \underset{727℃}{\rightleftharpoons} F_P + Fe_3C$$

在铁碳合金相图中,碳的质量分数 $w_C>0.021\,8\%$ 的合金,冷却到 PSK 线时都将发生共析转变,生成由铁素体和渗碳体组成的共析组织,称为珠光体(P)。

(7) PQ 线

PQ 线是碳在铁素体中的溶解度曲线,在 727 ℃ 时,碳在铁素体中溶解度最大,为 0.021 8%,随着温度的降低,在 300 ℃ 以下溶碳量小于 0.001%。所以,当铁素体从 727 ℃ 冷却下来时,会从铁素体中析出渗碳体,为三次渗碳体 Fe_3C_{III}。因其析出量较少,常与共析渗碳体连在一起不易分辨,可忽略不计。

3. 铁碳合金相图中的相区

(1) 单相区

Fe-Fe$_3$C 相图中有四个单相区:ACD 线以上是液相区(L);AESGA 为奥氏体区(A);GPQG 为铁素体区(F);DFK 为渗碳体成分线。

(2) 双相区

Fe-Fe$_3$C 相图中有五个双相区,分别是:L+A 区,L+Fe$_3$C$_I$ 区,A+F 区,A+Fe$_3$C 区和 F+Fe$_3$C 区。根据碳质量分数和室温组织形态的不同,A+Fe$_3$C 区又可细分为 A+Fe$_3$C$_{II}$,A+Fe$_3$C$_{II}$+Ld, Ld, Ld+Fe$_3$C$_I$ 等子相区;F+Fe$_3$C 区也可细分为 P+F,P,P+Fe$_3$C$_{II}$,P+Fe$_3$C$_{II}$+L'd,L'd, L'd+Fe$_3$C$_I$ 等子相区,如图 2-36 和图 2-37 所示。

2.5.4 铁碳合金相图的应用

1. 铁碳合金的分类

铁碳合金按其含碳的质量分数及室温平衡组织的不同,一般分为工业纯铁、钢和白口铸铁三类。

(1) 工业纯铁($w_C \leqslant 0.021\,8\%$)

室温平衡组织为铁素体加少量 Fe$_3$C$_{III}$。

(2) 钢($0.021\,8\% < w_C \leqslant 2.11\%$)

根据室温组织不同,钢可以分为以下三种:

① 亚共析钢($0.021\,8\% < w_C < 0.77\%$),室温平衡组织为铁素体加珠光体;

② 共析钢（$w_C = 0.77\%$），室温平衡组织为珠光体；

③ 共析钢（$0.77\% < w_C \leqslant 2.11\%$），室温平衡组织为珠光体加二次渗碳体。

（3）白口铸铁（$2.11\% < w_C \leqslant 6.69\%$）

按 Fe – Fe₃C 相图结晶的铸铁，碳以 Fe₃C 形式存在，断口呈亮白色，分为以下三种：

① 亚共晶白口铸铁（$2.11\% < w_C < 4.3\%$），室温平衡组织为珠光体加二次渗碳体加低温莱氏体；

② 共晶白口铸铁（$w_C = 4.3\%$），室温平衡组织为低温莱氏体；

③ 过共晶白口铸铁（$4.3\% < w_C \leqslant 6.69\%$），室温平衡组织为一次渗碳体加低温莱氏体。

2. 典型铁碳合金的结晶过程

下面分析六种典型铁碳合金的结晶过程和室温下的平衡组织，六种合金在 Fe – Fe₃C 相图中的位置如图 2 – 37 中的 Ⅰ～Ⅵ 所示。

（1）共析钢的结晶过程

图 2 – 37 所示的合金 Ⅰ 为共析钢，$w_C = 0.77\%$。共析钢结晶过程中的组织转变如图 2 – 38 所示，其结晶过程如下：

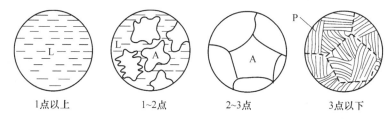

1点以上　　1～2点　　2～3点　　3点以下

图 2 – 38　共析钢结晶过程组织转变示意图

1 点以上，合金为液相。

1～2 点，合金缓慢冷却到 1 点时开始从液相中结晶出奥氏体。随着温度的下降，奥氏体量不断增加，剩余液相不断减少，到 2 点时合金全部结晶为奥氏体。在结晶过程中，奥氏体的成分沿 AE 线变化，同时液相成分沿 AC 线变化。

共析钢
结晶过程

2～3 点，合金在此区间为单相奥氏体组织，不发生变化。

3 点，合金冷却到 3 点，即 S 点（727 ℃）时，奥氏体将在恒温下发生共析转变，同时析出片层状的铁素体和渗碳体，生成珠光体组织。

3 点以下，合金继续冷却到室温的过程中，铁素体的成分沿 PQ 线变化，同时析出三次渗碳体。由于其量极少，显微组织也难以分辨，所以一般忽略不计，认为在 3 点以下直至室温时组织保持不变。

共析钢在室温下的平衡组织为珠光体。珠光体组织呈片层状，其显微组织如图 2 – 39 所示，图中白色部分为铁素体基体，黑色条纹为渗碳体。

（2）亚共析钢的结晶过程

图 2 – 37 所示的合金 Ⅱ 为亚共析钢，$w_C = 0.45\%$。

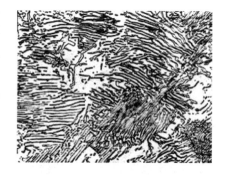

图 2 – 39　共析钢的显微组织

亚共析钢结晶过程中的组织转变如图 2-40 所示,其结晶过程如下:

    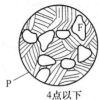

1点以上　　　　1~2点　　　　　2~3点　　　　　3~4点　　　　　4点以下

图 2-40　亚共析钢结晶过程组织转变示意图

3点以上,组织转变过程与共析钢类似,得到单相奥氏体组织。

3~4点,冷却到3点时开始从奥氏体中析出铁素体,称为先共析铁素体。随着温度的下降,铁素体量不断增加,此时铁素体成分沿 GP 线变化,而奥氏体成分则沿 GS 线变化。析出的铁素体通常沿奥氏体晶界形核并长大。

亚共析钢
结晶过程

4点及4点以下,合金冷却到4点(727 ℃)时,与 PSK 共析线相交,剩余奥氏体成分也达到 S 点,即 $w_C=0.77\%$,在此恒温下发生共析转变,生成珠光体组织。在4点以下继续冷却到室温的过程中,组织基本上不发生变化。

亚共析钢在室温下的平衡组织由先共析铁素体和珠光体组成。随着合金中碳的质量分数的增加,珠光体量增多,而铁素体的量减少。亚共析钢的显微组织如图 2-41 所示,图中白色部分为先共析铁素体,黑色部分为珠光体。

（3）过共析钢的结晶过程

图 2-37 所示的合金Ⅲ为过共析钢,$w_C=1.2\%$。过共析钢结晶过程中的组织转变如图 2-42 所示,其结晶过程如下:

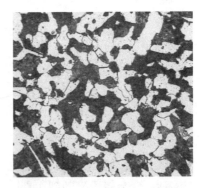

图 2-41　亚共析钢的显微组织

  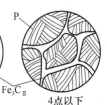

1点以下　　　　1~2点　　　　　2~3点　　　　　3~4点　　　　　4点以下

图 2-42　过共析钢结晶过程组织转变示意图

3点以上,组织转变过程也与共析钢类似,得到单相奥氏体组织。

3~4点,冷却到3点时开始从奥氏体中析出渗碳体,即二次渗碳体。随着温度的下降,渗碳体不断析出,奥氏体的成分沿 ES 线变化。二次渗碳体沿奥氏体晶界析出并呈网状分布。

过共析钢
结晶过程

4点及4点以下,合金冷却到4点(727 ℃)时,与 PSK 共析线相交,剩余奥氏体成分也达到 S 点,即 $w_C=0.77\%$,在此恒温下发生共析转变,生成珠光体组织。在 4 点以下继续冷却到室温的过程中,组织基本上不发生变化。

过共析钢在室温下的平衡组织由珠光体和网状二次渗碳体组成,其显微组织如图 2 - 43 所示,图中黑白相间的层片状组织为珠光体,白色网状条纹为二次渗碳体。

图 2 - 43　过共析钢的显微组织

（4）共晶白口铸铁的结晶过程

图 2 - 37 所示的合金 Ⅳ 为共晶白口铸铁,$w_C = 4.3\%$。共晶白口铸铁结晶过程中的组织转变如图 2 - 44 所示,其结晶过程如下:

共晶白口铸铁
结晶过程

1 点以上,合金为液相。

1 点,合金冷却到 1 点,即 C 点 (1 148 ℃)时,液相合金将在恒温下发生共晶转变,生成由共晶奥氏体和共晶渗碳体组成的莱氏体组织,即高温莱氏体。

1～2 点,随着温度的下降,共晶奥氏体中将不断析出二次渗碳体,奥氏体的成分沿 ES 线变化,此时的共晶组织由奥氏体、二次渗碳体和共晶渗碳体组成。其中,二次渗碳体一般依附在共晶渗碳体上析出并长大,从显微组织上难以分辨。

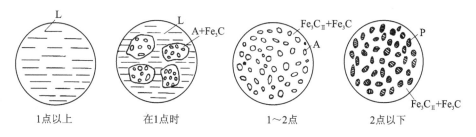

| 1点以上 | 在1点时 | 1～2点 | 2点以下 |

图 2 - 44　共晶白口铸铁结晶过程组织转变示意图

2 点,合金冷却到 2 点(727 ℃)时,与 PSK 共析线相交,剩余奥氏体的成分也达到 S 点,即 $w_C = 0.77\%$,在此恒温下发生共析转变,生成珠光体组织。

2 点以下,在 2 点以下继续冷却到室温的过程中,组织基本上不发生变化。

共晶白口铸铁在室温下的平衡组织为由渗碳体和珠光体组成的低温莱氏体,用符号 L'd 表示。共晶白口铸铁在室温时的显微组织如图 2 - 45 所示,图中白色基体为共晶渗碳体,黑色部分为珠光体,二次渗碳体从显微组织上无法分辨。

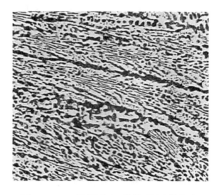

图 2 - 45　共晶白口铸铁的显微组织

（5）亚共晶白口铸铁的结晶过程

图 2 - 37 所示的合金 Ⅴ 为亚共晶白口铸铁,$w_C = 3.0\%$。亚共晶白口铸铁结晶过程中的组织转变如图 2 - 46 所示,其结晶过程如下:

1 点以上,合金为液相。

1～2 点,合金缓慢冷却到 1 点时开始从液相中结晶出奥氏体,称为初生奥氏体。随着温度的下降,奥氏体量不断增加,剩余液相不断减少。在结晶过程中,奥氏体的成分沿 AE 线变化,同时液相成分沿 AC 线变化。

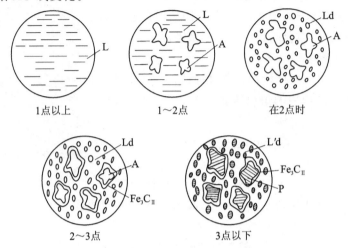

图 2-46 亚共晶白口铸铁结晶过程组织转变示意图

2 点,合金冷却到 2 点(1 148 ℃)时,与 ECF 共晶线相交,剩余液相成分达到 C 点,即 $w_C = 4.3\%$,在此恒温下发生共晶转变,生成莱氏体组织。

2~3 点,随着温度的下降,初生奥氏体和共晶奥氏体均不断析出二次渗碳体,奥氏体的成分沿 ES 线变化。此时的组织为奥氏体、二次渗碳体和高温莱氏体。

3 点及 3 点以下,合金冷却到 3 点(727 ℃)时,与 PSK 共析线相交,剩余奥氏体成分也达到 S 点,即 $w_C = 0.77\%$,在此恒温下发生共析转变,生成珠光体组织。在 3 点以下继续冷却到室温的过程中,组织基本上不发生变化。

亚共晶白口铸铁在室温下的平衡组织为珠光体、二次渗碳体和低温莱氏体,其在室温时的显微组织如图 2-47 所示,图中黑色点状和树枝状部分为珠光体,其余黑白相间的基体为低温莱氏体,二次渗碳体依附在共晶渗碳体上,难以分辨。

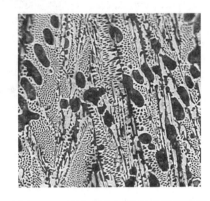

图 2-47 亚共晶白口铸铁的显微组织

(6) 过共晶白口铸铁的结晶过程

图 2-37 中合金Ⅵ为过共晶白口铸铁,$w_C = 5.0\%$。过共晶白口铸铁结晶过程中的组织转变如图 2-48 所示,其结晶过程如下:

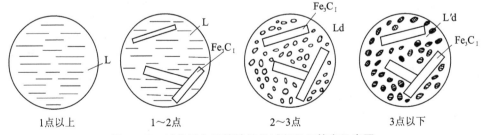

图 2-48 过共晶白口铸铁结晶过程组织转变示意图

1 点以上,合金为液相。

1～2 点,合金缓慢冷却到 1 点时开始从液相中结晶出一次渗碳体。随着温度的下降,渗碳体量不断增加,剩余液相不断减少。在结晶过程中,液相成分沿 CD 线变化。

过共晶白口
铸铁结晶过程

2 点,合金冷却到 2 点(1 148 ℃)时,与 ECF 共晶线相交,剩余液相的成分也达到 C 点,即 $w_C = 4.3\%$,在此恒温下发生共晶转变,生成莱氏体组织。此时的组织为一次渗碳体和高温莱氏体。

2～3 点,随着温度的下降,共晶奥氏体中不断析出二次渗碳体,奥氏体的成分沿 ES 线变化。

3 点及 3 点以下,合金冷却到 3 点(727 ℃)时,与 PSK 共析线相交,剩余奥氏体成分也达到 S 点,即 $w_C = 0.77\%$,在此恒温下发生共析转变,生成珠光体组织。在 3 点以下继续冷却到室温的过程中,组织基本上不发生变化。

过共晶白口铸铁在室温下的平衡组织为一次渗碳体和低温莱氏体,在室温时的显微组织如图 2-49 所示,图中白色板条状的为一次渗碳体,其余为低温莱氏体,二次渗碳体同样难以分辨。

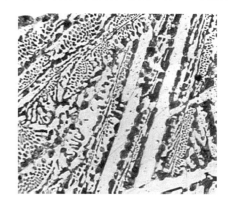

图 2-49　过共晶白口铸铁的显微组织

3. 碳的质量分数与铁碳合金组织及性能的关系

铁碳合金室温组织虽然都是由铁素体和渗碳体两相组成的,但由于碳的质量分数的不同,组织中铁素体与渗碳体的数量、分布及形态也各不相同,力学性能也各异。

(1) 碳的质量分数与平衡组织间的关系

一般来说,铁碳合金的室温组织都是由铁素体和渗碳体这两个基本相组成的。图 2-50 所示为铁碳合金的组织组成物的相对量和相组成物的相对量与碳的质量分数的关系。由图可以看出,当 $w_C = 0\%$ 时,合金全部为铁素体。随着碳的质量分数的增加,铁素体的相对量不断减少,而渗碳体的相对量在不断增加。当 $w_C = 6.69\%$ 时,合金全部为渗碳体,如图 2-50 中相组成物的相对量部分所示。

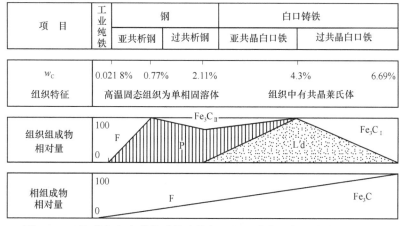

图 2-50　铁碳合金中碳的质量分数与组织组成物和相组成物间的关系

从组织组成物看,随着碳质量分数的增加,铁碳合金在室温下可以形成不同的组织,其变化如下:

$$F \longrightarrow F+P \longrightarrow P \longrightarrow P+Fe_3C_{II} \longrightarrow P+Fe_3C_{II}+L'd \longrightarrow L'd \longrightarrow L'd+Fe_3C_I$$

（工业纯铁）　（亚共析钢）　（共析钢）　（过共析钢）　　（亚共晶白口铁）　　（共晶白口铁）　（过共晶白口铁）

由于碳质量分数的不同,铁素体与渗碳体的形态和分布也不相同,如从奥氏体中析出的铁素体一般呈块状,而共析反应生成的珠光体中的铁素体则呈交替层片状;又如共析钢中,共析渗碳体与铁素体呈交替层片状,在过共析钢中,Fe_3C_{II} 以网状形式分布于奥氏体的晶界上,在过共晶白口铁中,Fe_3C_I 呈规则的长条块。正是由于铁碳合金中铁素体与渗碳体的数量、形态、分布的不同,导致它们具有不同的性能。

（2）碳的质量分数与力学性能间的关系

由于在铁碳合金组织中,铁素体是软韧相,渗碳体是硬脆相,因此铁碳合金的力学性能取决于铁素体与渗碳体的相对量及它们的相对分布。如果合金的基体是铁素体,渗碳体作为强化相,那么强化相的数量越多、分布越均匀,材料的强度就越高。但是如果渗碳体分布在晶界上,甚至作为基体,则强度尤其是塑性和韧性则大大降低,如图 2 - 51 所示。

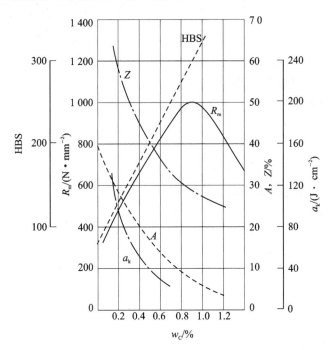

图 2 - 51　碳的质量分数对铁碳合金力学性能的影响

工业纯铁是由铁素体构成的,所以塑性很好,硬度、强度很低;亚共析钢中,随着碳质量分数的增加,铁素体逐渐减少而珠光体数量逐渐增多,所以强度、硬度直线增大,塑性、韧性不断降低;在共析钢中的强化相是珠光体组织,所以有较高的强度和硬度,但塑性较低;在过共析钢中,当碳质量分数达到 0.9% 时,强度达到最高值,随着碳质量分数的继续增加,强度则显著降低,这是由于脆性的二次渗碳体在碳质量分数大于 0.9% 时,在奥氏体组织的晶界处形成连续的网状,从而使钢的脆性增加,而硬度则始终直线上升。

铁碳合金的塑性变形主要由铁素体来实现,所以当组织中出现以渗碳体作基体的莱氏体时,塑性则接近于零。冲击韧性对组织非常敏感,随着碳质量分数的增加,脆性的渗碳体增多,冲击韧性则下降,当出现网状二次渗碳体时,韧性则急剧下降。生产中,若控制二次渗碳体的形态,不使其形成网状,则强度就不会明显下降。随着碳质量分数的增加,铁碳合金的硬度直线上升。对于上述铁碳合金来说,由于处理方法和冷却条件的改变,其组织及性能也各不相同。在实际生产中,为保证铁碳合金具有一定的塑性和韧性,对碳素钢及普通低、中合金钢,碳质量分数一般不超过 1.3%。

4. 铁碳合金相图的应用及其局限性

铁碳合金相图在生产中具有重要的实际意义,主要应用于钢铁材料的选用和热加工工艺的制定两个方面。

(1) 在钢铁材料选用方面的应用

通过铁碳合金相图中合金的成分和显微组织之间的关系,可以初步了解材料的力学性能,这样在设计和生产中,就可以根据零件的使用性能要求,合理地选择材料。例如,需要塑性好、韧性高的材料时,一般选用 $w_C < 0.25\%$ 的低碳钢;对于工作中需要承受一定的冲击载荷,要求材料的强度、塑性和韧性等性能都较好时,应选用 $w_C = 0.3\% \sim 0.55\%$ 的中碳钢;若需要硬度高、耐磨性好的材料,如各种工具用钢,应选用 $w_C > 0.6\%$ 的高碳钢;对于一些形状复杂、不受冲击、同时又需要较高的耐磨性的零件,则可选用白口铸铁铸造而成。

(2) 在热加工工艺制定方面的应用

1) 在铸造工艺方面的应用

根据铁碳合金的成分,可以从铁碳合金相图上确定合适的浇注温度,一般在液相线以上 $100 \sim 200$ ℃范围内,如图 2-52 所示。由铁碳合金相图可以看出,共晶成分($w_C = 4.3\%$)的铁碳合金熔点最低,结晶温度范围也最小,具有良好的铸造性能。因此,在铸造生产中,铸铁的成分大多在共晶点附近。

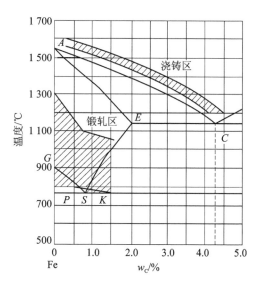

图 2-52　铁碳合金相图与铸造、锻造工艺的关系

另外,碳钢铸造时,由于熔点高、结晶温度范围大,所以铸造性能较差,易产生收缩,其铸造工艺也比铸铁复杂得多。

2）在热锻、热轧工艺方面的应用

单相奥氏体为面心立方晶格，具有强度低、塑性好的特点，易于塑性变形，所以碳钢的锻造或轧制温度都选在高温奥氏体相区。一般始锻（轧）温度控制在固相线以下 100～200 ℃范围内，温度不能过高，否则会产生严重的氧化、脱碳，甚至晶界熔化的现象；终锻（轧）温度则因钢种而异，亚共析钢一般控制在 GS 线以上，过共析钢则控制在 PSK 线以上，终锻温度不能过低，以免钢的塑性降低，产生裂纹。根据图 2-52 可以选择合适的锻造或轧制工艺温度范围。

3）在热处理工艺方面的应用

由铁碳合金相图可以看出，铁碳合金在固态下加热或冷却时，都会发生相的变化，因而可以进行退火、正火、淬火和回火等热处理工艺，根据铁碳合金相图，还可以进一步制定出各种热处理工艺的加热温度。碳在奥氏体中的溶解度随着温度的提高而增加，这样就可以进行渗碳处理和其他化学热处理。这些将在第 4 章钢的热处理中详细介绍。

4）在焊接工艺方面的应用

由于焊缝到母材各区域的温度是不同的，由铁碳合金相图可知，受不同加热温度的各区域在随后的冷却中可能会出现不同的组织与性能。铁碳合金相图可以指导焊接的选材及焊后热处理等工艺措施，如焊后正火、退火工艺的制定，从而改善焊缝组织，提高力学性能，得到优质焊缝。

（3）铁碳合金相图应用的局限性

铁碳合金相图的应用很广泛，为了正确掌握它的应用，必须了解其以下局限性。

① 铁碳合金相图反映的是平衡相而不是组织。相图能给出平衡条件下的相、相的成分、各相的相对质量，但不能给出相的形状、大小和空间相互配置的关系。

② 铁碳合金相图只反映铁碳二元合金中相的平衡状态。实际生产中应用的钢和铸铁，除了 Fe 和 C 以外，往往含有或有意加入其他元素。在被加入元素的质量分数较高时，相图将发生重大变化，在这样的条件下，铁碳合金相图已经不适用了。

③ 铁碳合金相图反映的是平衡条件下铁碳合金中相的状态。相的平衡只有在非常缓慢的冷却和加热，或者在给定温度长期保温的情况下才能达到。所以，钢铁在实际的生产和加工过程中，当冷却和加热速度较快时，常常不能用相图来分析问题。

虽然铁碳合金相图具有较多局限性，但对于普通钢和铸铁，在一般不违背平衡的情况下，例如，在炉子中冷却甚至在空气中冷却时，铁碳合金相图的应用具有足够的可靠性和准确度。而对于特殊的钢和铸铁或在距平衡条件较远的情况下，虽然利用铁碳合金相图来分析问题是不正确的，但其仍然可以作为考虑问题的依据。

本章小结

1. 常见金属晶格类型有体心立方晶格、面心立方晶格和密排六方晶格 3 种，不同晶格类型会引起材料体积和性能的变化。

2. 实际晶体的组织结构对金属性能的影响很大，晶体缺陷包括点缺陷、线缺陷和面缺陷 3 种。

3. 纯金属的结晶过程包括晶核的形成与长大，晶粒大小控制方法有增大过冷度、变质处理、振动及搅拌处理。

4. 二元合金的相结构是指合金组织中相的晶体结构。根据合金中各组元相互作用的不同,合金中的相结构可分为固溶体和金属化合物两大类。二元合金的基本相图类型有匀晶相图、共晶相图、包晶相图和共析相图。

5. 通过铁碳($Fe-Fe_3C$)合金相图可知铁碳合金的基本组织、性能和分类,利用该图可以分析铁碳合金在加热和冷却时的组织转变等内容。

习　题

1. 举例说明什么是晶体和非晶体?两者的主要区别是什么?

2. 常见的金属晶格类型有哪几种?其原子排列和晶格常数有什么特点?

3. 过冷度与冷却速度有什么关系?它对金属结晶后的晶粒大小有什么影响?

4. 晶粒大小对金属的力学性能有何影响?细化晶粒的方法有哪几种?

5. 什么是合金?与纯金属相比,合金有哪些优点?

6. 什么是组织?组织由何组成?

7. 什么是固溶体?固溶体主要有哪两种?它们在晶体结构上有何差别?

8. 什么是金属化合物?它们的结构和性能各有何特点?

9. 下列为 Pb-Sb 合金的热分析数据:

纯铅的结晶温度为 327 ℃;

Pb95%-Sb5%合金结晶出 Pb 的温度为 296 ℃,共晶温度为 252 ℃;

Pb90%-Sb10%合金结晶出 Pb 的温度为 260 ℃,共晶温度为 252 ℃;

Pb88.8%-Sb11.2%合金共晶温度为 252 ℃;

Pb80%-Sb20%合金结晶出 Sb 的温度为 280 ℃,共晶温度为 252 ℃;

Pb50%-Sb50%合金结晶出 Sb 的温度为 485 ℃,共晶温度为 252 ℃;

Pb20%-Sb80%合金结晶出 Sb 的温度为 570 ℃,共晶温度为 252 ℃;

纯锑的结晶温度为 630 ℃。

(1) 作出相图;(2) 填写相区;(3) 分析 $w_{Pb}=95\%$,$w_{Pb}=88.8\%$和 $w_{Pb}=50\%$三种合金的结晶过程;(4) 画出这些合金在室温时的组织示意图。

10. 合金的铸造性能与相图有何关系?

11. 何谓铁素体、奥氏体、渗碳体、珠光体及莱氏体?它们各用什么符号表示?性能特点各是什么?

12. 何谓铁碳合金相图?试绘制简化的铁碳合金相图,说明各主要的特性点和线的含义。

13. 说明 Fe_3C_I,Fe_3C_{II},Fe_3C_{III} 的异同,它们各是在什么条件下产生的?

14. 何谓共析转变?何谓共晶转变?写出铁碳合金的共析转变式和共晶转变式。

15. 根据铁碳合金相图,分别画出碳的质量分数为 0.35%,0.77%,1.3%,2.8%,4.3%和5.5%的合金缓冷至室温的冷却曲线和室温组织。

16. 在铁碳合金相图上标出锻造和铸造的大致温度范围,并说明原因。

第3章　金属的塑性变形与再结晶

【导学】

　　塑性是金属的重要特性,大多数的钢和有色金属及其合金都有一定的塑性,因此它们均可以在冷态或热态下进行塑性加工。利用金属的塑性可把金属加工成各种制品,锻造、轧制、挤压、拉拔、冲压等成形工艺都是金属塑性变形的过程。另外,在车、铣、钻等各种切削加工工艺中,金属也会产生塑性变形。

　　塑性变形不仅可以使金属获得一定的形状和尺寸,而且还会使金属内部组织与结构发生变化,因此,研究金属材料塑性变形过程中的组织、结构和性能的变化规律,对于充分发挥金属材料的力学性能,改进金属材料的加工工艺,提高产品质量等方面都具有重要的意义。

【学习目标】

◆ 理解金属的塑性变形原理;

◆ 掌握冷塑性变形对金属组织和性能的影响;

◆ 了解金属的热加工及其应用。

本章重难点

3.1　金属的塑性变形

　　金属在外力作用下,首先发生弹性变形,弹性变形的本质是外力克服原子间结合力,使金属原子间距暂时发生改变,当外力消除时原子又恢复到原来的平衡位置,因而其不能用于成形加工。载荷增加到一定值后,金属将发生塑性变形。塑性变形不随外力的消除而消除,属于永久变形,能够用于金属的成形加工,同时变形后的金属组织和性能也发生了很多的变化。

　　目前使用的金属材料绝大多数是多晶体,其塑性变形过程较为复杂。组成多晶体的晶粒实际上可以近似看作是简单的单晶体,为了便于研究,先通过分析单晶体的塑性变形来掌握塑性变形的基本规律。

3.1.1　单晶体的塑性变形

　　金属单晶体的塑性变形主要有滑移和孪生两种方式。

1. 滑　移

　　在切应力的作用下,晶体的一部分沿着一定的晶面上一定方向相对于另一部分产生相对滑动的现象称为滑移。滑移是金属塑性变形的主要方式。

　　单晶体试样受拉伸时,拉力 F 可沿一定的晶面分解为垂直于晶面的正应力 σ 和切应力 τ,如图 3-1 所示。正应力使晶体产生弹性伸长,并在超过原子间结合力时将晶体拉断,切应力则使晶体产生弹性歪扭,并在超过滑移抗力时引起滑移面两侧的晶体发生相对滑移。

　　图 3-2 所示为晶体在正应力 σ 作用下的变形情况。图 3-2(a)所示为未发生变形的晶体。在正应力 σ 的作用下,晶格被拉长,原子偏离原来的平衡位置,如图 3-2(b)所示,当外力去除后,原子在引力作用下,恢复到原来的位置,变形消失,因而产生的是弹性变形;当正应力

σ 大于原子间引力时,晶体被拉断,产生脆性断裂,如图 3 - 2(c)所示。因此,晶体在正应力 σ 作用下只能产生弹性变形和脆性断裂,不能产生塑性变形。

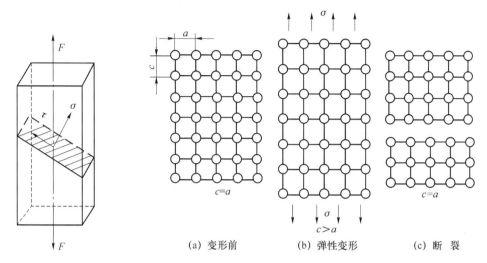

图 3 - 1　应力的分解　　　　　　图 3 - 2　晶体在正应力作用下的变形示意图

图 3 - 3 所示为晶体在切应力作用下的变形情况。未受到外力作用时,原子处于平衡位置,如图 3 - 3(a)所示。当切应力 τ 较小时,晶格发生变形,如图 3 - 3(b)所示,若此时去除外力,晶格变形将消失,原子回复到原来的位置,即产生的是弹性变形;当切应力 τ 增大到一定值后,晶体的一部分沿着某一晶面相对于另一部分产生滑动,滑动的距离为原子间距离的整数倍,如图 3 - 3(c)所示;若此时去除外力,晶格弹性变形的部分可以恢复,但产生滑动的原子则不能回到它原来的位置,这样就产生了塑性变形,如图 3 - 3(d)所示。

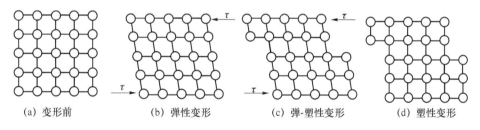

(a) 变形前　　　　　(b) 弹性变形　　　　(c) 弹-塑性变形　　　　(d) 塑性变形

图 3 - 3　晶体在切应力作用下的变形示意图

滑移实质上是位错在滑移面上运动的结果。在外力作用下,晶体中出现位错,位错的原子面受到前后两边原子的排斥,处于不稳定状态,只须加上很小的力就可以打破力的平衡,使位错及原子面移动很小的距离。在切应力的作用下,位错继续移动到晶体表面时,就形成了一个原子间距的滑移量。大量位错移出晶体表面,就产生了宏观的塑性变形,不同晶格类型的金属其滑移面和滑移方向的数目是不同的。晶体中的一个滑移面与其上的一个滑移方向构成一个滑移系。一般来说,滑移面和滑移方向越多,滑移系越多,金属发生滑移的可能性越大,塑性就越好。

2. 孪 生

在切应力作用下,晶体的一部分相对于另一部分沿一定的晶面和晶向发生剪切变形的变形方式称为孪生,如图3-4所示。发生孪生的晶面和晶向分别称为孪生面和孪生方向,发生切变、位向改变的这一部分晶体称为孪晶。孪晶与未变形部分晶体以孪生面为对称面呈镜像分布。

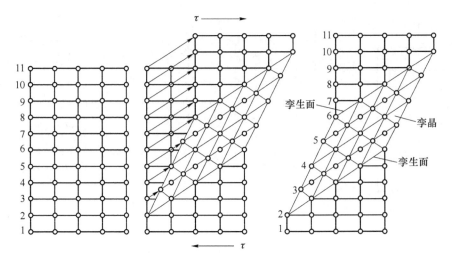

图3-4 孪晶中的晶格位向变化

孪生与滑移变形的主要区别是:孪生变形时,孪晶带内的相邻原子面的相对位移为原子间距的分数值,且晶体位向发生变化,与未变形部分形成对称;而滑移变形时,原子在滑移方向的位移是原子间距的整数倍,晶体的位向不发生变化。孪生变形所需的临界切应力比滑移变形所需的大得多,因此,只有在滑移变形难以进行时,才会产生孪生变形。

因此,具有体心和面心立方晶格的金属如铁、铜、铝和铬等,在通常情况下均按滑移方式变形,它们的塑性比具有密排六方晶格的金属好得多。而具有密排六方晶格的金属,如镁和锌等,均以孪生方式变形。

3.1.2 多晶体的塑性变形

大多数金属材料是由多晶体组成的,多晶体是由大量位相不同的晶粒组成的,所以多晶体变形除了具有单晶体塑性变形的特征外,还因为晶粒间的相互作用等因素,使塑性变形更加复杂,但也是以滑移和孪生作为主要方式而进行的。

1. 晶粒位向的影响

多晶体中各个晶粒的位向不同,在外力作用下,有的晶粒处于最大切应力方向,是有利于滑移的位置,称为软位向;而有的晶粒处于不利于滑移的位置,称为硬位向。当处于有利于滑移位置的晶粒要进行滑移时,必然会受到周围位向不同的其他晶粒的约束,使滑移的阻力增加,从而提高了塑性变形的抗力。同时,随着外力的增加,晶粒将一批一批逐次进行滑移,而不是一起滑移。结果是不均匀的变形导致应力分布不均匀,而不均匀分布的应力又将造成不均匀的变形。

2. 晶界及晶粒大小的影响

晶界对塑性变形有较大的阻碍作用。如图3-5所示,由两个晶粒组成的试样受拉伸时的变形情况可以发现:在远离夹头和晶界处变形很明显,即变细了;在靠近晶界处,变形不明显,其截面基本保持不变,即出现了所谓的"竹节"现象。这是因为晶界处原子排列比较紊乱,阻碍位错的移动,因而阻碍了滑移。很显然,晶界越多,晶体的塑性变形抗力越大。

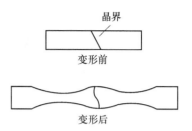

图 3 - 5　由两个晶粒组成的试样
在拉伸时的变形

在一定体积的晶体内,晶粒越细,晶界就越多,则位错的阻碍越多,需要协调的不同位向的晶粒也越多,金属的塑性变形抗力也越大,则金属的强度和硬度就越高。同时晶粒越细,单位体积内晶粒数目越多,同时参与变形的晶粒数目也越多,变形越均匀,应力集中引起开裂的机会就越少,因此可以在断裂之前承受较大的塑性变形量,吸收较多的功,则金属在强度和塑性增加的前提下,金属在断裂前消耗的功也越大,因而其韧性也越好。故,细化晶粒可以同时提高金属的强度、塑性和韧性,是强化金属的重要手段之一。

3.2　冷塑性变形对金属组织和性能的影响

3.2.1　冷塑性变形对金属组织的影响

金属的冷塑性变形是指在室温条件下进行的塑性变形。在冷塑性变形后,不仅金属的外形发生改变,其组织结构和性能都会发生一系列的变化。

1. 形成纤维组织

金属晶体在外力作用下产生塑性变形时,随着外形和尺寸的变化,其内部晶粒也会沿变形方向被拉长或压扁,显微组织变化情况如图 3 - 6 所示。当变形程度很大时,各晶粒将会被拉成细条状或纤维状,金属中的夹杂物也被拉长,晶界变得模糊不清,这种组织称为纤维组织。纤维组织的性能有明显的方向性,沿着纤维组织方向的强度比垂直于纤维组织方向的强度高得多。

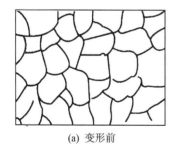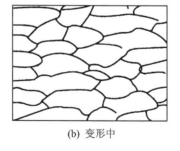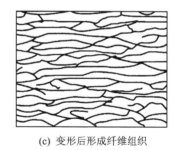

(a) 变形前　　　　　　　　(b) 变形中　　　　　　　(c) 变形后形成纤维组织

图 3 - 6　冷塑性变形显微组织示意图

2. 亚结构细化

金属在变形量较大时,在晶粒的形状发生变化的同时,晶粒内部存在的亚晶粒也会细化,这种结构称为亚结构。

亚晶粒的边界是晶格畸变区,聚集着大量的刃型位错,随着变形量的增大,变形亚组织逐渐增多并且细化,亚晶界数量显著增多,位错密度增大。亚结构的细化对滑移过程有着巨大的阻碍作用,增大了金属的塑性变形抗力,如图 3-7 所示。

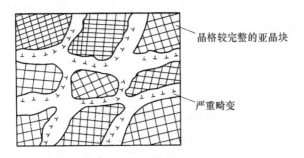

图 3-7　金属冷塑性变形后亚结构示意图

3. 形成形变织构

金属在发生塑性变形时,各晶粒的晶格会沿着变形方向发生转变,当变形量很大(>70%)时,各晶粒的位向将与外力方向趋于一致,这种组织叫做形变织构。

因加工变形方式的不同,形变织构主要有两种类型:由拉拔形成的织构称为丝织构,其特点是大多数晶粒的晶向与拉丝方向平行;在轧制时形成的织构称为板织构,其特点是各晶粒的某一晶面和某一晶向都分别平行于轧制平面和轧制方向,如图 3-8 所示。

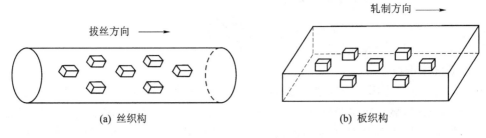

(a) 丝织构　　　　　　　　　　　(b) 板织构

图 3-8　形变织构示意图

大多数情况下,由于形变织构所造成的金属材料的各向异性是有害的,它使金属材料在冷变形过程中的变形量分布不均,例如当使用有织构的板材冲压工件时,将会因板材各个方向的变形能力不同,使加工出来的工件边缘不齐、厚薄不均,即产生"制耳"现象,如图 3-9 所示。但是有时织构却是有利的,如变压器铁芯用的硅钢片,沿某方向最容易磁化,如果采用这种织构的硅钢片制作电机,可以减少铁损,提高设备效率,节约钢材。

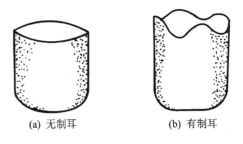

(a) 无制耳　　　　(b) 有制耳

图 3-9　冲压件的制耳示意图

3.2.2　冷塑性变形对金属性能的影响

1. 产生加工硬化

金属在塑性变形不大时,首先在变形晶粒的晶界附近出现位错堆积。变形量增大,晶粒将被破碎成亚晶粒,变形量越大,晶粒被破碎得越严重、亚晶界越多、位错密度越大。大量堆积的位错及其相互干扰,使金属的塑性变形抗力增大,强度和硬度显著升高。

工业上把金属材料随着变形程度的增大、强度和硬度逐渐升高、塑性和韧性不断下降的现象称为加工硬化。这是冷塑性变形后的金属在力学性能方面最为突出的变化。

加工硬化在工业生产中具有重要的现实意义。首先,在生产上作为强化金属的一种重要手段,这对于一些不能通过热处理来提高强度的金属材料尤为重要,如在机械加工中使用冷挤压、冷轧的方法提高钢材和其他材料的强度、硬度;其次,加工硬化有利于金属进行均匀变形,这是由于金属变形部分产生了冷变形强化,继续变形将主要在金属未变形或变形较小的部分中进行,所以使金属变形趋于均匀;再次,加工硬化可提高构件在使用过程中的安全性,若构件在工作过程中产生应力集中或过载现象,往往由于金属能产生冷变形强化,使过载部位在发生少量塑性变形后提高了屈服强度,并与所承受的应力达到平衡,变形就不会继续发展,从而提高了构件的安全性。为了使金属材料能继续变形,必须在加工过程中安排"中间退火"以消除冷变形强化。

2. 产生残余内应力

金属在塑性变形时,外力所做的功大部分转化成热能,但由于金属内部变形不均匀,位错、空位等晶体缺陷增多,尚有一小部分功(约 10%)保留在金属内部,形成残余内应力。内应力按其作用范围可分为以下三类:

① 宏观内应力(第一类内应力)。指由于金属材料的各部分变形不均匀而造成的、在宏观范围内互相平衡的内应力,如金属的表层和心部之间变形的不均匀会形成平衡于表层与心部之间的宏观应力。

② 晶间内应力(第二类内应力)。指相邻晶粒之间或晶粒内部不同部位之间变形不均匀而形成的微观应力。此应力在局部位置可达到很大,以致工件在不大的外力作用下产生裂纹,甚至导致断裂。

③ 晶格畸变内应力(第三类内应力)。指在金属塑性变形时,内部产生的大量位错使晶格畸变形成的内应力。这种由点阵畸变所造成的内应力使金属的硬度、强度上升,而塑性和耐腐蚀性能下降。

残余内应力对金属工艺性能和力学性能有很大影响。残余内应力如果与外加载荷所引起的应力方向相反,就能提高金属的强度。例如,弹簧、齿轮等零件,经喷丸处理后,在表面层产成压应力,可提高疲劳强度。但有时残余内应力是有害的,会导致工件的变形、开裂,降低工件抗蚀性抗负荷能力。

3.3　冷塑性变形金属在加热时组织和性能的变化

金属经塑性变形后,组织结构和性能发生很大的变化,金属内部能量较高,因此,这种处于不稳定状态的组织有自发回复到较为稳定状态的趋势。但在室温下,由于原子活动能力弱,这种转变一般难以进行。如果对其进行加热,使原子活动能力增强,可使金属恢复到变形前的稳定状态。随着加热温度的提高,变形金属将相继发生回复、再结晶和晶粒长大 3 个过程,其性能也将发生变化,如图 3 - 10 所示。

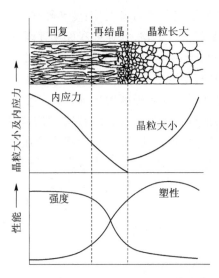

图 3 - 10　冷塑性变形金属加热时组织和性能变化示意图

3.3.1　回　复

　　回复是指冷塑性变形后的金属在加热温度低于再结晶温度时,金属中的一些点缺陷和位错的迁移,使晶格畸变程度降低,晶格结点恢复到较规则形状,残余应力逐渐减小的过程。在回复阶段,主要是晶粒内部的位错等缺陷减少,晶粒仍保持变形后的形态,显微组织不发生明显的变化,材料的强度和硬度只略有降低,塑性略有提高,但残余应力则大大降低。

　　利用回复现象对已产生加工硬化的金属在较低温度下加热,可基本消除残余内应力,而保留其强化了的力学性能,这种处理称为去应力退火。例如,用深冲工艺制成的黄铜弹壳等零件,放置一段时间后,由于残余应力的作用,将产生变形,因此必须进行 260 ℃ 左右的去应力退火。又如,用冷拔钢丝卷制的弹簧,必须进行 200～300 ℃ 的去应力退火,以消除应力、稳定形状和尺寸。

3.3.2　再结晶

　　当继续升高温度时,由于原子活动能力增大,金属的显微组织发生明显的变化,破碎的、被拉长或压扁的晶粒变为均匀细小的等轴晶粒,这个变化过程也是通过形核和晶核长大方式进行的,称为再结晶。再结晶新晶核一般是在变形晶粒的晶界、滑移带以及晶格畸变严重的地方形成,这些部位的原子处于最不稳定状态,向着规则排列的趋势最大。但应强调的是,再结晶不是一个相变的过程,没有恒定的转变温度,也无晶格类型的变化。如图 3 - 11(b),(c),(d)所示。

　　再结晶后,消除了纤维组织,金属的强度和硬度明显降低,而塑性和韧性大大提高,各种性能基本上恢复到变形以前的水平,加工硬化现象被消除,内应力全部消失。再结晶过程不是一个恒温过程,而是在一定温度范围内进行的。通常再结晶温度是指开始再结晶的最低温度,它与金属的预先变形度(金属再结晶前塑性变形的相对变形量)及纯度有关。预先变形度越大,金属的晶体缺陷就越多,组织越不稳定,开始再结晶的温度也就越低。当预先变形度达到一定值后,再结晶温度趋于某一最低值,这一温度称为最低再结晶温度,如图 3 - 12 所示。

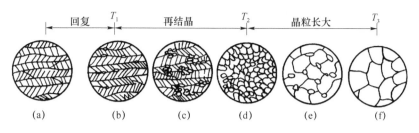

图 3 - 11 冷塑性变形金属退火时组织的变化

大量实验结果表明,工业纯金属的最低再结晶温度 $T_{再}$ 与该金属的熔点 $T_{熔点}$ 有如下关系:

$$T_{再} \approx (0.35 \sim 0.4) T_{熔点} \qquad (3-1)$$

式(3-1)中的温度单位为绝对温度 K。可见,金属的熔点越高,其再结晶温度也越高。

金属中的微量杂质或合金元素(特别是那些高熔点的元素),常常会阻碍原子扩散和晶界迁移,可显著提高金属的再结晶温度。例如:纯铁的最低再结晶温度约为 450 ℃,加入少量的碳形成低碳钢后,再结晶温度提高到 500～650 ℃。

考虑到再结晶温度受许多因素影响,同时为了缩短生产周期,生产上采用的再结晶退火加热温度比最低再结晶温度高 100～200 ℃。

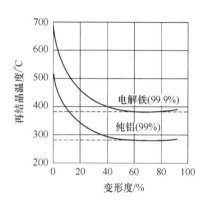

图 3 - 12 金属再结晶温度与预先变形度的关系

3.3.3 晶粒长大

再结晶完成后,若继续升高加热温度或延长保温时间,则再结晶形成的均匀细小的等轴晶粒会逐渐长大。晶粒长大可以减小晶界面积,降低表面能,因而是一个降低能量的自发过程。

晶粒长大的实质是一个晶粒边界向另一个晶粒迁移的过程,如图 3 - 13 所示。通过大晶粒的边界向小晶粒迁移,将小晶粒的晶格位向逐步改变为与大晶粒相同的晶格位向,于是大晶粒以"吞并"小晶粒的方式长大,成为一个粗大晶粒。

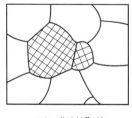 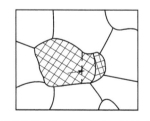 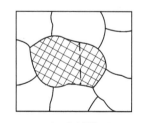

(a) "吞并"前　　　　(b) 晶界移动,晶格位向转向,晶界面积减小　　　　(c) "吞并"后

图 3 - 13 晶粒长大示意图

金属冷塑性变形不均匀,再结晶后得到的晶粒大小差别大,大小晶粒之间的能量差就大,大晶粒很容易"吞并"小晶粒而越长越大,从而获得粗大晶粒,使金属的力学性能显著降低。这种晶粒不均匀急剧长大的现象称为二次再结晶。

3.3.4 再结晶后的晶粒大小

冷变形金属经过再结晶退火后的晶粒大小,不仅影响金属的强度和塑性,还影响金属的冲击韧度,因此,在生产上必须对再结晶后的晶粒大小加以严格控制。影响再结晶退火后晶粒大小的主要因素是加热温度和变形度。

1. 加热温度

再结晶退火加热温度越高,则原子活动能力越强,越有利于晶界的迁移,故退火后得到的晶粒越粗大,如图 3-14 所示。此外,当加热温度一定时,保温时间越长,则晶粒越粗大,但其影响不如加热温度大。

2. 变形度

如图 3-15 所示,当变形度很小时,金属晶格畸变很小,不足以引起再结晶,故晶粒大小没有变化。当变形度达到 2%~10% 时,金属中部分晶粒发生变形,且变形分布很不均匀,再结晶时生成的晶核少,晶粒大小极不均匀,因而有利于晶粒发生吞并得到极粗大的晶粒,这种变形度称作临界变形度。生产上应尽量避免在临界变形度范围内进行塑性变形加工。当超过临界变形度之后,随变形度的增大,晶粒变形趋于均匀,再结晶核心越来越多,因此再结晶后的晶粒越来越细小均匀。当变形度>90%时,晶粒可能再次出现异常长大,一般认为是由于形变织构造成的。

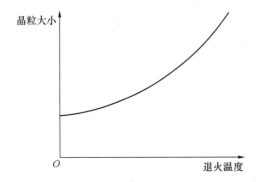

图 3-14 加热温度对再结晶后晶粒大小的影响

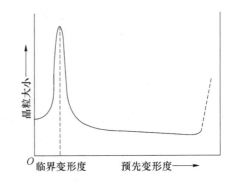

图 3-15 预先变形度对再结晶后晶粒大小的影响

3.4 金属的热加工

3.4.1 热加工的概念

在工业生产中,人们习惯将室温下的形变加工称为冷加工,把加热以后的形变加工称为热加工。

在金属学中,冷加工和热加工不是根据变形时金属是否加热,而是根据金属的再结晶温度来区分:在再结晶温度以下的塑性变形为冷加工;在再结晶温度以上的塑性变形为热加工。例如铅、锡等低熔点金属的再结晶温度低于室温,故在室温下的变形已属于热加工。钨的再结晶温度为 1 200 ℃,因此,即使在 1 000 ℃时的拉制钨丝也是冷加工。

如前所述,只要有塑性变形,就会产生加工硬化现象,因此冷加工时塑性变形引起的加工硬化不会被消除,而热加工时塑性变形引起的加工硬化,被随即发生的回复、再结晶的软化作用所消除,使金属始终保持稳定的塑性状态。在实际的热加工过程中往往由于变形较大,软化过程来不及充分消除加工硬化的影响,因此需要用提高温度的办法来加速再结晶过程。生产上实际的热加工温度总是高于它的再结晶温度,当金属中含有少量杂质或合金元素时,热加工温度往往更高一些。

3.4.2　热加工对金属组织和性能的影响

热加工不会引起金属的加工硬化,但由于温度处于再结晶温度以上,变形加工后随即发生回复和再结晶,使金属的组织和性能发生显著改变。

1. 改善铸态金属的组织和性能

通过热加工能使铸态金属中的气孔、疏松、微裂纹焊合,提高金属的致密度,提高金属的力学性能,特别是韧性和塑性。

2. 细化晶粒

热加工的金属经过塑性变形和再结晶的作用,一般可以使晶粒细化,从而提高金属的力学性能。热加工金属的晶粒大小与变形程度和终止加工温度有关,变形程度小,终止加工温度过高,加工后得到粗大晶粒,反之则获得细小晶粒。但终止加工温度也不能过低,否则易产生加工硬化和残余应力。

3. 形成锻造流线

铸态组织中的夹杂物在高温下具有一定的塑性,热加工时,金属中的各种夹杂物和枝晶偏析沿金属流动方向被拉长,形成锻造流线,又称纤维组织。锻造流线使金属的性能呈明显的各向异性,通常沿流线方向具有较好的力学性能,而垂直于流线方向的力学性能较差。表 3-1 所列为碳的质量分数 $w_c = 0.45\%$ 碳钢的力学性能与流线方向的关系。

表 3-1　碳的质量分数为 0.45% 碳钢的力学性能与流线方向的关系

取样方向	R_m/MPa	$R_{r0.2}$/MPa	A/%	Z/%	a_K/(J·cm^{-2})
平行于流线	715	470	17.5	62.8	62
垂直于流线	675	440	10.0	31.0	30

因此,热加工时应使工件流线分布合理,以保证零件的使用性能。例如,锻造曲轴的流线分布合理,曲轴不易断裂;而切削加工制成的曲轴流线分布不合理,易沿轴肩发生断裂,如图 3-16 所示。

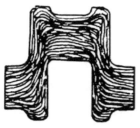 

(a) 锻造曲轴　　　　　　　　　(b) 切削加工曲轴

图 3-16　曲轴流线分布示意图

4. 形成带状组织

若钢的铸态组织中存在严重的偏析,或热变形加工温度过低,热加工后钢中常出现与变形方向呈平行交替分布的层状或条状组织,称为带状组织,如图3-17所示。

带状组织使钢材的力学性能呈各向异性,横向塑性和韧性明显降低,热处理时产生变形,钢材组织、硬度不均匀。带状碳化物还影响轴承和工具(刃具)的使用寿命。带状组织一般认为是有害的,生产中常采取交替改变变形方向、提高加热温度、延长保温时间、提高冷却速度等措施来减轻或消除带状组织。

图3-17 钢中的带状组织

由于热加工变形时金属的塑性好,并可以改善金属的组织和性能,故对受力复杂、载荷较大的重要工件的毛坯,一般都通过热加工来制造。

本章小结

1. 塑性变形是指金属在外力作用下产生的不可恢复的永久变形,它是压力加工的基础。金属在外力作用下变形而不破坏,是因为有着优良的压力加工成形性能。

2. 塑性变形除了能改变工件的尺寸和形状外,还会引起金属或合金组织和性能的变化。经冷轧、冷拉等塑性变形后,金属的强度显著提高而塑性下降,经热轧、锻造等热塑性变形后,强度的提高虽然不明显,但塑性和韧性比铸态时有明显改善。

3. 金属在再结晶温度以上进行的塑性变形称为热加工。热加工不会引起金属的加工硬化,但可以使金属的组织和性能发生显著改变,形成锻造流线、带状组织等现象。

习 题

1. 金属单晶体的塑性变形主要方式是什么?

2. 什么是滑移和孪生,主要区别是什么?

3. 多晶体的塑性变形的特点是什么?

4. 为什么细化晶粒可以同时提高金属的强度、塑性和韧性?

5. 冷塑性变形对金属组织和性能有何影响?

6. 什么是加工硬化?其产生原因是什么?

7. 金属塑性变形后可产生哪几种残余应力,它们对机械零件的性能有什么影响?

8. 什么是回复?什么是再结晶?

9. 影响再结晶后晶粒大小的主要因素有哪些?

10. 什么是冷加工和热加工?

11. 热加工对金属组织和性能有何影响?

12. 假定有一铸造黄铜件,在其表面上打了数码,然后将数码锉掉,怎么辨认这个原先打上的数码?如果数码是在铸模中铸出的,一旦被锉掉,能否辨认?为什么?(提示:冷变形强化、硬度值变化)

13. 在反复弯曲退火钢丝时,会感到越来越难弯曲,试分析其原因。

第 4 章　钢的热处理

【导学】

人类从石器时代进展到铁器时代的过程中,热处理的作用就已逐渐被人们所认知。1863 年,英国金相学家展示了钢铁的不同金相组织,以及铁碳相图的初步制定,为热处理工艺的深入发展奠定了理论基础。热处理工艺是机械制造中的重要工艺之一。钢铁材料在使用时必须满足机器及构件的使用条件,才能使机器发挥既定的性能,所以,在生产中选择合适的材料,采用最佳的热处理技术,对得到性能优良的产品有着重要的意义。

【学习目标】

◆ 掌握钢材热处理的基本原理知识;
◆ 理解钢在加热时的转变、过冷奥氏体等温冷却转变;
◆ 理解基本热处理工艺的特点及应用;
◆ 了解特种热处理技术及其应用。

本章重难点

4.1　热处理概述

4.1.1　热处理的实质、特点和作用

钢的热处理是指将钢在固态下采用适当的方式进行加热、保温和冷却,以获得预期的组织结构与性能的工艺。无论哪一种热处理工艺,都是由加热、保温和冷却三个阶段组成的,因此,热处理工艺可用温度-时间的关系曲线来表示,这种曲线称为热处理工艺曲线,如图 4 - 1 所示。

热处理工艺不改变工件的形状,而是通过改变工件的组织结构,改善工件的使用性能,这就是热处理的实质所在。热处理工艺只适用于固态下能发生组织变化的材料,不发生相变的材料不能用热处理进行强化。

通过适当的热处理,不仅能提高钢的使用性能及工艺性能,而且能够充分发挥钢的性能潜力,减轻零件的重量,延长产品使用寿命,提高产品的产量、质量和经

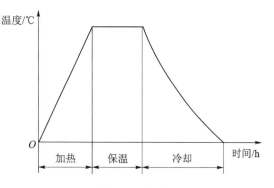

图 4 - 1　热处理工艺曲线示意图

济效益。绝大多数机械零件都要通过热处理来提高力学性能,满足机械零件在加工和使用过程中对材料性能的要求。据初步统计,在机床制造中 60%～70% 的零件要经过热处理,汽车制造业中需要热处理的零件达 70%～80%,模具、轴承等行业则几乎 100% 的零件要经过热处理。因此,热处理在机械制造业占有十分重要的地位。

4.1.2 热处理的分类

热处理按照目的、加热条件和特点、冷却方式的不同,可以分为下列几类。

① 普通热处理:特点是对工件整体进行穿透加热。常用方法有退火、正火、淬火和回火等。

② 表面热处理:该类工艺的特点是对工件的表层进行热处理,以改变表层的组织和性能。常用的方法有感应加热表面淬火、火焰加热表面淬火、电接触加热表面淬火等。

③ 化学热处理:特点是改变工件表层的化学成分,同时通过热处理改善表面组织及性能。常用方法有渗碳、氮化和碳氮共渗等。

④ 其他热处理:主要包括形变热处理、真空热处理、可控气氛热处理等。

此外,按照热处理在零件生产过程中的位置和作用不同,热处理工艺还可分为预备热处理和最终热处理。

预备热处理是零件加工过程中的一道中间工序,也称为中间热处理,是穿插在粗、精加工之间的热处理,其目的在于改善铸、锻毛坯件组织、消除应力,为后续的机加工或进一步的热处理做准备。最终热处理是零件加工的最终工序,其目的是使经过各种加工工艺后形状和尺寸满足要求的零件,达到所需要的使用性能。

金属或合金在加热或冷却过程中,发生相变的温度称为相变点(温度),或称临界点。由铁碳合金相图可知,A_1,A_3 和 A_{cm} 是平衡条件下的固态相变点,但由于实际加热或冷却时,有过冷或过热现象,因此,在加热时要高于平衡相变点,在冷却时要低于平衡相变点。因此,为了与平衡条件下的相变点相区别,通常将实际加热时的各相变点用 Ac_1,Ac_3,Ac_{cm} 表示,冷却时的各相变点用 Ar_1,Ar_3,Ar_{cm} 表示,如图 4-2 所示。由于加热或冷却速度直接影响转变温度,一般手册中的数据是以 $30\sim50$ ℃/h 的速度加热或者冷却得到的。

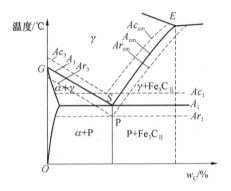

图 4-2 钢在加热和冷却时的临界点

4.2 钢在加热时的组织转变

加热是热处理的第一道工序,加热分两种,一种是在 A_1 点以下加热,不发生相变;另一种是在临界点以上进行加热,目的是获得均匀的奥氏体组织,这一过程称为奥氏体化。对于大多数钢铁材料来说,需要加热到 Ac_3 或 Ac_1 点以上,以获得奥氏体组织。加热时形成的奥氏体的成分、均匀性和晶粒大小等,对冷却转变后钢的组织和性能有着显著的影响。

4.2.1 奥氏体的形成

1. 奥氏体的形成过程

钢在加热时的奥氏体形成过程是一个形核和长大的过程。以共析钢为例,其奥氏体的形成一般分为奥氏体晶核形成、奥氏体晶核长大、残余渗碳体溶解、奥氏体成分均匀化四个阶段,如图 4-3 所示。结合图 4-2 可知,在 A_1 温度以下是由铁素体和渗碳体相间排列的层片状珠光体组织。在 A_1 温度时,铁素体具有体心立方晶格,$w_C=0.021\ 8\%$;渗碳体具有复杂斜方晶格,$w_C=6.69\%$;奥氏体具有面心立方晶格,$w_C=0.77\%$。因此,在珠光体向奥氏体的转变过程中要发生晶格的改组和碳原子的重新分布,这种变化需要通过原子扩散来完成,所以奥氏体的形成属于扩散型转变,并且遵循形核与长大的相变基本规律。

共析钢奥氏体形成过程

① 奥氏体晶核的形成:钢加热到 A_1 温度时,奥氏体晶核优先在铁素体与渗碳体的相界面上形成,如图 4-3(a)所示。这是因为相界面上原子排列紊乱、能量较高、碳的分布也不均匀,为形成奥氏体晶核在结构、成分和能量上提供了有利的条件。

② 奥氏体晶核的长大:奥氏体晶核形成后,它的一侧与渗碳体相接,另一侧与铁素体相接。通过碳原子扩散,铁素体晶格逐步改组,渗碳体不断溶解,这样奥氏体不断向其两侧的原铁素体区域及渗碳体区域扩展长大,直至珠光体完全消失,如图 4-3(b)所示。

③ 残余渗碳体的溶解:在此过程中,铁素体由于在成分和结构上与奥氏体更接近而首先消失,而渗碳体的晶体结构和成分与奥氏体相差较大,所以渗碳体向奥氏体的溶解速度必然远低于铁素体转变为奥氏体的速度。因此,在铁素体完全转变之后尚有不少未溶解的"残余渗碳体"存在,还需保温一定的时间,让剩余的渗碳体继续向奥氏体溶解,直到全部消失,如图 4-3(c)所示。

④ 奥氏体成分的均匀化:即使渗碳体全部溶解,奥氏体内的成分仍不均匀,在原铁素体区域形成的奥氏体含碳量偏低,在原渗碳体区域形成的奥氏体含碳量偏高,还需保温足够时间,让碳原子充分扩散,奥氏体成分才可能均匀,如图 4-3(d)所示。

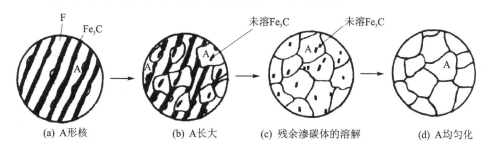

(a) A形核　　(b) A长大　　(c) 残余渗碳体的溶解　　(d) A均匀化

图 4-3　珠光体向奥氏体转变示意图

上述分析表明,珠光体转变为奥氏体并使奥氏体成分均匀必须有两个必要而充分条件:一是温度条件,要在 Ac_1 以上加热;二是时间条件,要求在 Ac_1 以上温度保持足够时间。在一定加热速度条件下,超过 Ac_1 的温度越高,奥氏体的形成与成分均匀化需要的时间越短;在一定的温度(高于 Ac_1)条件下,保温时间越长,奥氏体成分越均匀。所以在热处理时的保温,不仅是为了将工件热透,而且也是为了获得成分均匀的奥氏体组织,以便冷却后能得到良好的组织和性能。

亚共析钢与过共析钢的珠光体加热转变为奥氏体过程与共析钢转变过程是一样的,即在 Ac_1 温度以上加热,无论亚共析钢还是过共析钢中的珠光体,都要转变为奥氏体,所不同的是亚共析钢还有铁素体的转变,过共析钢还有二次渗碳体的溶解的过程。

亚共析钢的室温平衡组织为铁素体和珠光体,当加热到 Ac_1 后,珠光体向奥氏体转变;随

2424222

着温度的提高，铁素体逐渐转变为奥氏体；当温度超过 Ac_3 时，铁素体全部消失，得到完全的奥氏体组织。同样，过共析钢的室温平衡组织为二次渗碳体和珠光体，当加热到 Ac_1 后，珠光体向奥氏体转变；随着温度的提高，二次渗碳体逐渐溶解于奥氏体之中；当温度超过 Ac_{cm} 时，二次渗碳体完全溶解，组织全部为奥氏体。

2. 影响奥氏体转变速度的因素

奥氏体的形成是一个渗碳体的溶解、铁素体到奥氏体的点阵重构以及碳原子在奥氏体中扩散的过程，所以凡是能影响这些过程的因素，如加热温度、化学成分、原始组织等，都将对奥氏体的形成产生影响。

（1）加热温度的影响

随着加热温度的升高，奥氏体的形核率和长大速度都将急剧增加。由于加热温度越高，奥氏体中碳的浓度梯度增大，铁的晶格改组也越快，同时，加热温度越高，原子的扩散能力越大，这也促使奥氏体形成速度加快。

（2）加热速度的影响

实际热处理条件下，加热速度越快，过热度越大，发生转变的温度越高，转变所需的时间就越短，即奥氏体的转变速度越快。

（3）化学成分的影响

随着钢中含碳量的增加，渗碳体的数量相应增加，而铁素体的数量却相应减少，使得铁素体和渗碳体的相界面总量增多，因而加速珠光体向奥氏体的转变。

钢中加入合金元素，并不改变加热时奥氏体形成的基本过程，但影响奥氏体的形成速度。由于合金元素可以改变钢的相变点，同时除了钴以外的大多数合金元素都会减慢碳在奥氏体中的扩散速度，并且合金元素本身的扩散速度也很慢；某些强烈形成碳化物元素，如钛、钒、锆、铌、钼等，会在钢中形成特殊碳化物，其稳定性高于 Fe_3C，很难分解或溶入奥氏体中。因此，合金钢奥氏体化的过程大多比碳钢慢，需要较高的温度和较长的保温时间。

（4）原始组织的影响

对于相同成分的钢，晶粒越细，原始组织越分散，则铁素体与渗碳体的相界面越多，奥氏体形成速度越快。另外，原始组织中渗碳体的形态对奥氏体的形成速度也有影响，例如，相同成分的钢，细片状珠光体比粗片状珠光体转变速度快，因为前者比后者具有更多的相界面面积。

4.2.2　奥氏体晶粒的大小及影响因素

奥氏体形成后继续加热或保温，在残余渗碳体的溶解和奥氏体成分均匀化的同时，奥氏体晶粒将发生长大，其结果使钢件冷却后的机械性能降低，特别是冲击韧性变差，同时粗大的晶粒也是淬火变形和开裂的重要原因。奥氏体晶粒的大小直接影响随后产物的组织和性能。

1. 奥氏体晶粒度

奥氏体晶粒度是表示奥氏体晶粒大小的一种尺度。奥氏体晶粒度分为起始晶粒度、实际晶粒度和本质晶粒度三种。

① 起始晶粒度：珠光体刚刚全部转变为奥氏体时的奥氏体晶粒度。它通常比较细小，当继续加热或保温时，它就会继续长大。

② 实际晶粒度：钢在实际生产中的加热条件下所获得的奥氏体晶粒度。其大小直接影响钢在冷却后的组织和性能。

③ 本质晶粒度:在规定的加热条件下(加热到 930±10 ℃,保温 3～8 h),冷却后制取试样,在放大 100 倍的显微镜下与标准晶粒度等级图(见图 4-4)的标准晶粒等级相比较,所测得的奥氏体晶粒度。此条件下测得晶粒度为 1～4 级范围的钢称其为本质粗晶粒钢,晶粒度为 5～8 级的钢称其为本质细晶粒钢。

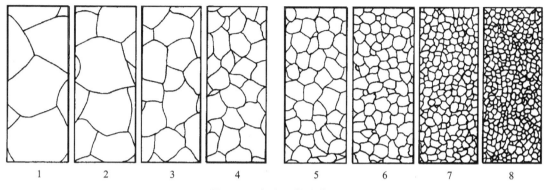

图 4-4 标准晶粒度等级

本质晶粒度并非指实际晶粒的大小,而仅仅是表示某种钢奥氏体晶粒的长大倾向。在 930 ℃ 以下时,本质细晶粒钢晶粒长大缓慢,但温度继续提高时,其晶粒也会迅速长大,甚至比本质粗晶粒钢长得更快,晶粒也更粗大;而本质粗晶粒钢在稍高于临界点时,也可得到细小的奥氏体晶粒,如图 4-5 所示。

本质晶粒度与钢的化学成分和冶炼方法有关,一般用铝脱氧的钢以及含有钛、钨、钒、铌等元素的合金钢都是本质细晶粒钢,而用硅、锰脱氧的钢为本质粗晶粒钢。

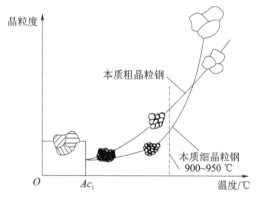

图 4-5 加热时奥氏体晶粒的长大倾向示意图

2. 奥氏体晶粒的影响因素

奥氏体的起始晶粒一般都比较细小,晶界多、晶界总面积大、界面能高,处于高能量状态。这就必然引起奥氏体小晶粒发展成大晶粒,以减少晶界、降低界面能。尽管其长大过程是一个自由能降低的自发过程,但仍受如下外界因素的影响。

(1) 加热温度的影响

由于奥氏体的晶粒的长大是通过原子的扩散过程实现的,而原子的扩散能力是随温度升高而增大,因此奥氏体的晶粒也将随温度的增高而急剧长大。加热温度高,奥氏体形成速度就快,其晶粒长大倾向就越大,实际晶粒度也就越粗。加热温度影响效果比保温时间更显著,因此生产上要合理选择加热温度。

(2) 保温时间的影响

在一定的加热温度下,奥氏体的晶粒将随着保温时间的延长而长大。一开始晶粒随时间的延长长大得较快,然后逐渐减慢,到一定的时间后,即使再延长保温时间,也变化不大。

(3) 加热速度的影响

加热速度越快,过热度越大、形核率越高、奥氏体起始晶粒度越细。在生产中采用"高温快速加热＋短时保温"的方法,可获得细小的晶粒组织。

（4）原始组织的影响

接近平衡状态的组织有利于获得细奥氏体晶粒,若奥氏体晶粒粗大,冷却后的组织也粗大,从而降低了钢的常温力学性能。

一般来说,原始组织越细,碳化物弥散度越大,所得到的奥氏体起始晶粒就越细小。另外,碳化物的形状对奥氏体转变有重要影响,片状渗碳体溶解快,转变为奥氏体的速度也快,奥氏体形成后,就会较早地开始长大。所以,在生产中对高碳工具钢、滚动轴承钢一般要求其淬火前的原始组织为球化退火组织。

（5）化学成分的影响

钢中的含碳量和合金元素都会对奥氏体晶粒长大有显著影响。

① 含碳量的影响。在一定的加热温度和相同的加热条件下,当钢中的含碳量不超过一定的限度时,奥氏体晶粒长大倾向随钢中含碳量的增大而增大。由于含碳量的增加,碳及铁原子在奥氏体中的扩散速度增大,从而加速了奥氏体的晶粒长大。

② 合金元素的影响。凡是形成稳定碳化物的元素（如钛、钒、钽、铌、铬等）、形成不溶于奥氏体的氧化物及氮化物的元素（如铝）,都会在不同程度上阻碍奥氏体晶粒的长大,而锰和磷则有加速奥氏体晶粒长大的倾向。

晶粒的长大是通过晶界移动来实现的。加入合金元素,使其在晶界上形成十分弥散的化合物,如碳化物、氧化物、氮化物等,这些弥散的化合物都对晶界的迁移起着"钉扎"作用,即机械阻碍作用,阻碍晶粒长大。另外钢中加入硼及少量稀土元素,能吸附在晶界上,降低晶界的能量,从而减小晶粒长大的动力,也可限制或推迟晶粒的长大。

4.3　钢在冷却时的组织转变

钢经过奥氏体化后,接着是进行冷却。实践证明:同一种钢经加热奥氏体化后,如果其后的冷却方式、冷却速度有所不同,可以得到不同的组织和性能,表 4 - 1 列出了 45 钢经过 840 ℃加热到奥氏体后,在不同条件下冷却后的力学性能。

表 4 - 1　45 钢不同方式冷却后的力学性能（加热温度 840 ℃）

冷却方式	R_m/MPa	R_{eL}/MPa	A/%	Z/%	硬　度
炉　冷	530	280	32.5	49.3	约 160 HBS
空　冷	670～720	340	15～18	45～50	约 210 HBS
水　冷	1 100	720	7～8	12～14	52～60 HRC

由铁碳合金相图可知,在平衡条件下,当奥氏体在 A_1 温度以上时,奥氏体是稳定的,能长期存在。当温度降到 A_1 温度以下后,奥氏体即处于过冷状态,这种处于临界点以下尚未发生转变的奥氏体称为过冷奥氏体,它是一种不稳定的组织。钢在冷却时的转变,实际上是过冷奥氏体的转变。

过冷奥氏体的冷却方式主要有两种:等温冷却,即将钢迅速冷却到临界点以下的给定温度进行保温,使其在该温度下恒温转变,如图 4 - 6 曲线 1 所示;连续冷却,即将钢以某种速度连续冷却,使其在临界点以下变温连续转变,如图 4 - 6 曲线 2 所示。

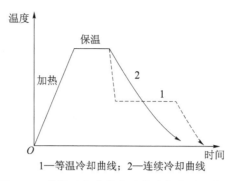

1—等温冷却曲线；2—连续冷却曲线

图 4 - 6　等温冷却曲线和连续冷却曲线示意图

4.3.1　过冷奥氏体的等温转变曲线

过冷奥氏体在不同过冷度下的等温转变过程中,转变温度、转变时间及转变产物量(转变开始及终了)的关系曲线图称为等温转变图,关系曲线也称 TTT 曲线。由于曲线形状类似字母"C",故习惯上又称 C 曲线。

图 4 - 7 所示为共析钢过冷奥氏体的等温转变曲线。纵坐标表示转变温度,横坐标表示转变时间。图 4 - 7(a)中左边曲线为过冷奥氏体等温转变开始线;右边曲线为过冷奥氏体等温转变终了线。A_1 线以上是奥氏体稳定区;A_1 与 M_s 之间、转变开始线以左为过冷奥氏体区,转变终了线以右为转变产物区,转变开始线和转变终了线之间为转变过渡区(即过冷奥氏体与转变产物共存区)。图 4 - 7(b)的下方有两条水平线,M_s 称为上马氏体点,为过冷奥氏体向马氏体转变开始的温度;M_f 称为下马氏体点,为过冷奥氏体向马氏体转变终止的温度。M_s 与 M_f 之间为马氏体与过冷奥氏体共存区,M_f 以下为马氏体区。

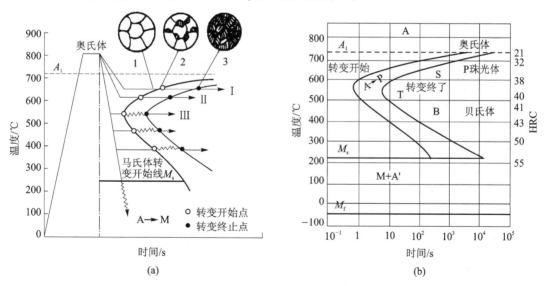

图 4 - 7　共析钢过冷奥氏体等温转变曲线

在等温转变过程中,过冷奥氏体开始转变前的时间称为孕育期。孕育期越长,说明过冷奥氏体越稳定。从图中可以看出,孕育期随转变温度的降低而变化,在 C 曲线的"鼻尖"处(约为550 ℃)孕育期最短,过冷奥氏体的稳定性最小。

4.3.2 过冷奥氏体等温转变产物的组织形态及性能

根据过冷奥氏体在不同温度下等温转变产物的不同,可分为高温转变、中温转变和低温转变三种不同类型的转变。

1. 高温转变(珠光体转变)

在温度 A_1 以下至 550 ℃左右的温度范围内的组织转变称为珠光体转变,又称高温转变,其组织转变的产物是珠光体型组织。当转变温度为 $A_1 \sim 650$ ℃时,得到粗片状珠光体组织,一般在 500 倍以下的光学显微镜下即可分辨,用符号"P"表示;当转变温度为 $650 \sim 600$ ℃时,得到在 $800 \sim 1\,000$ 倍光学显微镜下才可分辨的细片状珠光体,称为索氏体,用符号"S"

珠光体转变过程

表示;当转变温度为 $600 \sim 550$ ℃时,得到片层极薄、只有在电子显微镜下才能分辨的托氏体组织,一般用符号"T"表示。珠光体类型显微组织如图 4-8 所示。

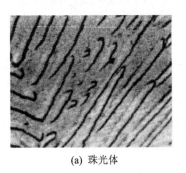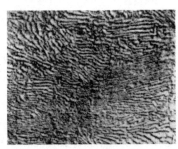

(a) 珠光体   (b) 索氏体   (c) 托氏体

图 4-8 珠光体类型显微组织

过冷度越大,珠光体的片层越细,其强度和硬度越高。实际上,珠光体、索氏体、托氏体三种组织都是珠光体,无本质上的区别,其差别只是片层厚度不同,形成温度越低,片层厚度越小。珠光体组织的力学性能主要取决于片层厚度,片层越薄,塑性变形抗力越大,强度和硬度就越高,同时塑性和韧性也有所提高。托氏体的硬度高于索氏体、远高于粗珠光体。

过冷奥氏体向珠光体转变是扩散型相变,要发生铁、碳原子扩散和晶格改组,其转变过程也是形核和长大的过程。当奥氏体过冷到 A_1 温度以下时,首先在奥氏体晶界上产生渗碳体晶核,通过原子扩散,渗碳体依靠其周围奥氏体不断地供应碳原子而长大。同时,由于渗碳体周围奥氏体含碳量不断降低,从而为铁素体形核创造了条件,使这部分奥氏体转变为铁素体。由于铁素体溶碳能力低($w_C < 0.021\,8\%$),所以又将过剩的碳排挤到相邻的奥氏体中,使相邻奥氏体含碳量增高,这又为产生新的渗碳体创造了条件。如此反复进行,奥氏体最终全部转变为铁素体和渗碳体片层相间的珠光体组织。

2. 中温转变(贝氏体转变)

在 550 ℃ $\sim M_s$ 范围内,过冷奥氏体的等温转变产物为贝氏体,这种类型的转变称为贝氏体转变,又称中温转变。贝氏体是由含碳量过饱和的铁素体与碳化物组成的机械混合物组织,用符号"B"表示,其组织形态与碳化物的分布与珠光体不同,硬度也比珠光体的高。由于转变温度较低,过冷度较大,铁原子不扩散,而碳原子进行短距离扩散,所以贝氏体转变属于半扩散型相变。

　　根据贝氏体的组织形态和形成温度区间的不同,可将其分为上贝氏体和下贝氏体两种。当形成温度为 550～350 ℃时,条状或片状铁素体从奥氏体晶界开始向晶内以同样方向平行生长。随着铁素体的伸长和变宽,其中的碳原子向条间的奥氏体中富集,最后在铁素体条之间析出渗碳体短棒,奥氏体消失,形成上贝氏体。上贝氏体一般用符号"$B_\perp$"表示,典型的上贝氏体组织呈羽毛状,如图 4-9 所示。

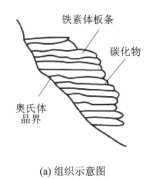

(a) 组织示意图　　　　　　　　　　(b) 显微组织图

图 4-9　上贝氏体组织

　　当形成温度为 350 ℃～M_s 时,碳原子扩散能力低,铁素体在奥氏体的晶界或晶内的某些晶面上长成针状。尽管最初形成的铁素体固溶碳原子较多,但碳原子不能长程迁移,因而不能逾越铁素体片的范围,只能在铁素体内一定的晶面上以断续碳化物小片的形式析出,从而形成下贝氏体。下贝氏体一般用符号"B_F"表示,其组织在显微镜下呈黑色针状,如图 4-10 所示。

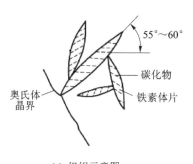

(a) 组织示意图　　　　　　　　　　(b) 显微组织图

图 4-10　下贝氏体组织

　　上贝氏体由于铁素体片较宽,碳化物较粗且不均匀地分布在铁素体片之间,因而脆性很大,强度很低,基本上没有实用价值。下贝氏体由于铁素体含碳量有一定的过饱和度,内部还均匀地分布着细小弥散的碳化物,因此其强度和硬度较高,塑性和韧性也较好,具有较优良的综合机械性能,是生产上常用的组织。获得下贝氏体组织是强化钢材的有效途径之一。

3. 低温转变(马氏体转变)

　　过冷奥氏体冷却到 M_s 以下时将转变为马氏体,这种类型的转变称为马氏体转变。由于马氏体形成的温度很低,形成速度极快,使奥氏体向马氏体的转变只发生 $\gamma\text{-Fe}$ 向 $\alpha\text{-Fe}$ 的晶格改组,而没有铁、碳原子的扩散,原来固溶于奥氏体的碳仍被全部保留在 $\alpha\text{-Fe}$ 晶格中,这种由过冷奥氏体直接转变为碳在 $\alpha\text{-Fe}$ 中的过饱和固溶体,称为马氏体,用符号"M"表示。马氏体是单相亚稳组织。

（1）马氏体的结构和组织

由于马氏体中过饱和的碳原子被强制分布在 α - Fe 晶格空隙内,使得 α - Fe 晶格由体心立方晶格畸变为体心正方晶格,如图 4 - 11 所示。马氏体含碳量越高,晶格畸变程度就越大。

根据马氏体含碳量的不同,其形态可分为板条马氏体和片状马氏体。当 $w_C < 0.2\%$ 时,一般为板条马氏体,又称低碳马氏体或位错马氏体。其立体形态呈椭圆形截面的细长条状,显微组织表现为一束束细长板条状组织,一个奥氏体晶粒内可以形成几个位向不同的马氏体束,许多尺寸

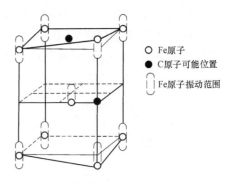

O Fe原子
● C原子可能位置
▯ Fe原子振动范围

图 4 - 11　马氏体晶格示意图

大致相同的马氏体定向地平行地排列,马氏体束之间的角度较大,如图 4 - 12 所示。马氏体板条内有大量位错缠结的亚结构,所以又称为位错马氏体。

(a) 板条马氏体形态

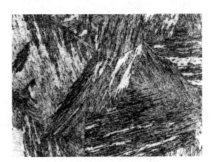

(b) 板条马氏体的显微组织

图 4 - 12　板条马氏体

当 $w_C > 1.0\%$ 时,一般为片状马氏体,又称高碳马氏体、针状马氏体或孪晶马氏体。其立体形态呈双凸透镜的片状,在显微镜下呈针状,如图 4 - 13 所示。片状马氏体的亚结构主要是孪晶。在一个奥氏体晶粒内,最先形成的马氏体片贯穿整个晶粒,但不能穿越晶界,后形成的马氏体片又不能穿越先形成的马氏体片,所以越是后形成的马氏体,尺寸越小。实际热处理时一般加热得到的奥氏体晶粒非常细小,淬火所得到的马氏体片也极细,其形态在光学显微镜下难以分辨,故又称为隐晶马氏体。

(a) 片状马氏体形态

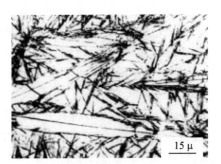

15 μ

(b) 片状马氏体的显微组织

图 4 - 13　片状马氏体

当 $w_c=0.2\%\sim1.0\%$ 时,则为板条马氏体和片状马氏体的混合组织,奥氏体碳的含量越高,淬火组织中片状马氏体的量越多,板条马氏体的量越少。

（2）马氏体的性能

由于马氏体是含碳过饱和的固溶体,其内部有着严重的晶格畸变,因此起到了固溶强化的作用,同时马氏体转变时存在大量的孪晶、位错等亚结构,使组织细化,各种因素综合作用后,使其具有独特的性能。

马氏体的硬度和强度主要取决于其含碳量,如图 4-14 所示。随着含碳量的增高,马氏体硬度和强度也增加。当碳的质量分数 $w_c>0.6\%$ 时,硬度增加趋于平缓,这主要是由残余奥氏体量的增加造成的。其他合金元素对其硬度影响不大。

马氏体的塑性和韧性也与其含碳量有关。片状马氏体由于碳的过饱和度大,晶格畸变严重,淬火应力较大,往往存在许多显

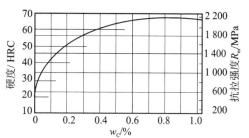

图 4-14　马氏体的强度和硬度
与含碳量的关系

微裂纹,并且内部亚结构为大量孪晶,所以塑性和韧性都很差。板条马氏体中碳的过饱和度小,淬火应力较小,内部亚结构为高密度位错,使其具有高强度、高硬度的同时还具有良好的塑性和韧性。

（3）马氏体转变的特点

① 无扩散性。马氏体转变需要很大的过冷度,温度很低,无铁、碳原子的扩散,只进行 $\gamma-Fe$ 向 $\alpha-Fe$ 的晶格切变,属于无扩散型转变。转变过程中没有化学成分的变化,马氏体与奥氏体碳的质量分数相同。

② 变温形成。马氏体转变不是在恒温下完成的,而是在 M_s 至 M_f 温度范围内连续冷却的过程中不断形成的。从 M_s 发生马氏体转变开始,随着转变温度的降低,马氏体的数量不断增加,如果中途停止,则转变也停止,若继续冷却,则转变继续进行,直到 M_f 时转变结束。如果在 M_s 至 M_f 之间的某一温度等温,马氏体的量并不明显增加,只有连续降温,才能形成马氏体。M_s 与 M_f 主要取决于奥氏体的成分,含碳质量分数越高,M_s 与 M_f 越低,如图 4-15 所示。

③ 高速长大。马氏体转变一般不需要孕育期,转变速度极快,其晶核一旦形成,便瞬间长大。马氏体转变量的增加不是靠已形成的马氏体片的长大,而是靠新马氏体的不断形成。

④不完全性。即使温度降低到 M_f 以下,也不可能得到完全的马氏体,仍有一部分奥氏体未发生转变,因此马氏体转变是不完全的。这部分保留在钢中未转变的奥氏体,称为残余奥氏体,如图 4-16 所示。这是由于马氏体的质量体积比奥氏体的大,转变时发生体积膨胀,产生很大的内应力,从而抑制了马氏体转变的继续进行。残余奥氏体的存在影响零件的淬火硬度和尺寸稳定性,对于某些精密零件需要进行冷处理,尽量减少残余奥氏体的含量,保证零件尺寸的长期稳定性。

总之,同一种钢材在不同温度转变时,其产物的组织与性能也不同。共析钢过冷奥氏体的等温转变产物的组织特征及硬度见表 4-2。

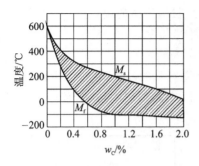

图 4 - 15　奥氏体碳的质量分数对 M_s 点和 M_f 点的影响

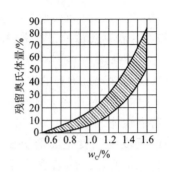

图 4 - 16　奥氏体碳的质量分数对残余奥氏体量的影响

表 4 - 2　共析钢过冷奥氏体等温转变产物的组织特征及硬度

组织名称	符　号	转变温度/℃	组织形态	层间距/μm	硬度 HRC
珠光体	P	A_1～650	粗片状	约 0.3	小于 25
索氏体	S	650～600	细片状	0.3～0.1	25～35
托氏体	T	600～550	极细片状	约 0.1	35～40
上贝氏体	$B_上$	350～M_s	羽毛状	—	40～45
下贝氏体	$B_下$	350～M_s	黑色针状	—	45～55
马氏体	M	350～M_f	板条状	—	40 左右
			片状	—	大于 55

4.3.3　影响 C 曲线的因素

影响 C 曲线形状和位置的因素主要是奥氏体的化学成分和奥氏体化条件。

1. 碳的质量分数

与共析钢相比,亚共析钢和过共析钢 C 曲线的"鼻尖"上部区域分别多出一条先共析相的析出线,如图 4 - 17 所示,这是因为在过冷奥氏体转变为珠光体之前,在亚共析钢中要先析出铁素体,在过共析钢中要先析出渗碳体。

在正常加热条件下,亚共析钢随着碳的质量分数的增加,C 曲线向右移;而过共析钢随着碳的质量分数的增加,C 曲线向左移,故碳钢中以共析钢的过冷奥氏体最为稳定。

2. 合金元素

除钴以外,所有溶入过冷奥氏体的合金元素都增加过冷奥氏体的稳定性,使 C 曲线右移,同时还使 M_s 和 M_f 点下降。其中一些碳化物形成元素(如铬、钼、钨等)不仅使 C 曲线右移,而且还使 C 曲线形状发生改变。

3. 加热温度和保温时间

加热温度越高,保温时间越长,则碳化物溶解得越完全,奥氏体的成分越均匀,同时晶粒也越粗大,晶界面积越小,这些都有利于过冷奥氏体稳定性的增加,使 C 曲线右移。

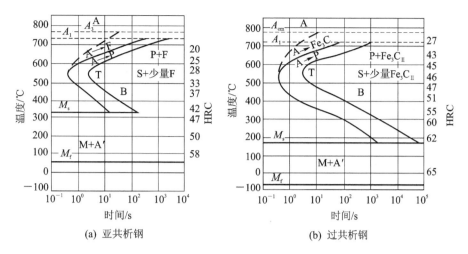

图 4-17　碳的质量分数对 C 曲线的影响

4.3.4　过冷奥氏体的连续冷却转变

在实际生产中,过冷奥氏体的转变大多是在连续冷却过程中进行,因此,过冷奥氏体的连续冷却转变曲线更具有实际意义。连续冷却转变曲线又称 CCT 曲线,是通过测量不同速度连续冷却时,奥氏体转变开始点和转变终了点而得到的,共析钢的连续冷却转变曲线如图 4-18 所示。

图 4-18 中,P_s 线为过冷奥氏体转变为珠光体的开始线,P_f 为转变终了线,两线之间为转变过渡区。KK′线为转变的中止线,当冷却曲线碰到此线时,过冷奥氏体就中止向珠光体型组织转变,继续冷却一直保持到 M_s 点以下,使剩余的奥氏体转变为马氏体。V_k 称为 CCT 曲线的上临界冷却速度,是获得全部马氏体组织(实际上还含有一小部分残余奥氏体)的最小冷却速度。V_k' 为下临界冷却速度,是获得全部珠光体组织的最大冷却速度。连续冷却转变曲线中没有 C 曲线的下部分,即共析钢在连续冷却转变时,没有贝氏体转变。

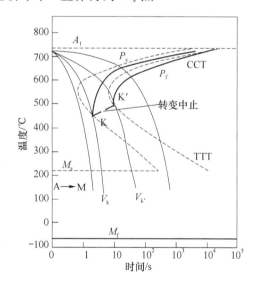

图 4-18　共析钢的连续冷却转变曲线

以不同的冷却速度连续冷却时,过冷奥氏体将会转变为不同的组织。通过连续冷却转变曲线可以了解冷却速度与过冷奥氏体转变组织的关系。根据连续冷却曲线与 TTT 曲线交点的位置,可以判断连续冷却转变的产物。由图 4-18 可知,冷却速度大于 V_k(相当于水冷)时,连续冷却转变得到马氏体组织;当冷却速度小于 V_k'(相当于炉冷或空冷)时,连续冷却转变得到珠光体组织;而冷却速度大于 V_k' 而小于 V_k(相当于油冷)时,连续冷却转变将得到珠光体＋马氏体组织。V_k 越小,奥氏体越稳定,因而即使在较慢的冷却速度下也会得到马氏体,这对淬火工艺操

共析钢的等温转变曲线和连续冷却转变曲线的比较

作具有十分重要的意义。

连续冷却曲线更能反映热处理实际冷却状况,是选择热处理冷却制度的重要依据。但在实际生产中,由于连续冷却曲线的测定比较困难,资料又少,因此,利用 C 曲线定性地估算连续冷却转变产物,具有重要的现实意义。图 4 - 18 所示的虚线部分即为共析钢的 C 曲线,经比较可以发现,连续冷却曲线向 C 曲线的右下方偏移了一些,说明连续冷却时,过冷奥氏体的稳定性有所增加。

因此,利用 C 曲线估算连续冷却转变产物时,应考虑过冷奥氏体稳定性增加和连续冷却时没有贝氏体转变的因素。必须指出的是,用 C 曲线来估计连续冷却过程是很粗略的、不精确的,随着实验技术的发展,将有更多、更完善的连续冷却曲线被测得,以此来分析连续冷却过程才是合理的。

4.4 钢的退火与正火

退火和正火是一种常用的热处理方法,主要用于铸、锻、焊毛坯加工前的预备热处理,以消除前一工序所带来的缺陷,还可以用于改善机械零件毛坯的切削加工性能,对于性能要求不高的零件,也可作为最终热处理。

4.4.1 钢的退火

所谓退火,就是将金属或合金加热到临界温度以上的适当温度,保温一定时间,然后缓慢冷却(通常随炉冷却)以获得接近平衡的珠光体组织的热处理工艺。

1. 退火的目的

退火的目的主要有以下几点:

① 降低钢的硬度,提高塑性,以利于切削加工或者继续冷变形;

② 细化晶粒,消除因铸、锻、焊引起的组织缺陷,均匀钢的组织及成分,改善钢的性能或为以后的热处理做准备;

③ 消除钢中的内应力,以防止变形和开裂。

2. 常用的退火工艺

根据退火的工艺特点和目的的不同,常用的退火工艺有完全退火、等温退火、球化退火、去应力退火和均匀化退火等。

(1) 完全退火

完全退火又称重结晶退火,是指将钢加热到 $Ac_3 + (30 \sim 50)℃$,保温一定时间后缓慢冷却(随炉冷却、埋入石灰和砂中冷却),获得接近平衡组织的退火工艺。

完全退火的"完全"是指工件被加热到临界点以上获得完全奥氏体组织,通过完全重结晶,使热加工中造成的粗大、不均匀的组织均匀化和细化,以提高工件性能,或者使中碳以上的碳钢和合金钢得到接近平衡状态的组织,以降低硬度,改善切削加工性能。由于完全退火的冷却速度缓慢,还可以消除材料内应力。

完全退火一般用于亚共析钢的锻件、铸件、热轧型材及焊接件等,常用于不重要工件的最终热处理或作为某些重件的预先热处理。过共析钢一般不采用,因为加热到 Ac_{cm} 以上慢冷时,二次渗碳体会以网状形式沿奥氏体晶界析出,从而降低钢的韧性,并可能在后续热处理中出现裂纹。

（2）等温退火

等温退火是指将钢加热到 Ac_3 以上或 Ac_1 的温度，保温一段时间，以较快速度冷却到珠光体转变温度区间内的某一温度，经等温保持使奥氏体转变为珠光体组织，然后出炉空冷的退火工艺。

等温退火的目的与完全退火基本相同，但转变较易控制，能获得均匀的组织。对于奥氏体较稳定的合金钢，可大大缩短退火时间，一般只需要完全退火时间的一半左右。图 4-19 所示为高速工具钢完全退火与等温退火的工艺曲线。可见，完全退火需要 20 h 以上，而等温退火所需要的时间则明显缩短。等温退火主要用于高碳钢、高合金钢及合金工具钢等，退火后组织均匀，性能一致，生产效率高。

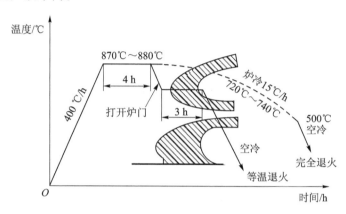

图 4-19　高速工具钢的完全退火与等温退火工艺曲线

（3）球化退火

球化退火是指将钢材加热到 Ac_1 以上 20～30 ℃，保温一定时间，然后缓慢冷却，使钢中碳化物球状化的退火工艺。钢经过球化退火后，将获得由大致呈球形的渗碳体颗粒弥散分布于铁素体基体上的球状组织（球状珠光体）。该组织是在铁素体的基体上均匀分布着球状或颗粒状碳化物，如图 4-20 所示，与片状珠光体相比，不但硬度低，便于切削加工，而且在淬火加热时，奥氏体晶粒不易粗大，冷却时工件变形和开裂倾向小。

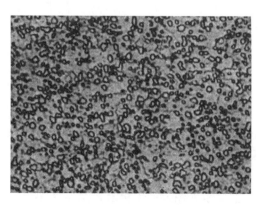

图 4-20　球状珠光体的显微组织

球化退火的目的是使二次渗碳体及珠光体中的渗碳体球状化,以降低硬度,提高塑性,改善切削加工性能,获得均匀的组织,改善热处理工艺性能,并为以后淬火做组织准备。

球化退火主要适用于共析钢和过共析钢,如碳素工具钢、合金工具钢、轴承钢等钢在热加工后,组织中常出现粗片状珠光体和网状二次渗碳体,使钢的切削加工性变差,且在淬火时会产生变形开裂,利用球化退火可以消除缺陷。若过共析钢原始组织中有严重网状碳化物存在,则必须在球化退火前先行正火,将其消除,才能保证球化退火正常进行。另外,对于一些需要进行冷塑性变形(如冲压、冷镦等)的亚共析钢,有时也可采用球化退火来改善性能。

(4) 去应力退火

去应力退火是指将钢加热到 A_1 以下某一温度(一般为 500~650 ℃),经适当保温后,缓冷到 300 ℃以下出炉空冷的退火工艺。

去应力退火的主要目的是消除由于塑性变形、焊接、铸造、切削加工等所产生的残余应力。由于加热温度低于 A_1,因此在整个处理过程中不发生组织转变。它可以消除材料 50%~80% 的内应力而不引起组织变化。

(5) 均匀化退火(扩散退火)

均匀化退火又称扩散退火,是指将钢加热到熔点以下 100~200 ℃(通常为 1 050~1 150 ℃),保温 10~15 h,然后进行缓慢冷却,以消除或减少化学成分偏析的退火工艺。其主要目的是为了消除或减少成分或组织不均匀,一般用于质量要求较高的钢锭、铸件或锻件的退火。由于加热温度高、时间长,晶粒必然粗大,为此,必须再进行完全退火或正火,使组织重新细化。

4.4.2 钢的正火

正火是将钢材或钢件加热到临界温度以上,保温适当时间后以较快速度冷却(通常是在空气中冷却),以获得珠光体型组织的热处理工艺。亚共析钢的正火加热温度为 Ac_3+(30~50)℃;而过共析钢的正火加热温度则为 Ac_{cm}+(30~50)℃。

正火与退火的主要区别在于冷却速度不同,正火冷却速度较快,得到的珠光体组织很细,因而强度和硬度也较高。

正火主要应用于以下几个方面:

① 消除网状二次渗碳体。所有的钢铁材料通过正火,均可使晶粒细化。而原始组织中存在网状二次渗碳体的过共析钢,经正火处理后可消除对性能不利的网状二次渗碳体,以保证球化退火质量。

② 作为最终热处理。对于力学性能要求不高的结构钢零件,经正火后所获得的性能即可满足使用要求,可用正火作为最终热处理。

③ 改善切削加工性能。对于低碳钢或低碳合金钢,由于完全退火后硬度太低,一般在 170 HB 以下,切削加工性能不好。而用正火,则可提高其硬度,从而改善切削加工性能。因此,对于低碳钢和低碳合金钢,通常采用正火来代替完全退火,作为预备热处理。

特定情况下,对某些大型的或较复杂的零件,当淬火有可能开裂或淬不透时,正火往往可以代替淬火、回火,而作为这类零件的最终热处理。

钢的几种退火和正火工艺规范如图 4-21 所示。

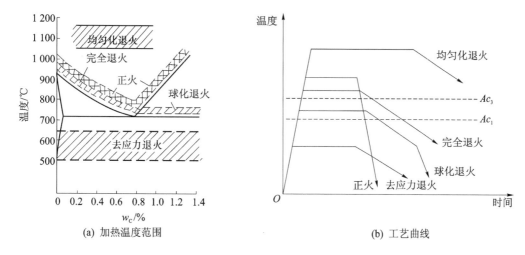

图 4-21　钢的退火和正火工艺示意图

4.4.3　退火与正火的应用选择

在机械零件、模具等加工中,退火和正火一般作为预先热处理被安排在毛坯生产之后或钣金加工之前。退火与正火在某种程度上虽然有相似之处,但实际选用时可从以下三个方面考虑:

① 切削加工性。一般来说,当钢的硬度为 170~230 HBW,并且组织中无大块铁素体时,切削加工性较好。硬度过高,难以加工,且刀具易于磨损;硬度太低,切削时容易黏刀,使刀具发热而磨损,且工件表面不光。因此作为预备热处理,低碳钢正火优于退火,而高碳钢正火后硬度太高,必须采用球化退火降低硬度,以利于切削加工。

② 使用性能。对于亚共析钢来说,正火比退火具有较好的力学性能。如果零件的性能要求不高,可以用正火作为最终热处理。对于一些形状复杂的零件和大型铸件,由于正火的冷速快,有引起开裂的危险,所以采用退火为宜。

③ 经济性。正火比退火的生产周期短,成本低,且操作方便,因此在可能的情况下优先选用正火。

在实际生产中,有时两者可以相互代替,而且正火与退火相比,力学性能高、操作方便、生产周期短、耗能少,因此在可能条件下,优先考虑正火。

4.5　钢的淬火

淬火是将钢加热到 Ac_3 或 Ac_1 以上的某一温度,保温一定时间,然后以适当速度冷却,获得马氏体或下贝氏体组织的热处理工艺。

淬火的主要目的是获得马氏体或下贝氏体组织,如果再配合以不同温度的回火,可以大幅地提高钢的硬度、强度、耐磨性、疲劳强度以及韧性等,从而获得所需的力学性能。

4.5.1　钢的淬火工艺

1. 淬火加热温度

淬火加热的主要目的是获得均匀的奥氏体组织,加热温度主要是根据钢的化学成分和临界点来确定的。碳钢的淬火加热温度如图 4-22 所示。

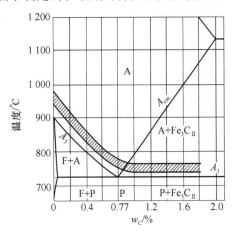

图 4-22　碳钢的淬火加热温度范围

亚共析钢淬火加热温度一般在 Ac_3 以上 $30 \sim 50$ ℃,淬火后可获得细小的马氏体组织。若淬火温度在 $Ac_1 \sim Ac_3$ 范围内,则淬火后的组织中存在铁素体,从而造成淬火后的硬度不足,回火后强度也较低。若将亚共析钢加热到远高于 Ac_3 温度淬火,则奥氏体晶粒会显著粗大,而破坏淬火后的性能。因此亚共析钢淬火只能选择略高于 Ac_3 温度,这样既保证充分奥氏体化,又保持奥氏体晶粒的细小。

共析钢和过共析钢淬火加热温度一般在 Ac_1 以上 $30 \sim 50$ ℃。淬火后可获得细小马氏体和粒状渗碳体,残余奥氏体较少,这种组织硬度高,耐磨性好,而且脆性也较小。如果加热温度在 Ac_{cm} 以上,不仅奥氏体晶粒变得粗大,二次渗碳体也将全部溶解,必然会导致淬火后马氏体组织粗大,残余奥氏体量增加,从而降低钢的硬度和耐磨性、增加脆性,同时还使变形开裂倾向变得更加严重。

2. 淬火保温时间

为了使工件内外各部分均完成组织转变、碳化物溶解及奥氏体的均匀化,必须在淬火加热温度保温一定的时间。在实际生产条件下,工件保温时间应根据工件的有效厚度来确定,并用加热系数来综合表述钢的化学成分、原始组织、工件的尺寸、形状、加热设备及介质等多种因素的影响。一般情况下采用经验公式 $t=\alpha D$ 确定,式中,t 为加热时间,α 为加热系数,D 为工件有效厚度,加热系数与工件的有效厚度的数值可查阅有关资料。

3. 淬火冷却介质

工件进行快速冷却时所用的介质称为淬火介质。为了得到马氏体,同时要减小变形和开裂,因此必须选择合适的淬火冷却介质。理想的淬火介质应该既能使工件淬火得到马氏体,又不致引起太大的淬火应力。这就要求在 C 曲线的"鼻尖"以上温度缓冷,以减小急冷所产生的热应力;在"鼻尖"处大于临界冷却速度,以保证过冷奥氏体不发生非马氏体转变;在"鼻尖"下方,特别是 M_s 点以下温度时,冷速应尽量小,以减小组织转变的应力。理想的淬火冷却曲线如图 4-23 所示。

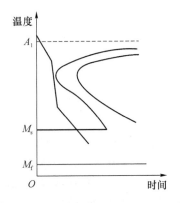

图 4-23　理想淬火冷却曲线示意图

目前生产中常用的淬火冷却介质有水、盐或碱水溶液、油、熔盐和熔碱等,冷却能力见

表 4 - 3。

表 4 - 3　常用淬火介质的冷却能力

淬火冷却介质	冷却速度/(℃·s⁻¹)	
	零件所处温度:650~600 ℃	零件所处温度:300~200 ℃
水(18 ℃)	600	270
10% NaCl 水溶液(18 ℃)	1 100	300
10% NaOH 水溶液(18 ℃)	1 200	300
矿物油	150	30
菜籽油	200	35
硝熔盐(200 ℃)	350	10

（1）水

水的冷却能力较大,是应用最为广泛的淬火冷却介质,其来源广、价格低、成分稳定不易变质,适用于截面尺寸不大、形状简单的碳钢工件的淬火冷却。但其冷却特性不理想,在需要快冷的 C 曲线的鼻部区(650~500 ℃左右),冷速不够快,会形成"软点";而在需要慢冷的马氏体转变温度区(300~200 ℃左右),冷速又太快,易致工件变形开裂。此外,水温对水的冷却特性影响很大,水温升高,冷却能力下降,因此水温一般不超过 30 ℃。

（2）盐水和碱水

在水中加入 5%~10% 的 NaCl 或 NaOH,可以提高介质在高温区的冷却能力,零件可以获得较高的硬度。缺点是介质的腐蚀性大,且在 300~200 ℃ 温度范围的冷速仍很快,因此,一般只能用于截面尺寸较大、形状简单的碳钢工件,淬火后应及时清洗并进行防锈处理。

（3）油

矿物油也是一种在生产中应用广泛的淬火冷却介质,油的冷却能力小,油温过高容易起火,一般控制在 40~80 ℃ 范围内。油在 300~200 ℃ 温度范围的冷却速度较低,有利于减少零件的变形和开裂,但在 650~500 ℃ 温度范围的冷却能力不足,因此,油主要适用于过冷奥氏体较稳定的各类合金钢和截面尺寸较小的零件的淬火冷却。

（4）熔盐和熔碱

熔盐和熔碱在高温区间冷却能力较强,而在接近介质温度时冷却速度迅速降低,可大大减少零件的变形和开裂,适用于形状复杂、变形要求较严格、尺寸较小的零件,一般用作分级淬火和等温淬火的冷却介质。

近年来又有聚二醇、三硝水溶液等新的淬火冷却介质在生产中得到应用,取得了良好的效果,但目前还没有找到完全理想的淬火冷却介质。

4.5.2　淬火方法

理想的淬火既要保证工件淬火后得到马氏体,又要最大限度地减小变形和避免开裂,所以,淬火时要选用正确的淬火方法。常用的淬火方法主要有单液淬火、双液淬火、分级淬火和等温淬火等几种。

1. 单液淬火

将钢件奥氏体化后,在单一淬火介质中一直冷却到室温的淬火方法叫作单液淬火,如

图 4-24 中的曲线所示。单液淬火操作简单,有利于实现机械化和自动化。常用介质有水和油,一般情况下,碳钢在水中淬火,合金钢在油中淬火。该方法的缺点是淬火件质量较低、热应力大。

2. 双液淬火

双液淬火就是将钢件奥氏体化后,先浸入一种冷却能力强的介质,当接近 M_s 温度时,迅速转入另一种冷却能力弱的介质中进行马氏体转变的淬火方法,如先水后油、先水后空气等,如图 4-25 中的曲线所示。双液淬火的关键是控制好在第一种介质中的冷却时间,但在生产中往往由工人凭经验把握,人为因素影响较大,质量不易控制。双液淬火主要用于形状复杂的高碳钢和尺寸较大的合金钢零件。此方法的优点是能保证淬火件的质量要求,缺点是操作难度大、热应力较大。

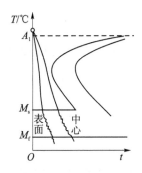

图 4-24 单液淬火示意图

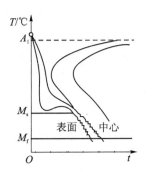

图 4-25 双液淬火示意图

3. 分级淬火

分级淬火是将钢件奥氏体化后,先浸入温度稍高或稍低于 M_s 温度的液态介质(盐浴或碱浴)中,保持适当时间,待钢件里外都达到介质温度后取出空冷,以获得马氏体组织的淬火方法,又称马氏体分级淬火,如图 4-26 所示。由于组织转变几乎同时进行,故显著降低了变形和开裂。适用于变形要求高的合金钢和高合金钢工件,也可用于截面尺寸不大、形状复杂的碳钢工件。此方法的缺点是操作难度大。

4. 等温淬火

等温淬火就是将钢件奥氏体化后,快速冷却到贝氏体转变温度区间(260～400 ℃)等温保持,使奥氏体转变为下贝氏体,然后取出空冷的淬火方法,又称贝氏体等温淬火,如图 4-27 所示。等温淬火后,零件强度高,韧性、塑性较好,同时应力和变形都很小,不会出现淬火裂纹,一般不需要回火,因此常用于变形要求严格并要求具有良好强韧性的精密零件和小型工模具。此工艺的缺点是工艺复杂、成本高。

5. 钢的冷处理

钢的冷处理就是钢件淬火冷却到室温后,继续在 0 ℃以下的介质中冷却,促使残余奥氏体转变为马氏体的热处理工艺。冷处理的目的是最大限度地减少残余奥氏体,进一步提高工件淬火后的硬度,防止工件在使用过程中因残余奥氏体的分解而引起的变形。冷处理工艺适用于精度要求很高、必须保证其尺寸稳定性的工件。冷处理应在淬火后立即进行,否则由于奥氏体的稳定化作用,会削弱处理结果。冷处理后可进行回火,以消除应力、避免裂纹。

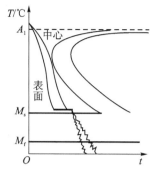

图 4-26　分级淬火示意图

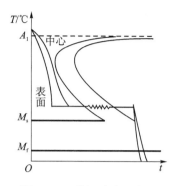

图 4-27　等温淬火示意图

6. 局部淬火

对于局部需要硬化、耐磨的工件,仅在所需部位进行局部加热淬火的方法,叫做局部淬火。

4.5.3　钢的淬硬性和淬透性

钢的淬硬性和淬透性是表征钢材接受淬火能力大小的两项性能指标,是选材、用材的重要依据。

1. 淬硬性和淬透性的基本概念

(1) 钢的淬硬性

淬硬性是钢在理想条件下进行淬火硬化所能达到的最高硬度的能力,是表示钢淬火时获得硬度高低的能力,也称为可硬性。决定钢淬硬性高低的主要因素是钢中的碳的质量分数,质量分数越大,钢的淬硬性也就越高。而钢中合金元素对淬硬性的影响不大。

(2) 钢的淬透性

淬透性是指钢在淬火时获得马氏体的能力,通常用规定条件下钢材的淬硬层深度和硬度分布的特性来表示。淬透性实际上反映了钢在淬火时,奥氏体转变为马氏体的难易程度。

淬火时工件截面上各处的冷却速度是不同的。表面的冷却速度最大,越到中心冷却速度越小。如果工件表面及中心的冷却速度都大于该钢的临界冷却速度,则沿工件的整个截面都能获得马氏体组织,即钢被完全淬透了;如中心部分冷却速度低于临界冷却速度,则表面得到马氏体,中心部分获得非马氏体组织,表示钢未被淬透。一般规定,自工件表面至半马氏体区(即马氏体和非马氏体组织各占50%)的深度作为淬硬层深度,如图4-28所示,这是因为半马氏体区不仅硬度变化显著,且容易测定。淬透层越少,表面淬透性越好。

钢的淬透性是钢材本身所固有的属性,它只取决于其本身的内部因素,而与外部因素无关;而钢的

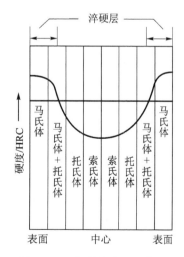

图 4-28　钢的淬火层示意图

淬硬层深度除取决于钢材的淬透性外,还与所采用的冷却介质、工件尺寸等外部因素有关。例如在同样奥氏体化的条件下,同一种钢的淬透性是相同的,但是水淬比油淬的淬硬层深度大,小件比大件的淬硬层深度大。但不能说水淬比油淬的淬透性高,也不能说小件比大件的淬透性高。

另外,淬透性和淬硬性是两个独立的概念,淬火后硬度高的钢,不一定淬透性就高;而硬度低的钢也可能具有很高的淬透性。

2. 影响淬透性的因素

钢的淬透性主要取决于其临界冷却速度的大小,冷却速度越小,淬透性越好,而临界冷却速度则主要取决于过冷奥氏体的稳定性。影响淬透性的因素主要有以下几个方面。

(1) 化学成分的影响

随着碳的质量分数的增加,亚共析钢的淬透性增大,而过共析钢的淬透性降低。除钴以外,绝大多数合金元素溶入奥氏体后,均使 C 曲线右移,降低临界冷却速度,从而显著提高钢的淬透性。因此,一般合金钢比碳钢的淬透性好。

(2) 奥氏体晶粒大小的影响

奥氏体的实际晶粒度对钢的淬透性有较大的影响,粗大的奥氏体晶粒能使 C 曲线右移,降低了钢的临界冷却速度,所以粗晶粒的钢具有较高的淬透性。粗大的晶粒使晶界减少,不利于珠光体形核,避免珠光体发生转变。但晶粒粗大将增加钢的变形、开裂倾向并降低韧性。

(3) 奥氏体均匀程度的影响

在相同过冷度条件下,奥氏体成分越均匀,珠光体的形核率就越低,转变的孕育期增长,C 曲线右移,临界冷却速度减慢,钢的淬透性越高。

(4) 钢原始组织的影响

钢中原始组织的粗细和分布对奥氏体的成分将有重大影响。片状碳化物较粒状碳化物易溶解,粗粒状碳化物最难溶解,所以实际生产中为了提高钢的淬透性,往往在淬火前对钢进行一次预备热处理(退火或正火),使钢原始组织中的碳化物分布均匀而细小,以提高奥氏体化程度。

3. 淬透性的测定方法

钢的淬透性的测定方法很多,常用的有临界直径法和端淬法。

(1) 临界直径法

钢材在某种介质中淬冷后,心部得到全部马氏体或50%马氏体组织时的最大直径称为临界直径,常用 D_c 表示。D_c 越大,表示这种钢的淬透性越高。常用钢材在水、油以及其他介质中的临界直径可通过查阅有关资料获得。

(2) 端淬法

端淬法是末端淬火试验法的简称,是指用标准尺寸的端淬试样($\phi25$ mm$\times100$ mm),经奥氏体化后,在专用设备上对其一端端面喷水冷却,冷却后沿轴线方向测出硬度与距水冷端距离的关系曲线的试验方法,如图 4-29(a)所示。该曲线称为淬透性曲线,如图 4-29(b)所示。由图可见,45 钢比 40Cr 钢硬度下降得快,说明 40Cr 钢的淬透性比 45 钢要好。图 4-29(b)与图 4-29(c)相配合,就可找出半马氏体区至末端的距离,该距离越大,淬透性越好。

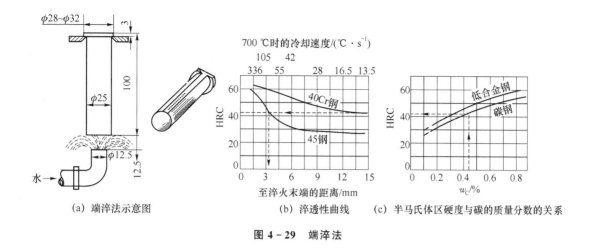

(a) 端淬法示意图　　　(b) 淬透性曲线　　(c) 半马氏体区硬度与碳的质量分数的关系

图 4 - 29　端淬法

4.5.4　淬火缺陷及防止措施

淬火工序通常安排在零件加工工艺路线的后期,因此,淬火缺陷将直接影响产品的质量,淬火工艺控制不当,常会产生软点和硬度不足、过热和过烧、氧化和脱碳、变形和开裂等缺陷。

1. 硬度不足和软点

硬度不足是指零件整体或较大区域内硬度达不到要求的现象。软点是指零件表面局部区域硬度偏低的现象。

产生软点和硬度不足的主要原因有淬火加热温度偏低、保温时间不足、表面脱碳、表面有氧化皮或不清洁、钢的淬透性不高、淬火介质冷却能力不足等,生产中应注意上述影响因素并采取相应的防止措施。出现软点和硬度不足后,零件应重新淬火,而且重新淬火前还要进行退火或正火处理。

2. 过热和过烧

过热是指加热温度过高或保温时间过长,造成奥氏体晶粒显著粗化,以致钢的性能显著降低的现象。过热会使零件的力学性能显著降低,还容易引起变形和开裂。工件过热后可通过正火细化晶粒予以补救。

过烧是指加热温度达到固相线附近,晶界严重氧化并开始部分熔化的现象。过烧会大幅度降低零件的力学性能。一旦产生过烧则无法挽救,零件只能报废。

3. 氧化和脱碳

氧化是指钢在氧化性介质中加热时,表面或晶界的铁原子与氧原子产生化学反应的现象。氧化不仅造成零件表面尺寸减小,还会影响零件的力学性能和表面质量。

脱碳是指钢在加热时,表层中溶解的碳被氧化,生成 CO 或 CH_4 逸出,使钢表面碳的质量分数减少的现象。脱碳会降低零件表面的强度、硬度、耐磨性以及疲劳强度,对零件的使用性能和使用寿命产生不利影响。

防止氧化和脱碳的有效措施就是加热时隔绝氧化性介质,如采用盐浴炉、保护气氛炉或真空炉进行加热等。也可以在工件表面涂上一层防氧化剂。

4. 变形和开裂

变形和开裂是淬火过程中最容易产生的缺陷。实践表明,由于淬火过程中的快冷而在工件内部产生的内应力是导致工件变形或开裂的根本原因。

淬火应力主要包括热应力和组织应力两种。热应力是在淬火冷却时,工件表面和心部形成温差,引起收缩不同步而产生的内应力;组织应力是在淬火过程中,工件各部分进行马氏体转变时,因体积膨胀不均匀而产生的内应力。当内应力值超过钢的屈服强度时,便引起钢件的变形;超过钢的抗拉强度时,便会产生裂纹。钢中最终所残存下来的内应力称为残余内应力。

由热应力和组织应力所引起的变形趋向是不同的:工件在热应力的作用下,冷却初期心部受压应力,而且在高温下塑性较好,故心部沿长度方向缩短,再加上随后冷却过程中的进一步收缩,结果其变形趋势是工件沿轴向缩短,平面凸起,棱角变圆,如图 4-30(a)所示。淬火过程中组织应力的变化情况恰巧与热应力相反,所以它引起的变形趋向也与之相反,表现为工件沿最大尺寸方向伸长,力图使平面内凹,棱角突出,如图 4-30(b)所示。淬火时零件的变形是热应力和组织应力综合作用的结果,如图 4-30(c)所示。

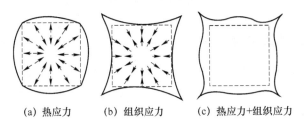

(a) 热应力   (b) 组织应力   (c) 热应力+组织应力

图 4-30　不同应力作用下零件变形示意图

淬火裂纹通常是在淬火冷却后期产生的,也就是在马氏体转变温度范围内冷却时,由淬火应力在工件表面附近所产生的拉应力超过了该温度下钢的抗拉强度而引起的。一般说来,淬火时在 M_s 点以下的快冷是造成淬火裂纹的主要原因。除此之外,零件的设计不良、材料的使用不当以及原材料本身的缺陷都有可能促使裂纹的形成。

为了减少及防止工件淬火变形和裂纹,应合理地设计零件的结构形状,合理选材,合理制定热处理技术要求,零件毛坯应进行正确的热加工(铸、锻、焊)和预备热处理。另外,在热处理时应合理地选择加热温度,尽量做到均匀加热,正确地选择冷却方法和冷却介质。

4.6　钢的回火

将淬火钢重新加热到 Ac_1 以下的某一温度,保温一定的时间,然后冷却到室温的热处理工艺,称为回火。淬火和回火两种工艺通常紧密地结合在一起,是强化钢材、提高机械零件使用寿命的重要手段。通过淬火后适当温度的回火,可以获得不同的组织和性能,满足各类零件或工具对于使用性能的要求。

4.6.1　回火的目的

回火的目的主要有:

① 获得工件所需要的力学性能。工件淬火后具有较高的硬度,但塑性和韧性较差,为了满足各种工件的不同要求,可通过适当的回火,获得所需的力学性能。

② 稳定工件尺寸。淬火马氏体和残余奥氏体都是不稳定的组织,通过回火使其转变为

稳定的回火组织,使工件在使用过程中不发生组织转变,从而保证工件的形状、尺寸不再变化。

③ 消除或减少淬火内应力。工件淬火后存在较大的内应力,必须及时回火,以防止工件变形和开裂。

4.6.2 淬火钢在回火时组织与性能的变化

1. 回火时的组织转变

钢淬火后所得到的组织是马氏体和少量的残余奥氏体,它们都是不稳定的,有自发向稳定组织转变的趋势。但在室温下,原子的活动能力较弱,转变速度极慢。回火加热时,随着温度的升高,原子的活动能力增强,这一转变可以较快地进行。淬火钢在回火时的组织转变大致可分为以下四个阶段。

(1) 马氏体分解(20~200 ℃)

当温度在 20~100 ℃ 时,淬火钢的组织没有明显的变化。此时铁和合金元素原子尚难以扩散,只有马氏体中过饱和的碳原子能做短距离的扩散,自发地进行偏聚。

温度在 100~200 ℃ 时,马氏体开始分解。马氏体中过饱和的碳原子以 ε-碳化物($Fe_{2.4}C$)的形式析出,以极细的片状分布在马氏体的一定晶面上,并与母相保持共格关系,马氏体中碳的过饱和程度有所降低。这种过饱和 α 固溶体和与其有晶格联系的 ε-碳化物组成的组织,称为回火马氏体,如图 4-31 所示。这一阶段 α 固溶体仍处于过饱和状态,硬度变化不大。回火马氏体中的 α 相仍呈针状组织。

图 4-31 回火马氏体

(2) 残余奥氏体分解(200~300 ℃)

温度在 200~300 ℃ 时,残余奥氏体开始分解。由于马氏体分解,降低了对残余奥氏体的压力,使其转变为下贝氏体,到 300 ℃ 时基本完成。这一阶段虽然马氏体分解会造成硬度下降,但由于残余奥氏体转变为下贝氏体的补偿作用,因此,硬度下降并不大,而淬火应力则进一步减小。

(3) 渗碳体形成(250~400 ℃)

当温度升高到 250 ℃ 以上时,析出的 ε-碳化物开始逐渐转变为细粒状渗碳体,同时不再与 α 固溶体保持共格关系,到 400 ℃ 时,α 固溶体中的过饱和碳已基本上完全析出,此时 α 固溶体已经转变为铁素体,但仍保持着原来的针状外形。这种由针状铁素体和细粒状渗碳体组成的组织,称为回火托氏体,如图 4-32 所示,常用符号 $T_回$ 表示。此时,淬火应力基本消除,硬度降低。

(4) 渗碳体聚集长大与铁素体再结晶(400 ℃ 以上)

当回火温度达到 400 ℃ 以上时,渗碳体不断聚集长大,同时针状的铁素体也会发生回复和再结晶过程。当温度升高到 500~600 ℃ 时,针状铁素体再结晶成为多边形的铁素体,这种在多边形铁素体中分布着较大粒状渗碳体的组织,称为回火索氏体,常用符号 $S_回$ 表示,如图 4-33 所示。

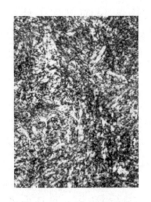

图4-32 回火托氏体

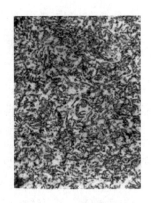

图4-33 回火索氏体

此时,淬火应力完全消除,硬度明显下降。温度继续升高到650℃~A_1之间时,渗碳体颗粒和等轴铁素体晶粒都显著长大,得到粗的粒状渗碳体和铁素体所组成的混合物,这种组织称为回火珠光体,其金相组织和球化退火组织相似。

2. 淬火钢回火时的性能转变

在回火过程中,随着组织变化,力学性能也发生变化,总的变化趋势是:随着回火温度的上升,硬度、强度降低,塑性、韧性升高,如图4-34所示。

当回火温度不超过200~250℃时,回火后的组织是回火马氏体,其硬度较淬火马氏体只是稍有下降。高碳钢因弥散状的ε-碳化物大量析出,在温度低于100℃时硬度反而略有回升。另外由于其有较多的残余奥氏体,在200~250℃温度区间,它们将转变成下贝氏体,这会减缓其回火组织硬度下降的速度。对于低碳钢,由于既不存在ε-碳化物的析出,残余奥氏体量也极少,故不存在这两个变化。在300℃以上回火时,各种碳钢的硬度都随回火温度的升高而显著下降。不同含碳量的碳钢硬度与回火温度的关系如图4-35所示。

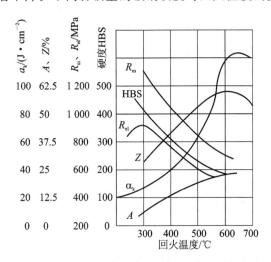

图4-34 40钢力学性能与回火温度的关系

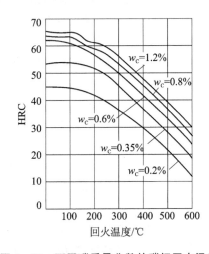

图4-35 不同碳质量分数的碳钢回火温度与硬度的关系

淬火钢回火时的力学性能也与内应力消除的程度有关,回火温度越高,淬火内应力消除越彻底,只有当回火温度高于 500 ℃,并保持足够的回火时间才能使淬火内应力完全消除。

4.6.3　回火的分类及应用

按回火温度的不同,回火可分为低温、中温和高温回火三类。

1. 低温回火(150～250 ℃)

回火后的组织为回火马氏体,其硬度一般为 58～64 HRC(低碳钢除外)。低温回火的主要目的是降低淬火应力及脆性,保持淬火钢的高硬度和耐磨性以及高强度。低温回火主要用于高碳钢制工件(如刀具、量具、冷变形模具、滚动轴承件)以及渗碳件和高频淬火件等。

2. 中温回火(300～500 ℃)

回火后组织为回火托氏体,其硬度一般为 35～45 HRC。中温回火的目的是获得高的屈服强度、弹性极限和较高的韧性。中温回火广泛地应用于各类弹簧件,也可用于某些热作模具以及要求较高强度的轴、轴套和刀杆等。

3. 高温回火(500～650 ℃)

回火后的组织是回火索氏体,其硬度一般为 25～35 HRC。生产上通常把钢件淬火＋高温回火的热处理工艺称为调质,它的目的是获得硬度、强度、塑性和韧性都较好的综合力学性能,因此广泛用于各种重要的结构零件,尤其是在交变载荷下工作的零件,如汽车、拖拉机、机床上的连杆、连杆螺钉、齿轮和轴类零件等。

与正火相比,钢件经调质处理后,不仅强度较高,塑性和韧性也明显提高。这是因为回火索氏体中的渗碳体呈粒状,可起一定的弥散强化作用,而正火得到的索氏体中的渗碳体呈片状,对塑性变形产生不利影响,因此,对重要的结构零件均进行调质而不是正火。

回火工艺的主要参数是回火温度、保温时间和回火后的冷却方式。回火温度主要取决于工件所要求的硬度范围。回火一般需要保温 1～2 h,目的是使工件心部与表面温度均匀一致,保证组织转变可以充分进行以及淬火应力得到充分消除。回火冷却一般在空气中进行,操作简便。

4.7　钢的表面热处理

在生产中,有不少零件(如齿轮、凸轮、轴类零件等)是在弯曲、扭转、冲击载荷及强烈摩擦条件下工作的,零件表面承受着比心部高的应力,并不断地被磨损,因此要求其表面具有高的强度、硬度、耐磨性和疲劳强度,而心部具有足够的塑性和韧性。这时,如果单从选材方面考虑或用前述的普通热处理方法,都是难以解决的。因此,一般采用表面热处理的方法来解决这一问题。

表面热处理是仅对工件表层进行热处理以改变其组织和性能的工艺。表面淬火就是将工件快速加热到淬火温度,然后进行迅速冷却,仅使表面获得淬火组织的一种表面热处理工艺。采用表面淬火工艺可以使工件表面具有高的强度、硬度和耐磨性,与此同时,工件心部仍具有一定的强度、足够的塑性和韧性。表面淬火用钢一般为中碳钢或中碳合金钢,最常用的表面淬火方法有感应加热表面淬火、火焰加热表面淬火、电接触加热表面淬火、电解液加热表面淬火、激光与电子束加热表面淬火等多种,目前热处理生产中应用最广泛的是感应加热表面淬火和火焰加热表面淬火。

4.7.1 感应加热表面淬火

1. 感应加热的基本原理

感应线圈通以交流电时,就会在它的内部和周围产生与交流频率相同的交变磁场。若把工件置于感应磁场中,则其内部将产生感应电流并由于电阻的作用被加热。感应电流在工件表层密度最大,而心部几乎为零,这种现象称为集肤效应。

电流透入工件表层的深度主要与电流频率有关。电流频率越高,感应电流透入深度越浅,加热层也越薄。因此,通过频率的选用可以得到不同工件所要求的淬硬层深度。图 4-36 所示为工件与感应器的位置及工件截面上电流密度的分布。加热器通入电流,工件表面在几秒钟之内迅速加热到远高于 Ac_3 以上的温度,接着迅速冷却工件表面(例如向加热了的工件喷水冷却),在零件表面获得一定深度的硬化层。

2. 感应加热表面淬火的分类

根据电流频率的不同,可将感应加热表面淬火分为三类:

① 高频感应加热淬火。常用电流频率范围为 $200 \sim 300$ kHz,一般淬硬层深度为 $0.5 \sim 2.0$ mm。适用于中小模数的齿轮及中小尺寸的轴类零件等。

② 中频感应加热淬火。常用电流频率范围为 $2500 \sim 8000$ Hz,一般淬硬层深度为 $2 \sim 10$ mm。适用于较大尺寸的轴和大中模数的齿轮等。

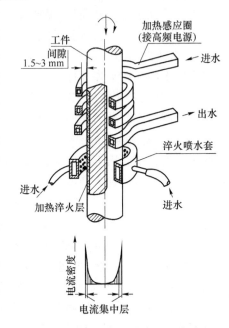

图 4-36 感应加热表面淬火示意图

③ 工频感应加热淬火。电流频率为 50 Hz,不需要变频设备,淬硬层深度可达 $10 \sim 15$ mm。适用于较大直径零件的穿透加热及大直径零件如轧辊、火车车轮等的表面淬火。

3. 感应加热适用的材料

表面淬火一般适用于中碳钢和中碳低合金钢,如 45,40Cr,40MnB 钢等。这些钢先经正火或调质处理后,再进行表面淬火,心部有较高的综合机械性能,表面也有较高的硬度和耐磨性。在某些情况下,铸铁也是适合于表面淬火的材料。

4. 感应加热表面淬火的特点

与普通淬火相比,感应加热表面淬火具有以下主要特点:

① 加热温度高,升温快。这是由于感应加热速度很快,因而过热度大。

② 工件表层易得到细小的隐晶马氏体,因而硬度比普通淬火提高 2~3 HRC,且脆性较低。

③ 工件表层存在残余压应力,因而疲劳强度较高。

④ 工件表面质量好。这是由于加热速度快,没有保温时间,工件不易氧化和脱碳,且由于内部未被加热,淬火变形小。

⑤ 生产效率高,便于实现机械化、自动化,淬硬层深度也易于控制。

4.7.2　火焰加热表面淬火

火焰加热淬火是用乙炔-氧或煤气-氧等火焰直接加热工件表面,然后立即喷水冷却,以获得表面硬化效果的淬火方法(见图 4-37)。火焰加热温度很高(可达 2 000～3 200 ℃),能将工件迅速加热到淬火温度,通过调节烧嘴的位置和移动速度,可以获得不同深度的淬硬层。

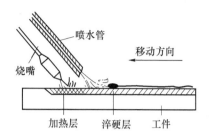

图 4-37　火焰加热表面淬火示意图

火焰加热表面淬火的优点是:设备简单、操作方便、成本低、工件大小不受限制,特别适用于大型工件、单件和小批量生产,淬硬层深度一般为 2～6 mm。缺点是:淬火硬度和淬透性深度不易控制,淬火质量不稳定,常取决于操作工人的熟练程度;生产效率低,只适合单件和小批量生产。此方法常用于轧钢机齿轮、轧辊、矿山机械齿轮、轴等零件。

4.8　钢的化学热处理

化学热处理是把金属材料或工件放在适当的活性介质中加热、保温,使一种或几种化学元素渗入其表层,以改变其化学成分、组织和性能的热处理工艺。化学热处理与表面淬火相比,它除了组织发生变化外,钢材表面的化学成分也发生了变化。由于表面成分的改变,钢的表面甚至整个钢材的性能也会随之发生改变。

化学热处理的基本过程是:渗剂通过一定温度下的化学反应或蒸发作用,分解出欲渗入元素的活性原子;活性原子吸附于工件表面并发生相界面反应,溶入金属或形成化合物;被吸附的活性原子,由表面向内部扩散,形成一定厚度的扩散层,即渗层。

根据渗入元素的不同,化学热处理可分为渗碳、碳氮共渗、渗氮、渗铬、渗铝、渗硅、渗硼等。不同的渗入元素,赋予工件表面的性能是不一样的。在工业生产中,化学热处理的作用有两方面:一是表面强化,目的是提高工件表面的疲劳强度、硬度和耐磨性;二是改善表面物理或化学性能,目的是提高工件表面的耐高温、抗腐蚀和抗氧化能力。目前生产中广泛应用的是渗碳、碳氮共渗和渗氮。

4.8.1　渗　碳

渗碳就是工件在渗碳介质中进行加热和保温,使活性炭原子渗入钢件表面,使其获得一定的表面碳质量分数和一定质量分数梯度的工艺。

渗碳的目的是使低碳或低碳合金钢工件的表面具有高的碳质量分数,心部仍是低碳钢的化学成分,经过淬火、低温回火后,就可以使工件的表层获得高的硬度和高的耐磨性,而心部仍保持强而韧的性能特点。这样,工件就能承受复杂应力和使用要求。

与高频表面淬火相比,渗碳件的表面硬度较高,因而具有更高的耐磨性。同时,心部具有比高频淬火件高的强度和塑性。因此,渗碳件有更高的弯曲疲劳强度,且能承受更高的挤压应力。渗碳用钢一般采用碳质量分数 $w_C = 0.1\% \sim 0.25\%$ 的低碳非合金钢和低碳合金钢,如 15,20,20Cr 钢等。

1. 渗碳方法

根据所用渗碳剂状态不同,渗碳的方法可以分为固体渗碳法、液体渗碳法和气体渗碳法。另外,在特定的物理条件进行的渗碳还有真空渗碳、离子渗碳及真空离子渗碳等。

（1）气体渗碳

气体渗碳是指将工件置于密封的加热炉中,使其加热到900~950 ℃,再通入含碳的气体或滴入含碳的液体,使工件在这一温度下进行渗碳的热处理工艺,如图4-38所示。

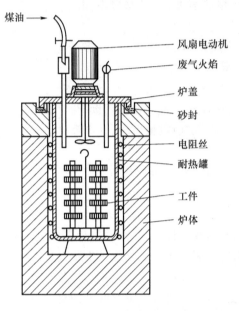

图4-38　气体渗碳法示意图

目前使用的渗碳介质大致可分为两大类:一类是裂解性液体,如煤油、苯、丙酮、甲醇等,使用时直接滴入渗碳炉中,经裂解后可分解出活性炭原子;另一类是吸热性气体,如天然气、煤气、丙烷气等,使用时与空气混合,进行吸热反应,制成可控气氛,进行可控气氛渗碳。

渗碳是由分解、吸收和扩散三个基本过程所组成的。渗碳气氛在高温下可裂解出活性炭原子,其反应式为

$$2CO \rightarrow CO_2 + [C] \qquad (4-1)$$
$$CH_4 \rightarrow 2H_2 + [C] \qquad (4-2)$$
$$CO + H_2 \rightarrow H_2O + [C] \qquad (4-3)$$

渗碳时,活性炭原子被钢表面吸收而溶入其高温奥氏体中,然后向内部扩散而形成渗碳层。在一定的渗碳温度下,渗碳层的深度取决于渗碳保温时间的长短。气体渗碳的速度平均为0.2~0.5 mm/h。表4-4所列为井式气体渗碳炉在920 ℃时渗碳保温时间与渗碳层厚度的大致关系。碳钢的渗碳层厚度一般是指从表面到碳的质量分数为0.4%处的深度,测量时可采用金相法或硬度法。金相法是在显微镜下测量从表面到50%珠光体+50%铁素体处的深度;硬度法是工件或试样经过渗碳淬火后,在保证不回火的前提下切取截面,然后在渗碳表面垂直方向测量维氏硬度,获得硬度与到表面距离间关系曲线,以硬度大于550 HV之深度为有效渗碳层深度。

表 4 - 4　920 ℃时渗碳层厚度与保温时间的关系

渗碳时间/h	3	4	5	6	7	8
渗碳层厚度/mm	0.4~0.6	0.6~0.8	0.8~1.2	1.0~1.4	1.2~1.6	1.3~1.7

（2）固体渗碳

固体渗碳法的速度慢、生产率低、劳动条件差、质量不易控制,故已逐渐被气体渗碳法所替代。但由于固体渗碳法设备简单、成本较低,目前仍在小范围地被应用。另外,与气体渗碳相比,固体渗碳对于盲孔渗碳仍有一定的优势。

2. 渗碳后的组织

低碳钢渗碳后,其表面碳的质量分数一般为 w_C＝0.9％~1.05％（表层）,由表面到心部,质量分数逐渐降低,心部仍为原来低碳钢的碳的质量分数。渗碳后经缓慢冷却,渗层组织由表面向内部依次为：过共析组织（二次渗碳体＋珠光体）、共析组织（珠光体）、过渡区亚共析组织（珠光体＋铁素体）和心部原始亚共析组织（珠光体＋铁素体）,如图 4 - 39 所示。

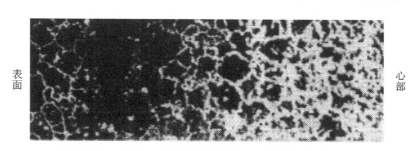

过共析区 → 共析区 → 亚共析区(过渡区) → 亚共析区(心部)

图 4 - 39　低碳钢渗碳缓冷后的组织

3. 渗碳后的热处理

工件渗碳后必须进行合理的淬火和低温回火处理,才能达到性能的要求。渗碳后常用的淬火方法主要有直接淬火法、一次淬火法和二次淬火法。淬火后应进行低温回火,回火温度一般为 150~200 ℃。

（1）直接淬火法

将渗碳后的工件预冷到 800~850 ℃直接进行淬火,然后低温回火的热处理工艺为直接淬火法。预冷温度应稍高于 Ar_3,以避免心部析出过多的铁素体。直接淬火法处理后,表层为回火马氏体＋少量渗碳体。该方法淬火变形小,操作简便、成本低、效率高,适用于本质细晶粒钢。

（2）一次淬火法

将渗碳后的工件出炉缓冷到室温后,再加热到淬火温度进行淬火和低温回火的热处理工艺称为一次淬火法。淬火温度的选择应兼顾表层与心部,即表层不过热而心部又能得到充分强化。有时也偏重于强化心部或强化表层,如要强化心部则加热到 Ar_3 以上完全淬火,如要强化表层则应加热到 Ar_1 以上不完全淬火。该方法也仅适用于本质细晶粒钢。

（3）二次淬火法

将工件渗碳缓冷后,第一次在心部 Ac_3 以上温度淬火,第二次在表层 Ac_1 以上温度淬火的热处理工艺称为二次淬火法。第一次淬火使心部组织细化并消除表层网状碳化物,第二次淬火使表层获得细针状马氏体和细粒状渗碳体。经过两次淬火后,表层和心部组织都得到细化,因此,不但表面具有高的强度、硬度、耐磨性和疲劳极限,而且心部也具有良好的强度、塑性和韧性。但二次淬火法工艺复杂,生产周期长,工件变形大,一般只对本质粗晶粒钢和重载荷零件才采用。

渗碳、淬火回火后的表面硬度一般为 58~64 HRC,耐磨性好。而心部组织的性能主要取决于钢的淬透性,低碳钢一般为铁素体和珠光体,硬度为 137~184 HB;低碳合金钢一般为回火低碳马氏体、铁素体和托氏体,硬度为 35~45 HRC,具有较高硬度、韧性和一定的塑性。

4.8.2 渗 氮

渗氮俗称氮化,是指在一定温度下使活性氮原子渗入至工件表面,形成含氮硬化层的化学热处理工艺。其目的是提高工件表面的硬度、耐磨性、疲劳强度和耐蚀性。渗氮的缺点是周期长、成本高、渗层薄而脆,不能承受大的接触应力和冲击载荷。渗氮主要用于耐磨性和精度均较高的传动件,或要求耐热、耐腐蚀的零件,如高精度机床丝杠、磨床主轴、精密传动齿轮和阀杆等。

1. 渗氮基本原理

渗氮是由分解、吸收和扩散三个基本过程所组成的。一般使用氨气作为渗氮介质,氨气从 200 ℃开始分解,400 ℃以上分解程度已达到 99.5%。渗氮的工艺温度为 500~600 ℃,其反应式为

$$2NH_3 \rightarrow 3H_2 + 2[N] \tag{4-4}$$

分解出来的活性氮原子[N]被钢表面所吸收,然后向心部扩散,形成一定深度的渗氮层。

2. 渗氮层组织

活性氮原子被钢表面吸收后,首先溶入固溶体,然后与铁和合金元素形成各种氮化物(如 Fe_2N,Fe_4N,AlN,MoN,CrN 等),最后向心部扩散。图 4-40 所示为 38CrMoAl 钢经渗氮后的表层组织,工件的最外层为一白亮氮化物薄层,很脆;中间是暗黑色含氮共析体层;心部为原始回火索氏体组织。由于白亮层硬而脆,应尽量避免或采用磨削加工去除。

图 4-40　38CrMoAl 钢渗氮层显微组织

3. 渗氮热处理的工艺方法

根据渗氮目的的不同,渗氮工艺方法分为两大类:一类是以提高工件表面硬度、耐磨性及疲劳强度等为主要目的而进行的渗氮,称为强化渗氮;另一类是以提高工件表面耐腐蚀性为目的的渗氮,称为抗蚀渗氮,也称为防腐渗氮。

4. 渗氮的特点及应用

(1)高硬度和高耐磨性

当采用含铝、铬的渗氮钢时,渗氮后表层的硬度可达 1 000~1 200 HV,相比而言,渗碳淬

火后表层的硬度只有 700～760 HV。渗氮层由于硬度高,所以耐磨性也较高。尤其值得提出的是,渗氮层的高硬度可以保持到 500 ℃ 左右,而渗碳层的硬度在 200 ℃ 以上就会剧烈下降。

（2）高的抗腐蚀性能

这种性能来自渗氮层表面化学稳定性高而致密的化合物层,即通常所谓的白亮层。有时为了降低渗氮层的脆性而抵制了它的生成,工件的抗腐蚀性就不会提高。

（3）高的抗咬合性能

咬合是由于短时间缺乏润滑,过热的相对运动的两表面产生的卡死、擦伤或焊合现象。渗氮层因其具有高硬度和高温硬度,可使工件具有较好的抗咬合性能。

（4）高疲劳强度

由于氮化层内形成了更大的压应力,渗氮层的残余应力比渗碳层大,所以渗氮零件具有较高的疲劳强度。

（5）变形小而规律性强

因为渗氮温度低,渗氮过程中零件心部没有发生相变,渗氮后又不需要任何热处理。能够引起零件变形的原因只有渗氮层的体积膨胀,所以其变形的规律性也较强。

渗氮的缺点是工艺过程时间较长,成本较高。如欲获得 1 mm 深的渗碳层,渗碳处理仅需要 6～9 h,而欲获得 0.5 mm 的渗氮层,渗氮处理通常需要 40～50 h。另外,由于渗氮层较薄,也不能承受太大的接触应力。

4.8.3 碳氮共渗

碳氮共渗是同时向零件表面渗入碳和氮两种元素的化学热处理工艺,也称氰化处理。碳氮共渗主要有液体碳氮共渗和气体碳氮共渗两种。液体碳氮共渗有毒,污染环境,劳动条件差,已很少应用。气体碳氮共渗包括中温碳氮共渗和低温碳氮共渗两种。

1. 中温气体碳氮共渗

中温气体碳氮共渗是将工件放入井式气体渗碳炉内,滴入煤油并同时通入氨气,在共渗温度下分解出的碳和氮的活性原子,被工件表面吸收后向内部扩散,形成碳氮共渗层的热处理工艺。常用的渗剂还有甲醇＋丙烷＋氨气、三乙醇胺或三乙醇胺＋20％尿素等。

中温碳氮共渗层的碳、氮含量取决于共渗温度。温度越高,则共渗层的含碳量越高,而含氮量越低;反之,则含碳量越低,而含氮量越高,如图 4-41 所示。生产中共渗温度一般为 820～860 ℃,共渗时间主要由渗层深度、共渗温度和渗剂种类决定。

中温碳氮共渗的工件可直接淬火,然后低温回火。如图 4-42 所示,由于共渗温度低,钢

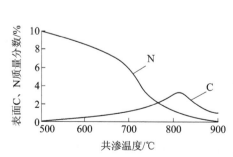

图 4-41　共渗温度对表层碳、氮质量分数的影响

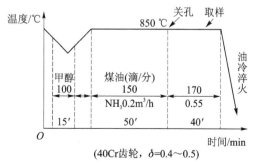

图 4-42　气体碳氮共渗工艺曲线示意图

的晶粒不会长大,碳氮共渗后直接经淬火和低温回火处理后,渗层组织为含碳、氮的细片状回火马氏体加适量的粒状碳氮化合物加少量残余奥氏体,心部组织为低碳或中碳回火马氏体。

与渗碳相比,中温气体碳氮共渗具有以下特点:

① 共渗速度快,生产周期短、效率高;

② 共渗温度低,适宜直接淬火,减小了变形开裂的倾向;

③ 在表面层碳的质量分数相同的情况下,共渗层具有较高的硬度和耐磨性;

④ 共渗层具有较高的疲劳强度和耐蚀性。

2. 低温气体碳氮共渗

低温气体碳氮共渗也是一种在气体气氛中同时渗入碳和氮的化学热处理工艺。共渗温度一般为 510～570 ℃,常用渗剂为尿素、三乙醇胺等,根据渗层深度要求的不同,保温时间一般为 1～6 h。由于处理温度低,所以以渗氮为主。这种工艺类似氮化,但渗层硬度比氮化低,韧性比氮化好,故生产中常称作软氮化。

低温碳氮共渗处理后,渗层具有较高的疲劳强度、抗蚀性和抗咬合性。低温碳氮共渗的特点:共渗速度快,生产率高;共渗温度低;零件变形小。由于渗层较薄,低温碳氮共渗不适用于重载零件,主要应用于自行车、缝纫机、仪表零件,齿轮、轴类等机床、汽车的小型零件,以及模具、量具和刃具的表面处理。

4.9　其他热处理工艺

随着科学技术不断发展,对机械零件的质量、性能和可靠性等方面的要求更高,传统的热处理技术已经不能完全满足生产的需求,新技术不断用于热处理生产中。

4.9.1　真空热处理

将金属工件在 1 个大气压以下(即负压下)的真空环境中加热与保温,然后在油或气体中淬火的热处理技术称为真空热处理。20 世纪 20 年代末,出现了真空热处理工艺,当时还仅用于退火和脱气,20 世纪 60～70 年代,陆续研制成功气冷式真空热处理炉、冷壁真空油淬炉和真空加热高压气淬炉等,使真空热处理工艺得到了新的发展。在真空中进行渗碳,在真空中等离子场的作用下进行渗碳、渗氮或渗其他元素的技术进展,又使真空热处理进一步扩大了应用范围。

1. 真空在热处理中的作用

研究表明,真空在热处理中具有如下作用:

① 脱脂。黏附在金属表面的油脂、润滑剂等蒸气压较高,在真空加热时,可自行挥发或分解成水、氢气和二氧化碳等气体,并被真空泵抽走,得到无氧化、无腐蚀的非常光洁的表面。

② 除气。金属在熔炼时,液态金属要吸收氢气、氧气、氮气、一氧化碳等气体,由于冷却速度太快,这些气体留在固体金属中,生成气孔及白点等各种冶金缺陷,影响材料的电阻、导磁率等性能,根据气体在金属中的溶解度与周围环境的分压平方根成正比的关系,分压越小即真空度越高,越可降低气体在金属中的溶解度,释放出来的气体被真空泵抽走。

③ 氧化物分解。金属表面的氧化膜、锈蚀、氧化物及氢化物在真空加热时被还原、分解或挥发而消失,使金属表面光洁。钢件真空度达 0.133～13.3 Pa 即可达到净化效果,金属表面

净化后,活性增强,有利于碳、氮、硼等原子吸收,使得化学热处理速度增快和均匀。

④ 保护作用。真空热处理实质上是在极稀薄的气氛中进行,炉内残存的微量气体不足以使被处理的金属材料产生氧化脱碳、增碳,金属材料表面的化学成分和原来表面的光亮度保持不变。

2. 真空热处理的种类

真空热处理可用于退火、脱气、固溶、淬火、回火和沉淀硬化等工艺。在通入适当介质后,也可用于化学热处理。

真空中的退火、脱气和固溶处理主要用于纯净程度或表面质量要求高的工件,如难熔金属的软化和去应力、不锈钢和镍基合金的固溶处理、钛和钛合金的脱气处理、软磁合金改善导磁率和矫顽力的退火,以及要求光亮的碳钢、低合金钢和铜等的光亮退火。真空中的淬火有气淬和油淬两种。气淬即将工件在真空加热后向冷却室中充以高纯度中性气体(如氮)进行冷却。适用于气淬的有高速钢和高碳高铬钢等马氏体临界冷却速度较低的材料。油淬是将工件在加热室中加热后,移至冷却室中充入高纯氮气并立即送入淬火油槽,快速冷却。如果需要高的表面质量,工件真空淬火和固溶热处理后的回火和沉淀硬化仍需在真空炉中进行。

真空渗碳是将工件装入真空炉中,抽真空并加热,使炉内净化,达到渗碳温度后通入碳氢化合物(如丙烷)进行渗碳,经过一定时间后切断渗碳剂,再抽真空进行扩散。这种方法可实现高温渗碳(1 040 ℃),缩短渗碳时间。渗层中不出现内氧化,也不存在渗碳层表面的碳质量分数低于内层的问题,并可通过脉冲方式真空渗碳,使盲孔和小孔获得均匀渗碳层。

3. 真空热处理的发展

真空淬火是随着航天技术的发展而迅速发展起来的新技术,它具有无污染、无氧化脱碳、质量高、节约能源、变形小等一系列优点。由于在真空中加热,零件中存在的有害物质、气体等均可除去,提高了性能和使用寿命。如 AISI430 不锈钢螺栓,真空加热比氢气保护下加热强度提高 25%,模具的寿命可提高 40%。真空渗碳温度可达 1 000 ℃,其扩散期只需一般气体渗碳的 1/5,所以整个渗碳时间可以显著缩短,渗层均匀,有效层厚,对于形状复杂、小孔多的工件渗碳效果更为显著,并可节约大量宝贵的能源。另外由于真空热处理加热均匀、升温缓慢,其加工余量减小,变形仅为盐浴加热的 1/5～1/10。

目前我国已广泛推广应用真空热处理工艺,处理的钢种涉及高速工具钢、模具钢、弹簧钢、滚动轴承钢及各种结构钢零件、各种非铁金属及其合金等。20 世纪 70 年代初,我国研制成功大型真空油淬炉以来,真空热处理炉的制造已由仿制发展到适合国情的创新,从品种单一到多样化系列,从简单手动到复杂程控,从数量少到数量多,已具有相当的先进性和可靠性。工具行业正在开发研制加压气淬的真空热处理炉,以适应大截面高速工具钢的真空淬火。

4.9.2 可控气氛热处理

通过向热处理炉内输入一种或几种规定成分的气体,并通过控制炉内气体成分达到渗碳、碳氮共渗、防止氧化脱碳、光亮淬火目的的一种热处理方法,称为可控气氛热处理。

可控气氛热处理的应用有一系列技术、经济优点:能减少和避免钢件在加热过程中氧化和脱碳,节约钢材,提高工件质量;可实现光亮热处理,保证工件尺寸精度;可控制表面碳浓度的渗碳和碳氮共渗,可使已脱碳的工件表面复碳等。可控气氛热处理的可控气氛主要有吸热式气氛、放热式气氛和滴注式气氛。

1. 吸热式气氛

燃料气按一定的比例与空气混合后,通入发生器进行加热,在触媒的作用下,经吸热而制成的气体称为吸热式气氛。吸热式气氛主要用作渗碳气氛和高碳钢的保护气体。

2. 放热式气氛

燃料气按一定比例与空气混合后,靠自身的燃烧反应而制成的气体,由于反应时放出大量的热量,故称为放热式气氛。它是所有制备气体中最便宜的一种,主要用于防止加热时的氧化,如低碳钢的光亮退火、中碳钢小件的光亮淬火等。

3. 滴注式气氛

用液体有机化合物滴入热处理炉内所得到的气氛称为滴注式气氛。它主要用于渗碳、碳氮共渗、保护气氛淬火和退火等。

4.9.3 激光热处理

1. 激光热处理的原理

激光是用相同频率的光诱发而产生的。由于激光具有高亮度、高方向性和高单色性等很有价值的特殊性能,一经问世就引起了各方面的重视。激光加热表面淬火就是用激光束照射工件表面,工件表面吸收其红外线而迅速达到极高的温度,超过钢的相变点,随着激光束离开,工件表面的热量迅速向心部传递而造成极大的冷却速度,靠自激冷却而使表面淬火。表面淬火常用 CO_2 激光器,用 CO_2 气体作激活气体,激发出 $10.6~\mu m$ 的红外光。CO_2 激光器功率大,已有 $2\sim20~kW$ 功率的 CO_2 激光器,电光转换率高,可达 $15\%\sim20\%$,而且在传送远距离、光束细以及可以聚集很小一点的能力上,和低功率激光束相似。激光加热利用激光的高亮度、高功率密度(CO_2 激光器可达 $10^3\sim10^5~kW/cm^2$)等特性,因而具有加热速度快($104\sim106~K/s$)、加热时间短($10^{-4}\sim10^{-3}~s$)、加热层薄和工件自冷速度快的特点。

由于激光加热速度很快,相变是在很大的过热下进行的,因而形核率高。激光淬火加热温度一般为 $Ac_1+(50\sim200)$ ℃,同时由于加热时间短,碳原子的扩散及晶粒的长大受到抑制,从而得到不均匀的奥氏体细晶粒,冷却后表面得到的是隐晶或细针状马氏体组织。

激光淬火时,如激光的功率密度过低或激光束扫描速度太快,加热时间太短,则表面加热温度不足,冷却后将得不到马氏体组织;反之,激光功率密度过高或扫描速度太慢,工件表面可能发生局部熔化,凝固后表面层会出现铸态柱状晶,甚至产生裂纹,降低机械性能。激光淬火比常规淬火的表面硬度高,比高频淬火高 $15\%\sim20\%$ 以上,例如 45,T12,18Cr2Ni4WA 和 40CrNiMoA 钢,一般淬火后显微硬度分别为 $580~HV_{0.05}$,$825~HV_{0.05}$,$380~HV_{0.05}$ 和 $595~HV_{0.05}$,而激光淬火后最大硬度分别为 $885~HV_{0.05}$,$1~050~HV_{0.05}$,$550~HV_{0.05}$ 和 $890~HV_{0.05}$,激光淬火表面硬度提高的原因是马氏体点阵畸变、特殊碳化物的析出、硬化层晶粒超细化等。

激光淬火的硬化层深度与加热时间的平方根成正比。其硬化层较浅,通常为 $0.3\sim0.5~mm$。用 $4\sim5~kW$ 的大功率激光器,采取措施硬化层深度可达 $3~mm$。当追求淬火深度时,更要严格控制扫描速度和功率密度,以防止工件表面熔化。激光淬火可产生大于400 MPa 的残余压力,这有助于提高疲劳强度。由于激光是快速局部加热,即使处理形状复杂的零件,其淬火变形也非常小,甚至没有变形,因而激光加热淬火的零件一般可直接送到装配线上,但对于厚度小于 $5~mm$ 的零件,这种变形不可忽略。由于激光聚集深度大,在 $75~mm$ 左右的范围内的功率密度基本上相同,因此激光热处理对工件尺寸大小及表面平整度没有严格限制,并且能对形状复杂的零件或对零件的局部进行处理(如盲孔、小孔、小槽、薄壁件等)。此外,激光加热速度快,工件表面清洁,不需要保护介质,激光淬火靠自激冷却,不需要淬火介质,有利于环境保护,操作简单,便于纳入流水线实现自动化生产。

2. 激光热处理的应用

自 20 世纪 60 年代初发明激光以后,激光在热处理领域中得到迅速发展应用。用高能激光束扫射金属零件表面时,被扫射的表面以极快的速度加热,使温度上升到相变点以上,随着激光束离开工件表面,表面的热量迅速向工件本体传递,使表面以极快的速度冷却,从而实现表面淬火。照相机快门上的薄小零件(主动环、推板)要求某一特定微小部位具有高硬度、高耐磨性,现在采用激光进行选择性局部淬火,工艺简单、生产效率极高,45 钢薄小零件淬火硬度值可稳定在 60 HRC 左右,无变形,耐磨性比原来采用火焰淬火提高 1 倍以上。我国在汽车修理行业对发动机缸体普遍采用激光淬火。缸体经过大修后的发动机,平均行驶里程只有 4 万公里,但经激光淬火后,行驶里程可达 20 万公里以上,即提高了 3～5 倍,大大节省了大修费用,也降低了油耗、减少了对环境的污染。还有很多零件也采用激光淬火,如高速钢盘形铣刀、摆臂钻床外柱内滚道、大功率柴油机活塞环、齿轮、制针机专用传输丝杆、蒸汽机车汽缸边瓣等。

3. 激光热处理的特点

(1) 优点

激光热处理的优点有:

① 硬化深度、面积可以精确控制。

② 适应的材料种类较广。

③ 可解决其他热处理方法不能解决的、复杂形状工件的表面淬火。

④ 不需要真空设备。

(2) 缺点

激光热处理的缺点有:

① 电光转换效率低,仅 10% 左右。

② 零件表面需预先黑化处理,以提高光能的吸收率,而黑化处理成本较高。

③ 一次投资较高。

4.9.4　形变热处理

将材料塑性变形与热处理有机地结合起来,即形变强化和相变强化同时发挥作用,以提高材料力学性能的复合热处理工艺,称为形变热处理。它是一种既可以提高强度,又可以改变塑性和韧性的最有效的工艺。

钢的形变热处理强韧化的机理包括三个方面:形变热处理在塑性变形过程中细化了奥氏体晶粒,从而使热处理后的组织为细小马氏体;奥氏体在塑性变形时形成大量的位错,并成为马氏体转变核心,促使马氏体转变量增多并细化,同时又产生了大量新的位错,使位错的强化效果更显著;在形变热处理中高密度位错为碳化物析出的高弥散度提供有利条件,产生碳化物弥散强化作用。

根据形变与相变的相互关系,有相变前形变、相变中形变和相变后形变三种基本类型。现仅介绍相变前形变的高温形变热处理和低温形变热处理。

1. 高温形变热处理

将钢材加热到奥氏体区域后进行塑性变形,然后立即进行淬火和回火的工艺。例如锻热淬火和轧热淬火。此工艺能获得较明显的强韧化效果,与普通淬火相比能提高强度 10%～30%,提高塑性 40%～50%,韧性成倍提高,而且质量稳定,简化工艺,还减少了工件的氧化、脱碳和变形,适用于形状简单的零件或工具的热处理,如连杆、曲轴、模具和刀具等。

2. 低温形变热处理

将工件加热到奥氏体区域后急冷至珠光体与贝氏体形成温度范围内(在 450～600 ℃热浴中冷却),立即对过冷奥氏体进行塑性变形(变形量为 70%～80%),然后再进行淬火和回火的工艺。此工艺与普通淬火比较,在保持塑性、韧性不降低的情况下,可以大幅度地提高钢的强度、疲劳强度和耐磨性,特别是强度可提高 300～1 000 MPa,因此它主要用于要求高强度和高耐磨性的零件和工具,如飞机起落架、高速刀具、模具和重要的弹簧等。

4.10　热处理工艺的应用

每一种热处理方法都有各自的特点,而每一种材料也有着最适宜的热处理方法。实际工作中每种零件的结构、形状、性能要求各不相同,热处理方案的选择及热处理工艺位置的安排都有着较大的影响。

4.10.1　预备热处理工艺位置

预备热处理包括退火、正火、调质等,其工艺位置一般安排在毛坯生产(铸、锻、焊、冲压等)之后、半精加工之前。

1. 退火、正火工艺位置

退火、正火一般用于改善毛坯组织、消除内应力,为最终热处理作准备,其工艺位置一般安排在毛坯生产之后、切削加工之前,具体如下:

毛坯生产(铸、锻、焊、冲压等)→退火或正火→机械加工

另外,还可以在各切削加工之间安排去应力退火,用于消除切削加工的残余应力。

2. 调质工艺位置

调质主要用来提高零件的综合力学性能,或为以后的最终热处理做好组织准备,其工艺位置一般安排在机械粗加工后、精加工或半精加工之前,具体如下:

毛坯生产→退火或正火→机械粗加工→调质→机械半精加工或精加工

4.10.2　最终热处理工艺位置

最终热处理主要包括淬火、回火及化学热处理等,零件经最终热处理之后硬度一般较高,难以切削加工,故其工艺位置应尽量靠后,一般安排在机械半精加工之后、磨削之前。

1. 淬火、回火工艺位置

淬火的作用是充分发挥材料潜力,极大幅度地提高材料硬度和强度。淬火后应及时回火获得稳定回火组织,一般安排在机械半精加工之后、磨削之前,具体如下:

下料→毛坯生产→退火或正火→机械粗加工→调质→机械半精加工→淬火、回火→磨削

另外,整体淬火前一般不进行调质处理,而表面淬火前一般需要进行调质,用以改善工件

心部的力学性能。

2. 渗碳工艺位置

渗碳是最常用的化学热处理方法,当某些部位不需渗碳时,应在设计图样上说明,并采取防渗措施,并且在渗碳后淬火前去掉该部位的渗碳层,零件不需渗碳的部位也应采取防护措施或预留防渗余量。渗碳工艺位置安排为:

下料→毛坯生产→退火或正火→机械粗加工→调质→机械半精加工→

去应力退火→粗磨→渗碳→研磨或精磨

4.10.3 热处理零件的结构工艺性

在热处理生产中,影响零件热处理质量的因素很多,除热处理工艺制定、材料本身缺陷外,在零件设计中,零件形状除需要满足使用要求及加工的可行性与经济性外,还必须考虑零件的热处理结构工艺性。

零件截面尺寸的变化直接影响到淬火后的有效淬硬层深度,影响到淬火应力在零件中的分布,所以零件的几何形状对淬火变形及开裂有着明显的影响,如图 4-43 所示。

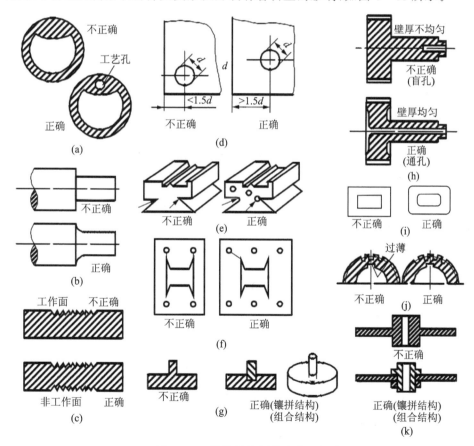

图 4-43 零件结构设计改进示意图

在进行零件结构设计时,应注意以下要求:

① 避免截面厚薄悬殊,必要时要安排工艺孔或工艺槽,使截面厚度均匀;

② 避免尖角或棱角结构,尽量采用圆角结构,以消除尖角效应;

③ 合理采用封闭或对称结构,避免零件中的盲孔而改为通孔;

④ 采用组合结构。

如果在改进零件结构后仍难以满足热处理要求时,则须利用各种其他措施来防止或减小变形、开裂等热处理缺陷,如重新安排工艺路线,改善工件热处理技术条件或冷热加工配合,更换及改变热处理工艺方法等。

本章小结

1. 热处理是将固态金属在一定介质中加热、保温和冷却,以改变其整体或表面组织,从而获得所需性能的一种工艺,是改善金属材料使用性能的重要工艺方法。

2. 热处理加热的目的是使室温组织发生转化,得到部分或者全部的奥氏体组织,保温是使材料得到均匀的奥氏体组织,冷却是使材料按照既定的冷速得到需要的组织,从而得到需要的材料性能。

3. 热处理工艺包括普通热处理、化学热处理、其他热处理工艺。普通热处理工艺包括淬火、退火、正火、回火四种,退火和正火常用于预备热处理,淬火和回火常用在最终热处理。化学热处理主要指渗碳、渗氮、碳氮共渗等,其他热处理主要包括形变热处理、真空热处理、可控气氛热处理等类型,理解热处理工艺的原理,能够根据零件使用条件选择合适的热处理工艺,有着重要的现实意义。

习 题

1. 什么叫热处理?常用热处理方法有哪些?简述热处理在机械制造中的作用。

2. 钢的化学成分对奥氏体晶粒的长大有何影响?

3. 什么是奥氏体等温转变曲线?什么是奥氏体连续冷却转变曲线?

4. 退火和正火的目的是什么?

5. 常用的退火工艺有哪些?

6. 如何选择退火和正火?

7. 常用的淬火介质有哪些?其特点如何?

8. 简述常用的淬火方法。

9. 说明淬透性和淬硬性有何区别和联系。

10. 简述淬火缺陷产生的原因。如何防止淬火变形及裂纹?

11. 回火的目的是什么?回火对淬火钢的硬度有何影响?为什么淬火工件要及时回火?

12. 什么是冷处理?其目的是什么?

13. 表面淬火的种类有哪些?

14. 请简述化学热处理的作用及分类。

15. 气体渗碳的工作原理是什么?

16. 渗氮工件的特点是什么?

17. 请简述真空在热处理中的作用。

18. 激光热处理的特点是什么?

19. 用 T10 钢制造刀具，要求淬硬到 60～64 HRC。生产时误将 45 钢当成 T10 钢，按 T10 钢加热淬火，问能否达到要求？为什么？

20. 指出下列零件正火的主要目的和正火后的组织：

    ① 20 钢齿轮　② 45 钢小轴　③ T12 钢锉刀

21. 某厂用 20 钢制造齿轮，其加工路线为

下料──→锻造──→正火──→粗加工、半精加工──→渗碳──→淬火、低温回火──→磨削

试回答下列问题：

    ① 说明各热处理工序的作用；

    ② 制定最终热处理工艺规范（温度、冷却介质）；

    ③ 最终热处理后表面组织和性能。

第5章 工业用钢

【导学】

工业用钢是指以碳钢为主,含有少量锰、硅、硫、磷等杂质元素,或者有意加入一定量的合金元素的材料。由于碳钢价格低廉,工艺性能好,力学性能能够满足一般工程和机械制造的要求,是工业用钢中主要的金属材料,因此得到了广泛的应用。但是,随着现代工业和科学技术的发展,对钢的力学性能和物理、化学性能提出了更高的要求,需要有目的地向钢中加入某些合金元素,从而发展了合金钢。与碳钢相比,合金钢经过合理的加工处理后,除了能够获得较高的力学性能,有的还具有耐热、耐酸等特殊的物理及化学性能,但由于其价格较高,加工工艺性能较差,某些专用钢只能应用于特定的工作条件,因此需要正确选用各类钢材,合理制定其冷、热加工工艺,以达到提高效能、延长寿命、节约材料、降低成本、产生良好经济效益的目的。

【学习目标】

◆ 掌握非合金钢(碳钢)的分类及常用碳钢的牌号表示方法及应用;
◆ 掌握常见合金元素在钢中的作用、常用合金钢的分类和牌号表示方法;
◆ 了解常用工业用钢的主要性能、用途及常用的热处理方法。

本章重难点

5.1 非合金钢(碳钢)

钢按照化学成分可分为非合金钢(碳钢)、低合金钢、合金钢三类,碳钢是指以铁为主要元素,碳的质量分数小于 2.11%,并含有少量硅、锰、磷、硫等杂质元素的铁碳合金。由于碳钢冶炼简便,加工容易,价格低廉,同时碳钢具有良好的力学性能和工艺性能,因此碳钢是工业中应用最广泛的金属材料,主要用于建筑、交通运输及机械制造工业。

5.1.1 合金元素对碳钢性能的影响

1. 锰(Mn)的影响

锰是炼钢时使用锰铁脱氧而残留在钢中的元素。锰具有较好的脱氧能力,可以使钢中的 FeO 还原为铁;还可以与硫化合成 MnS,减轻硫的有害影响。在室温下,锰能溶于铁素体形成置换固溶体,使铁素体得到强化;锰还能增加珠光体相对量,使组织细化,使钢的强度和硬度得到提高。一般认为锰在钢中是一种有益的元素,碳钢中锰的质量分数一般为 0.25%~1.20%,对钢的性能影响不大。

2. 硅(Si)的影响

硅也是作为脱氧剂加入钢中的。在室温下,硅可溶于铁素体产生固溶强化,提高钢的强度和硬度;硅可以和钢水中的 FeO 生成炉渣,从而改善钢的品质。硅在钢中也是一种有益的元素,碳钢中硅的质量分数一般为 0.17%~0.37%,对钢的性能影响不明显。

3. 硫(S)的影响

硫是在炼钢时从铁矿石或燃料中带入的。硫在钢中与铁生成 FeS,而 FeS 继续与铁形成共晶体(FeS+Fe),其熔点低(985 ℃),当钢材加热到 1 000 ℃～1 200 ℃进行轧制或锻造时,沿晶界分布的共晶体(FeS+Fe)已熔化,多晶粒间的连接已破坏,引起钢材开裂,这种现象称为热脆性。硫质量分数高的钢,因热脆性而难以进行热压力加工,因此硫是钢中的有害杂质,一般钢中硫的质量分数控制在 0.05% 以下。

为了消除硫的有害影响,一般在炼钢时加入锰铁,适当提高钢中的含锰量,使锰与硫化合成高熔点(1 620 ℃)的 MnS,并呈颗粒状分布在晶粒内,而且 MnS 在高温下具有一定塑性,从而避免了热脆现象的产生。在切削加工中,MnS 能起到断屑作用,有时为了改善钢的切削性能,也人为地在钢中加入一些硫,形成较多 MnS。

4. 磷(P)的影响

磷是由铁矿石和生铁等炼钢原料带入的。磷在铁中有较大的溶解度,室温下磷在 α-Fe 中溶解度能达到 1.2%,由于部分磷溶解在铁素体中形成固溶体,部分磷在结晶时形成脆性很大的化合物(Fe_3P),使钢的塑性和韧性急剧下降,尤其是低温下使钢变脆,这种现象称为冷脆性。磷对钢来说是有害元素,一般钢中磷的质量分数应控制在 0.04% 以下。

磷的存在会使钢在焊接时产生裂纹,使焊接性能变差。但适当提高磷的含量,可以改善钢的切削加工性能。另外,加入适量的磷,还可以提高钢在大气中的耐腐蚀性。

5. 非金属夹杂物的影响

在炼钢过程中,少量炉渣、耐火材料及冶炼中的反应产物进入钢液形成,非金属夹杂物主要有氧化物、硫化物、硅酸盐、氮化物等,它们的存在会降低钢的力学性能,特别是降低塑性、韧性及疲劳强度。非金属夹杂物会在热加工时使钢中形成纤维组织与带状组织,产生各向异性。因此,对重要用途的钢要检查非金属夹杂物的数量、形状、大小与分布情况,并按相应的等级标准进行评级检验。

6. 气　体

在冶炼过程中,钢液中会吸收一些氮、氧、氢等气体,对钢的质量产生不良影响。如氢会严重影响钢的力学性能,使钢易于脆断,这种现象称为氢脆。

5.1.2　碳钢的分类

生产中使用的碳钢品种繁多,为了便于生产、管理、选用和研究,有必要将钢加以分类和统一编号。碳钢的分类方法很多,常用的分类方法如下。

1. 按碳的质量分数分类

根据钢中碳的质量分数,可以分为:

① 低碳钢,$w_C < 0.30\%$;

② 中碳钢,$0.30\% \leqslant w_C \leqslant 0.60\%$;

③ 高碳钢,$w_C > 0.60\%$。

2. 按钢的质量分类

根据钢中所含的有害杂质 S,P 的含量,可以分为:

① 普通碳素钢,$w_S \leqslant 0.050\%$,$w_P \leqslant 0.045\%$;

② 优质碳素钢,$w_S \leqslant 0.040\%$,$w_P \leqslant 0.040\%$;

③ 高级优质碳素钢,$w_S \leqslant 0.03\%$,$w_P \leqslant 0.035\%$。

3. 按钢的用途分类

根据钢的用途不同,可以分为:

① 碳素结构钢,主要用于制造各种机械零件(如齿轮、轴、螺钉、螺母、曲轴、连杆等)和工程构件(如建筑、桥梁、船舶等),这类钢一般属于低碳钢和中碳钢。

② 碳素工具钢,主要用于制造各种刃具、量具和模具等,一般属于高碳钢。

此外,按冶炼方法不同分为平炉钢、转炉钢和电炉钢;按冶炼时脱氧程度不同又可分为沸腾钢(脱氧不完全)、镇静钢(脱氧完全)、半镇静钢(脱氧程度介于沸腾钢和镇静钢之间)和特殊镇静钢(脱氧较完全)。

5.1.3 碳钢的牌号、性能与用途

我国现行的碳钢牌号命名是以钢的质量和用途为基础进行的,一般分为普通碳素结构钢、优质碳素结构钢、碳素工具钢和铸造碳钢。

1. 普通碳素结构钢

普通碳素结构钢的杂质较多,碳质量分数较低,焊接性能好,塑性、韧性好,冶炼容易,价格低,产量大。在性能上能满足桥梁、建筑等工程构件和一些受力不大的机械零件如螺钉、螺母等的要求,一般在热轧状态下直接使用,很少再进行热处理。

碳素结构钢的牌号由 Q(屈服强度的"屈"汉语拼音首位字母)、屈服强度数值、质量等级符号和脱氧方法符号等四个部分按顺序组成。其中,质量等级有 A,B,C,D 四级,质量依次升高,其中 A 级硫、磷质量分数最高,D 级硫、磷质量分数最低。F 表示沸腾钢,是汉字"沸"字拼音的首位字母;b 表示半镇静钢,是汉字"半"字拼音的首位字母;Z 表示镇静钢,是汉字"镇"字拼音的首位字母;TZ 表示特殊镇静钢,是汉字"特、镇"两字拼音的首位字母。在牌号组成表示方法中,"Z"与"TZ"符号可以省略。

例如,Q235-A·F,该牌号表示屈服强度为 235 MPa 的 A 级沸腾钢。普通碳素结构钢的牌号、化学成分和力学性能见表 5-1。

表 5-1 普通碳素结构钢的牌号、化学成分和力学性能

牌 号	等级	化学成分/%					脱氧方法	力学性能		
		C	Mn	Si	S	P		$R_{eL}(\sigma_s)$/MPa	$R_m(\sigma_b)$/MPa	$A(\delta_5)$/%
				不大于				不小于		不小于
Q195	—	0.06~0.12	0.25~0.50	0.30	0.050	0.045	F、b、Z	195	315~390	33
Q215	A	0.09~0.15	0.25~0.55	0.30	0.050	0.045	F、b、Z	215	335~410	31
	B				0.045					
Q235	A	0.14~0.22	0.30~0.65	0.30	0.050	0.045	F、b、Z	235	375~460	26
	B	0.12~0.20	0.30~0.70		0.045					
	C	≤0.18	0.35~0.80		0.040	0.040	Z			
	D	≤0.17			0.035	0.035	TZ			
Q255	A	0.18~0.28	0.40~0.70	0.30	0.050	0.045	Z	255	410~510	24
	B				0.045					
Q275	—	0.28~0.38	0.50~0.80	0.35	0.050	0.045	Z	275	490~610	20

　　Q195 钢、Q215 钢塑性好,强度较低,焊接性能良好,一般用于桥梁、高压线塔、金属构件、建筑构架等工程结构件,也可用于制造铆钉、铁丝、垫铁、冲压件等载荷较小的零件以及焊接件。

　　Q235 钢具有一定的强度,焊接性能尚可,可用于制作要求不高的金属结构件和重要的焊接结构。

　　Q255 钢、Q275 钢的强度较高,可用于制作轴类、链轮、齿轮、吊钩等强度要求较高的零件。

2. 优质碳素结构钢

　　优质碳素结构钢含硫、磷及非金属夹杂物数量较少,在制造重要机械零件中应用广泛,常在加工过程中应用热处理方法以提高其力学性能。

　　优质碳素结构钢的牌号是用两位数字表示,这两位数字表示平均碳的质量分数的万分数。例如 45 钢,表示钢中平均碳的质量分数为 0.45%。

　　优质碳素结构钢按含锰量的不同,可以分为普通含锰量(w_{Mn}=0.35%～0.8%)和较高含锰量(w_{Mn}=0.70%～1.20%)两组。含锰量较高的一组,应在牌号数字后附加"Mn",如"65Mn"钢则表示平均碳的质量分数 0.65%,锰质量分数为 0.70%～1.20% 的优质碳素结构钢。对有专门用途的专用钢,应在牌号后标出相应的符号。如 20g 钢是平均碳质量分数为 0.20% 的锅炉用碳素结构钢。若为沸腾钢,则在牌号数字后面加符号"F",如 08F、15F 等。含锰量较高的优质碳素结构钢淬透性稍好、强度也较高,但是两组不同含锰量的钢,用途类似。优质碳素结构钢的牌号、化学成分和力学性能见表 5-2。

表 5-2　优质碳素结构钢的牌号、化学成分和力学性能

牌号	化学成分/%			力学性能						
	C	Si	Mn	$R_m(\sigma_b)$	$R_{eL}(\sigma_s)$	$A(\delta_5)$	$Z(\psi)$	A_{KU}	HBS	
				MPa		%		J	未热处理	退火钢
				不小于					不大于	
08F	0.05～0.11	≤0.03	0.25～0.50	295	175	35	60		131	
10F	0.07～0.13	≤0.07	0.25～0.50	315	185	33	55		137	
15F	0.12～0.18	≤0.07	0.25～0.50	355	205	29	55		143	
08	0.05～0.11	0.17～0.37	0.35～0.65	325	195	33	60		131	
10	0.07～0.13	0.17～0.37	0.35～0.65	335	205	31	55		137	
15	0.12～0.18	0.17～0.37	0.35～0.65	375	225	27	55		143	
20	0.17～0.23	0.17～0.37	0.35～0.65	410	245	25	55		156	
25	0.22～0.29	0.17～0.37	0.50～0.80	450	275	23	50	71	170	
30	0.27～0.34	0.17～0.37	0.50～0.80	490	295	21	50	63	179	
35	0.32～0.39	0.17～0.37	0.50～0.80	530	315	20	45	55	197	
40	0.37～0.44	0.17～0.37	0.50～0.80	570	335	19	45	47	217	187
45	0.42～0.50	0.17～0.37	0.50～0.80	600	355	16	40	39	229	197
50	0.47～0.55	0.17～0.37	0.50～0.80	630	375	14	40	31	241	207

牌 号	化学成分/%			力学性能						
	C	Si	Mn	$R_m(\sigma_b)$	$R_{eL}(\sigma_s)$	$A(\delta_5)$	$Z(\psi)$	A_{KU}	HBS	
				MPa		%		J	未热处理	退火钢
				不小于					不大于	
55	0.52~0.60	0.17~0.37	0.50~0.80	645	380	13	35		255	217
60	0.57~0.65	0.17~0.37	0.50~0.80	675	400	12	35		255	229
65	0.62~0.70	0.17~0.37	0.50~0.80	695	410	10	30		255	229
70	0.67~0.75	0.17~0.37	0.50~0.80	715	420	9	30		269	229
75	0.72~0.80	0.17~0.37	0.50~0.80	1 080	880	7	30		285	241
80	0.77~0.85	0.17~0.37	0.50~0.80	1 080	930	6	30		285	241
85	0.82~0.90	0.17~0.37	0.50~0.80	1 130	980	6	30		302	255
15Mn	0.12~0.18	0.17~0.37	0.70~1.00	410	245	26	55		163	
20Mn	0.17~0.23	0.17~0.37	0.70~1.00	450	275	24	50		197	
25Mn	0.22~0.29	0.17~0.37	0.70~1.00	490	295	22	50	71	207	
30Mn	0.27~0.34	0.17~0.37	0.70~1.00	540	315	20	45	63	217	187
35Mn	0.32~0.39	0.17~0.37	0.70~1.00	560	335	18	45	55	229	197
40Mn	0.37~0.44	0.17~0.37	0.70~1.00	590	355	17	45	47	229	207
45Mn	0.42~0.50	0.17~0.37	0.70~1.00	620	375	15	40	39	241	217
50Mn	0.47~0.55	0.17~0.37	0.70~1.00	645	390	13	40	31	256	217
60Mn	0.57~0.65	0.17~0.37	0.70~1.00	695	410	11	35		269	229
65Mn	0.62~0.70	0.17~0.37	0.70~1.00	715	430	9	30		285	229
70Mn	0.67~0.75	0.17~0.37	0.70~1.00	785	450	8	30		285	229

08,08F,10,10F 钢属于低碳钢。钢中碳的质量分数很低,塑性、韧性、冷成形性能和焊接性能良好,一般以冷轧薄板的形式供应,主要用来制造冷冲压零件,如各种容器、汽车外壳零件等。

15~25 号钢也属于低碳钢。塑性好,具有良好冷冲压性能和焊接性能,可以制作各种冷冲压件、焊接件。经渗碳后,可以提高零件的表面硬度和耐磨性,而心部仍具有一定的强度和较高的韧性,可以制造尺寸较小、对心部强度要求不高的渗碳零件,如齿轮、链轮、活塞销等。

30~55 号钢属于中碳钢。这类钢经过调质后,既具有较高强度,又具有较好的塑性和韧性,综合力学性能良好。主要用于制造齿轮、轴类、连杆等零件,如机床主轴、机床齿轮、汽车和拖拉机的曲轴等。其中 45 钢是应用最为广泛的中碳结构钢。

60~85 号钢属于高碳钢。这类钢经淬火+中温回火后,具有较高的弹性极限和屈服强度,主要用于制造各类弹簧,如各种螺旋弹簧、板簧、弹簧垫圈等弹性元件。

含锰量较高的优质碳素结构钢,用途和相同牌号的钢类似,其淬透性稍好、强度也较高,可制作截面稍大或力学性能要求稍高的零件。

3. 碳素工具钢

碳素工具钢碳质量分数均在 0.70％以上,都是高碳钢,是用于制造模具、刃具和量具的优质或高级优质钢。

碳素工具钢的牌号是在汉字"碳"或其汉语拼音首位字母"T"的后面加数字表示,数字表示钢中平均碳的质量分数的千分数。若为高级优质碳素工具钢,则在牌号后加字母"A"或汉字"高"。例如 T8 表示钢中平均碳的质量分数为 0.80％的碳素工具钢,T13A 表示钢中平均碳的质量分数为 1.30％的高级优质碳素工具钢。

碳素工具钢化学成分的特点是碳的质量分数高($w_c = 0.65\% \sim 1.35\%$),对 S,P 杂质限制严格,经热处理(淬火＋低温回火)后具有较高的硬度,随着碳的质量分数的增加,未溶的二次渗碳体量增多,钢的耐磨性提高,而韧性则降低。因此,不同牌号的碳素工具钢适用于不同的工作条件。

碳素工具钢的牌号、化学成分和力学性能见表 5 - 3。

表 5 - 3 碳素工具钢的牌号、化学成分和力学性能

牌　号	化学成分/％					退火状态硬度/HBS	淬火温度/℃及冷却剂	试样淬火硬度/HRC
	C	Mn	Si	S	P			
T7	0.65～0.74	≤0.40				≤187	800～820,水	
T8	0.75～0.84					≤187	780～800,水	
T8Mn	0.80～0.90	0.40～0.60				≤187	780～800,水	
T9	0.85～0.94		≤0.35	≤0.030	≤0.035	≤192	760～780,水	≥62
T10	0.95～1.04					≤197	760～780,水	
T11	1.05～1.14	≤0.40				≤207	760～780,水	
T12	1.15～1.24					≤207	760～780,水	
T13	1.25～1.35					≤217	760～780,水	

T7,T8 钢硬度高、韧性也较好,可用于制作承受振动和冲击载荷的工具,如木工工具、气动工具、凿子、锤子、冲头、锻模等。

T9,T10,T11 钢硬度较高、耐磨性较好,同时具有一定的韧性,可用于制作不受剧烈振动、冲击的工具和耐磨零件,如车刀、刨刀、丝锥、板牙、冲模、冲头、手工锯条及形状简单的量具等。

T12,T13 钢硬度高、耐磨性好,但韧性较低,用于制造不受冲击、又要求极高硬度的工具和耐磨零件,如锉刀、刮刀、量规、塞规等。

4. 铸造碳钢

铸造碳钢的碳质量分数为 0.20％～0.60％,牌号组成是由汉字"铸钢"两字拼音的首位字母"ZG"为符号,再连接两组数字,第一组数字代表屈服强度,第二组数字代表抗拉强度,如 ZG310 - 570 表示屈服强度不小于 310 MPa,抗拉强度不小于 570 MPa 的铸造碳钢。铸造碳钢的牌号、化学成分和力学性能见表 5 - 4。

铸造碳钢主要用于制造形状复杂,力学性能要求较高,不能用铸铁来替代的机械零件,不同牌号的铸造碳钢用于不同要求的零件。

ZG200 - 400 钢有良好的塑性、韧性和焊接性,用于制作受力不大、要求韧性好的各种机械零件,如机座、变速箱壳等。

表 5-4　铸造碳钢的牌号、化学成分和力学性能

牌　号	化学成分/%				室温力学性能				
	C	Si	Mn	P、S	$R_{eL}(\sigma_s,\sigma_{0.2})$ /MPa	$R_m(\sigma_b)$ /MPa	$A(\delta)$ /%	$Z(\psi)$ /%	A_{KV}/J $(a_{KV}/(J \cdot cm^{-2}))$
	不大于				不小于				
ZG 200-400	0.20	0.50	0.80	0.04	200	400	25	40	30(60)
ZG 230-450	0.30	0.50	0.90	0.04	230	450	22	32	25(45)
ZG 270-500	0.40	0.50	0.90	0.04	270	500	18	25	22(35)
ZG 310-570	0.50	0.60	0.90	0.04	310	570	15	21	15(30)
ZG 340-640	0.60	0.60	0.90	0.04	340	640	10	18	10(20)

ZG230-450 钢有一定的强度和较好的塑性、韧性,焊接性良好,用于制造受力不大、要求韧性好的各种机械零件,如砧座、外壳、轴承盖、底板、阀体、犁柱等。

ZG270-500 钢有较高的强度和较好的塑性,铸造性良好,焊接性尚好,切削性好,用于制作轧钢机机架、轴承座、连杆、箱体、曲轴、缸体等。

ZG310-570 钢强度和切削性良好,塑性、韧性较低,用于制造载荷较高的零件,如大齿轮、缸体、制动轮、辊子等。

ZG340-640 钢有高的强度、硬度和耐磨性,可切削性中等,焊接性较差,流动性好,裂纹敏感性较大,用于制作齿轮、棘轮等。

5.2　合金元素在钢中的作用

所谓的合金元素,就是为了改善钢的力学性能和工艺性能或获得某些特殊的物理和化学性能,在钢的冶炼过程中加入的一些化学元素。常用的合金元素有:钨、铬、铝、钒、钴、钛、硼、镍、钼、锆、铌、锰、硅及稀土等。根据我国的资源条件,在合金钢中主要使用硅、锰、硼、钨、钼、钒、钛及稀土元素。由于加入的合金元素不同,它们在钢中的作用很复杂,对钢的组织和性能的影响也不同。下面介绍合金元素在钢中的主要作用。

5.2.1　合金元素在钢中的存在形式

1. 合金元素对钢中基本相的影响

大多数的合金元素均可以溶入铁素体中,形成含合金元素的铁素体,即合金铁素体。合金元素溶入 γ-Fe 中则可形成含合金元素的奥氏体,即合金奥氏体。所有合金元素均能不同程度提高铁素体的硬度和强度,其中硅、锰等合金元素的强化效果最显著。

通常与碳的亲和力很弱的合金元素,如镍、硅、铝、钼等,由于不能与碳形成碳化物,所以基本上溶于铁素体,形成合金铁素体。溶于铁素体的合金元素造成固溶强化,使钢的强度与硬度提高,但是塑性和韧性则呈下降趋势。各种合金元素对铁素体的强化效果不同。如图 5-1(a)所示,磷、锰、硅能明显提高铁素体的硬度,而铬、钼、钨则较弱。合金元素对铁素体韧性的影响

与它们的含量有关,当合金元素的质量分数超过一定数值时,塑性和韧性将下降,甚至明显下降。如图 5-1(b)所示,硅、锰明显降低铁素体的塑性和韧性,但少量的铬、锰、镍在适当范围内可使铁素体的塑性和韧性有所提高。

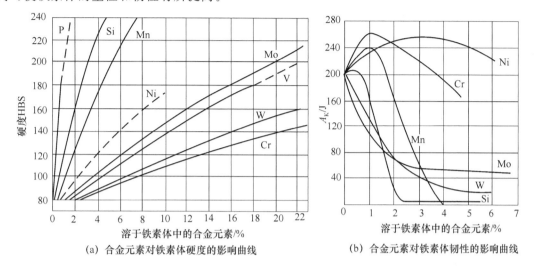

(a) 合金元素对铁素体硬度的影响曲线　　　　(b) 合金元素对铁素体韧性的影响曲线

图 5-1　合金元素对铁素体力学性能的影响

2. 合金元素与碳的作用形成碳化物

形成碳化物的合金元素在元素周期表中都是位于铁元素左边的过渡族金属元素,根据合金元素与碳的亲和力的强弱不同,一般认为钒、铌、锆、钛为强碳化物形成元素,锰为弱碳化物形成元素,铬、钼、钨为中强碳化物形成元素。根据合金元素与碳的亲和力不同,它们在钢中形成两种碳化物。

(1) 合金渗碳体

由锰、铬、钼、钨等弱或中强碳化物形成元素置换渗碳体中的铁原子所形成的化合物称为合金渗碳体。它具有渗碳体的复杂晶格,铁与合金元素的比例可变,但铁与合金的总和与碳的比例是固定不变的。锰是弱碳合物形成元素,它在钢中一般是溶入渗碳体形成合金渗碳体,如 $(Fe,Mn)_3C$;铬、钼、钨在钢中含量不多,一般也倾向于形成合金渗碳体,如 $(Fe,Cr)_3C$,$(Fe,W)_3C$ 等。合金渗碳体与渗碳体相比,硬度相对高,结构相对稳定,是一般低合金钢中碳化物的主要存在形式。

(2) 特殊碳化物

中强或强碳化物形成元素如钒、铌、钛可与碳形成特殊碳化物,它有两种类型,一种是具有简单晶格的间隙相碳化物如 WC,Mo_2C,VC,TiC 等;另一种是具有复杂晶格的碳化物,如 $Cr_{23}C_6$,Fe_3W_3C 等。

特殊碳化物尤其是间隙相碳化物比合金渗碳体具有更高的熔点、硬度和耐磨性,而且结构更稳定、不易分解。当然,合金元素在钢中的存在形式与钢中合金元素的种类与碳的质量分数以及热处理条件等有关,在平衡状态下,强碳化物形成元素倾向于形成特殊碳化物,在碳不足情况下才溶入铁素体形成合金铁素体。

5.2.2　合金元素对 C 曲线的影响

合金元素对 C 曲线的影响,也就是合金元素对过冷奥氏体转变的影响,主要表现在对奥氏体等温转变图的位置、形状和 M_s 点的影响。

研究表明,绝大多数合金元素溶入奥氏体后,会降低原子的扩散速度,增加过冷奥氏体的稳定性,使 C 曲线右移,如图 5 - 2(a)所示。

值得注意的是,当合金元素未能完全溶入奥氏体中,而是以碳化物形式存在时,则碳化物在奥氏体转变过程中起到外来杂质的作用,促进奥氏体晶核的形成,这样使过冷奥氏体稳定性下降,C 曲线左移。

碳化物形成元素含量较多时,还会使钢的 C 曲线形状发生变化,甚至出现两组 C 曲线。如钛、钒、铌等元素强烈推迟珠光体转变,而对贝氏体转变影响较小,同时会升高珠光体最大转变速度的温度和降低贝氏体最大转变速度的温度,并使 C 曲线分离。此外,随合金元素种类的不同,C 曲线还会呈现出其他形状,如图 5 - 2(b)所示。

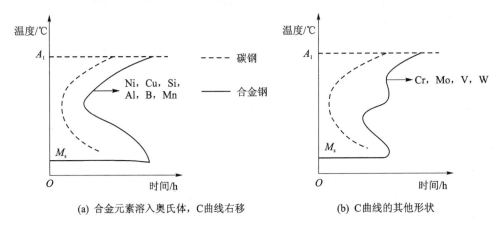

(a) 合金元素溶入奥氏体,C曲线右移   (b) C曲线的其他形状

图 5 - 2   合金元素对 C 曲线的影响

5.2.3   合金元素对铁碳合金相图的影响

钢中加入合金元素后,由于合金元素与铁和碳的作用,铁碳合金相图将会发生变化。

1. 对奥氏体相区的影响

合金元素铬、钼、钛、硅、钨、钒、铝等加入钢中,可使奥氏体单相区缩小。如图 5 - 3 所示,随着钢中铬的质量分数增加,奥氏体相区逐渐缩小,当铬的质量分数足够大时,钢中已没有了奥氏体相与铁素体相的转变,室温下钢呈单相铁素体组织,这种钢称为"铁素体钢"。

合金元素锰、镍、铜等可使奥氏体相区扩大。如图 5 - 4 所示,随着锰的质量分数增加,奥氏体相区逐渐扩大,当锰的质量分数足够大时,奥氏体相区持续扩大,甚至扩大到室温,钢在室温下只有单相奥氏体组织,这种钢称为"奥氏体钢"。

单相铁素体钢和单相奥氏体钢具有优良的抗腐蚀、耐热等性能,是不锈钢、耐蚀钢和耐热钢等钢中的常用组织。

2. 对 S 点和 E 点的影响

由合金元素对奥氏体相区的影响可知,大多数合金元素都使 S、E 点向左移动,其结果是使 S 点,E 点的碳的质量分数降低。由于 S 的降低,造成了碳质量分数相同的非合金钢、低合金钢及合金钢,在室温下具有不同的组织和性能。例如,碳的质量分数为 0.4% 的非合金钢属于亚共析钢,在室温下具有铁素体和珠光体近似各半的平衡组织,当钢中加入合金元素后,由

于 S 点的左移,造成共析成分碳质量分数小于 0.77%,所以,同样是碳的质量分数为 0.4% 的低合金钢与合金钢,其平衡组织中的珠光体相对量增多,强度提高。又如,当钢中加入铬的量达到 13% 时,因 S 点左移,共析成分降到碳的质量分数小于 0.4%,此时 4Cr13 不锈钢已属于过共析钢。同样,由于 E 点的左移,造成了共晶成分的碳的质量分数降低,使某些合金元素含量较高的高合金钢在碳的质量分数远低于 2.11% 时,其铸态组织中也会出现共晶莱氏体,如高速工具钢。

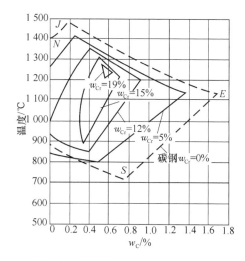

图 5-3　铬对 Fe-Fe₃C 相图的影响

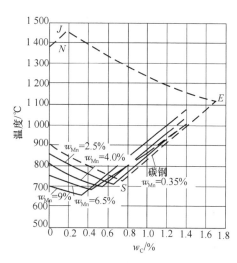

图 5-4　锰对 Fe-Fe₃C 相图的影响

3. 对相变点的影响

随着 S 和 E 点的左移,钢的相变点也会发生变化。向钢中加入铬元素可使相图中 ES,GS 和 PSK 线向上移动,使钢的相变点 A_1,A_3 和 A_{cm} 升高,钢中铬的质量分数越高,相变点 A_1,A_3 和 A_{cm} 的温度越高;随着钢中锰的质量分数的增加,GS 线向左下方移动,使相变点 A_{cm} 的温度升高,A_1 和 A_3 的温度降低。相变点的变化必然影响热处理时加热温度的确定。

5.2.4　合金元素对钢热处理的影响

1. 合金元素对奥氏体化的影响

合金钢的奥氏体形成过程基本上与碳钢相同,但由于合金元素的加入改变了碳在钢中的扩散速度,从而影响奥氏体的形成速度以及所获得的奥氏体晶粒的大小。

（1）合金元素对奥氏体转变速度的影响

非碳化物形成元素钴和镍能提高碳在奥氏体中的扩散速度,从而增大奥氏体的形成速度;碳化物形成元素铬、钼、钨、钒等与碳有较强的亲和力,显著减慢了碳在奥氏体中的扩散速度,使奥氏体的形成速度大大降低;其他元素如硅、铝对碳在奥氏体中的扩散速度影响不大,对奥氏体的形成速度几乎没有影响。

由强碳化物形成元素所形成的碳化物 TiC,VC 等,只有在高温下才开始溶解,使奥氏体成分较难达到均匀化,一般采取提高淬火加热温度或延长保温时间的方法来加速奥氏体化,提高钢的淬透性。

（2）合金元素对奥氏体晶粒大小的影响

含有铝、铌、钒等合金元素的钢,由于其形成的特殊碳化物难溶且弥散分布在奥氏体晶界上,加热时对奥氏体晶粒的长大起阻碍作用,可以显著细化晶粒。同时这些碳化物还可以使钢不易过热(钒的作用可以保持到 1 150 ℃,钛、铌的作用可保持到 1 200 ℃),使奥氏体保持细小的晶粒状态,有利于淬火后获得马氏体组织。而磷、锰会造成奥氏体晶粒的粗大化,所以在加热时应特别注意。

2. 合金元素对钢冷却转变的影响

（1）合金元素对奥氏体分解转变的影响

除钴外,所有的合金元素溶入奥氏体后,使铁、碳原子扩散困难,过冷奥氏体稳定性增加,使 C 曲线右移,降低了钢的临界冷却速度,增大了钢的淬透性。合金钢的淬透性比碳钢的好,在淬火时就可以用冷却能力较弱的淬火介质(如油等),以减小变形与开裂的倾向。特别是大截面的工件,淬火后可得到较大的淬硬深度,承载能力明显提高。

（2）合金元素对马氏体转变的影响

除钴和铝外,大多数合金元素总是在不同程度上降低马氏体的转变温度,并增加残余奥氏体量,这就降低了钢淬火后的硬度。虽然用冷处理或多次回火可减少残余奥氏体,但是热处理过程会变得复杂。不同合金对马氏体转变开始线和残余奥氏体量的影响如图 5-5 和图 5-6 所示。

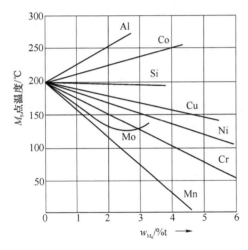 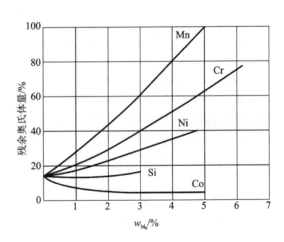

图 5-5 合金元素对马氏体开始转变温度的影响　　图 5-6 合金元素对残余奥氏体量的影响

3. 合金元素对钢回火转变的影响

合金元素能使淬火钢在回火过程中的组织分解和转变速度减慢,增加回火抗力,提高回火稳定性,从而使钢的硬度随回火温度的升高而下降的程度减弱。

（1）提高回火稳定性

回火稳定性是指淬火钢在回火时抵抗软化的能力。合金元素可使回火的四个阶段的转变速度大大减慢,转变温度显著提高,硬度强度降低的倾向减小,从而提高钢的回火稳定性。原因是:合金元素和碳形成碳化物,尤其是强碳化物形成元素会减缓碳的扩散,推迟马氏体分解过程;非碳化物形成元素 Si 能抑制碳化物质点的长大,并延缓二碳化物向 Fe_3C 的转变,因而提高了马氏体分解的温度。

回火稳定性对于许多钢的性能影响很大,如相同含碳量的碳钢和合金钢,在同一温度下回火,合金钢能使钢的强度、硬度提高;或者说在相同碳含量的条件下,达到同一硬度和强度时,合金钢的回火温度高,保温时间长,这对消除残余应力、提高韧性、稳定组织是非常有利的。

(2)产生二次硬化

在碳化物形成元素含量较高的高合金钢中,淬火后残余奥氏体十分稳定,甚至加热到500~650 ℃仍不分解,而是在冷却过程中部分地转变为马氏体或贝氏体,使钢的硬度反而增加,这种现象称为"二次硬化"。原因是钛、钒、钼、钨等在500~650 ℃范围内回火时,将沉淀析出某些元素的特殊碳化物,此时钢的硬度不但不降低,反而再次提高,这就是所谓沉淀型的"二次硬化"现象。由图5-7可以看出,当含碳量为0.35%,含Mo量大于2%时,钢在500~650 ℃回火时会产生二次硬化现象。因此,二次硬化现象对于高合金工具钢十分重要,通过500~650 ℃回火可使其硬度比淬火态的硬度高5 HRC以上。如果回火温度继续升高,特殊碳化物将发生聚集长大,温度越高,聚集越快,这时钢的硬度又开始下降。

(3)引起回火脆性

合金元素对淬火后力学性能的不利影响是回火脆性,如图5-8所示。

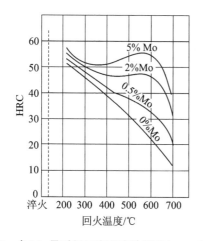

图5-7 含Mo量对钢回火硬度的影响($w_C=0.35\%$)

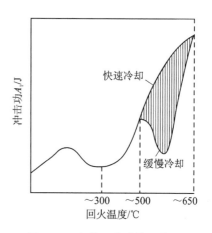

图5-8 钢的回火脆性示意图

① 第一类回火脆性(250~350 ℃)。其又称低温回火脆性,一般是在250~350 ℃范围内回火时出现,它使钢的韧性显著降低。有些合金结构钢,如含铬、锰的合金结构钢,在250~350 ℃范围内回火后出现第一类回火脆性,这种回火脆性产生以后无法消除,因此又称为不可逆回火脆性。对于中、低碳钢在250~350 ℃回火,沿条状马氏体条的晶界析出碳化物薄片可能是引起低温回火脆性的重要原因;硫、磷、砷、锑、锡等杂质元素及氢、氮促进钢的第一类回火脆性的发展;硅锰钢360 ℃回火脆性的出现是与磷沿原奥氏体晶界的偏析有关。

为了避免第一类回火脆性,一般不在脆化温度范围内回火。为保证所要求的力学性能必须在脆化温度回火时,可采取等温淬火的方法。另外可选用加入能使脆性区向高温方向移动的硅等合金元素的钢,以便在较低温度回火后,保证在获得高强度的同时,具有高的韧性。试验表明,在硅锰钢中加入约0.3%的铂,360 ℃回火可使脆性减轻甚至完全被抑制。

② 第二类回火脆性(500~600 ℃)。其又称高温回火脆性。第二类回火脆性主要在合金结构钢(如含铬、镍、锰、硅的调质钢)中出现。试验表明,第二类回火脆性与钢中镍、铬以及杂

质元素锑、磷、锡等向原奥氏体晶界偏聚有关,偏聚程度越大,回火脆性越严重。如锰钢、铬钢的第二类回火脆性明显地随杂质元素含量的增加而增大。若将已经发生第二类回火脆性的钢重新回火加热至 600 ℃ 以上,使偏聚元素充分溶解并随即快冷,即可消除回火脆性,因此第二类回火脆性又称为可逆回火脆性。

防止第二类回火脆性的关键在于消除杂质元素向晶界的偏聚。方法有:提高钢的纯度,减少钢中杂质元素含量;加入适量的钼和钨于钢中,消除或延缓杂质元素向晶界偏聚;二次淬火,改善杂质元素分布情况;回火后快冷,抑制杂质元素向晶界偏聚。

5.3 合金钢的分类及牌号

5.3.1 合金钢的分类

1. 按合金元素含量分类

① 低合金钢:合金元素的含量在 5% 以下的合金钢。

② 中合金钢:合金元素的总含量在 5%～10% 的合金钢。

③ 高合金钢:合金元素的总含量在 10% 以上的合金钢。

2. 按使用特性分类

① 合金结构钢:用于制造工程结构件及机械零件的钢,主要包括普通低合金高强度结构钢(如桥梁用钢、船舶用钢、车辆用钢等)和机器用钢(如渗碳钢、调质钢、弹簧钢、轴承钢、易切钢等)。

② 合金工具钢:用于制造各种量具、刀具和模具的钢,主要包括刃具钢、模具钢和量具钢等。

③ 特殊性能钢:具有特殊的物理特性或化学特性的钢,主要包括不锈钢、耐热钢和耐磨钢等。

3. 按质量等级分类

① 优质合金钢:在生产过程中需要特别控制质量和性能,但其生产控制和质量要求不如特殊质量合金钢严格的合金钢。

② 特殊质量合金钢:在生产过程中需要特别严格控制质量和性能的合金钢。除优质合金钢以外的所有其他合金钢都称为特殊质量合金钢。

5.3.2 合金钢的牌号

1. 低合金高强度结构钢的牌号

低合金高强度结构钢的牌号由“屈”字的汉语拼音字母 Q、屈服强度数值、质量等级符号(A,B,C,D)及脱氧方法符号(F,b,Z,TZ)四部分按顺序组成。如 Q390A 代表屈服强度数值是 390 MPa,A 级质量的低合金高强度结构钢。Z,TZ 在牌号表示中可省略。

2. 合金结构钢的牌号

合金结构钢的牌号采用“两位数字＋合金元素符号(或汉字)＋数字”表示,前面两位数字表示合金结构钢的平均碳质量分数的万分数;元素符号(或汉字)表示合金结构钢中含有的主要合金元素;后面的数字表示该合金元素的百分数,合金元素含量小于 1.5% 时不标出,平均含量在 1.5%～2.5%,2.5%～3.5%…时,则应以 2,3…标出。

例如 60Si2Mn,60 表示合金结构钢平均碳质量分数为万分之六十,即 0.6%,平均硅质量分数为 2%,合金元素锰的质量分数小于 1.5% 的合金结构钢。

合金结构钢牌号中也有特例。滚动轴承钢,为表明其用途,在牌号前冠以汉语拼音字母 "G"或"滚"字,数字表示平均铬质量分数,以千分数为单位,碳质量分数不标出。例如, "GCr15"表示平均铬质量分数为 1.5% 的滚动轴承钢。

3. 合金工具钢的牌号

合金工具钢的牌号分两种情况,当合金工具钢的碳质量分数小于 1.0% 时,牌号用"一位数字+元素符号(或汉字)+数字"表示。一位数字表示平均碳质量分数的千分数。

当碳质量分数不小于 1.0% 时,则不予标出,牌号的其余部分表示方法与合金结构钢相同。

例如 9SiCr,9 表示合金工具钢平均含碳的质量分数为 0.9%,主要合金元素为硅、铬,含量均小于 1.5%。

Cr12MoV 是合金工具钢,表示平均含碳的质量分数不小于 1.0%,主要合金元素铬的平均质量分数为 12%,钼和钒的质量分数均小于 1.5%。

合金工具钢牌号中也有特例。如高速钢 W18Cr4V,它没有标出碳质量分数,只写出所含合金元素符号及其含量,其 C 含量 0.7%~0.8%,W 含量 17.5%~19.0%,Cr 含量 3.8%~4.40%,V 含量 1.0%~1.40%。

4. 特殊性能钢的牌号

特殊性能钢的牌号表示方法基本与合金工具钢牌号表示方法相同。如不锈钢 4Cr13 表示平均碳质量分数为 0.40%,平均铬质量分数为 13%。当碳质量分数为 0.03%~0.10% 时,碳质量分数用"0"表示,如 0Cr18Ni9 钢的平均碳质量分数为 0.03%~0.10%;当碳质量分数小于或等于 0.03% 时,用"00"表示,如 00Cr30Mo2 钢的平均碳质量分数小于 0.03%。

5.4　合金结构钢

合金结构钢是合金钢中应用最广泛的钢材之一,它是在碳素结构钢的基础上,适当加入一种或几种合金元素而制成的。根据用途的不同,合金结构钢可分为工程结构钢与机械结构钢两大类。工程结构钢又称为低合金结构钢,按性能及使用特性又可分为低合金高强度结构钢、易切削结构钢及低合金耐候钢等。机械结构钢根据用途及热处理特点分为合金渗碳钢、合金调质钢、合金弹簧钢、滚动轴承钢等。

5.4.1　低合金结构钢

低合金结构钢是指钢中合金元素的总质量分数不超过 5% 的合金结构钢,常用的有低合金高强度结构钢、易切削钢和低合金耐候钢等。

1. 低合金结构钢的分类

(1) 按主要质量等级分类

① 普通质量低合金结构钢(硫、磷质量分数均低于 0.045%):指不规定生产过程中需要特别控制质量要求的、一般用途的低合金,主要包括一般用途低合金结构钢 、低合金钢筋钢、铁道用一般低合金钢等。

② 优质低合金结构钢(硫、磷质量分数均低于 0.035%):主要包括可焊接的低合金高强度结构钢、锅炉的压力容器用低合金钢、造船用低合金钢、汽车用低合金钢、易切削结构钢、桥梁

用低合金钢、低合金高耐候性钢、铁道用低合金钢等。

③特殊质量低合金结构钢(硫、磷质量分数均低于 0.025%):主要包括低温用低合金钢、铁道用特殊低合金钢、核能用低合金钢、舰船与兵器等专用特殊低合金钢等。

(2)按主要性能和使用特性分类

低合金结构钢按主要性能和使用特性分类可分为焊接的低合金高强度结构钢、低合金耐候钢、铁道用低合金钢、矿用低合金钢、低合金钢筋钢、易切削钢和其他低合金钢等。

2. 常用低合金结构钢

(1)低合金高强度结构钢

1)化学成分

低合金高强度结构钢是在碳素结构钢的基础上加少量合金元素而制成的钢,由于其硫、磷元素的质量分数较高,所以属于普通质量钢。钢中碳的质量分数低于 0.20%,碳的质量分数低是为了获得好的塑性、焊接性和冷变形能力。常加入的合金元素有锰、硅、钛、铌、钒等,其总的质量分数低于 3%。合金元素钛、铌、钒等在钢中能形成极细小的碳化物,起到细化晶粒和弥散强化作用,从而提高了钢的强度和韧性;合金元素硅和锰主要溶于铁素体中,起固溶强化作用。此外,合金元素能降低钢的共析碳的质量分数,与相同碳的质量分数的非合金钢相比,低合金高强度结构钢组织中珠光体较多,且晶粒较细小,故也可以提高钢的强度。常用低合金高强度结构钢的牌号和化学成分见表 5-5。

表 5-5　常用低合金高强度结构钢牌号和化学成分

牌号	质量等级	化学成分/%										
		C≤	Mn	Si≤	P≤	S≤	V	Nb	Ti	Al≥	Cr≤	Ni≤
Q295	A	0.16	0.80~1.50	0.55	0.045	0.045	0.02~0.15	0.015~0.060	0.02~0.20	—		
	B	0.16	0.80~1.50	0.55	0.040	0.040	0.02~0.15	0.015~0.060	0.02~0.20	—		
Q345	A	0.20	1.00~1.60	0.55	0.045	0.045	0.02~0.15	0.015~0.060	0.02~0.20			
	B	0.20	1.00~1.60	0.55	0.040	0.040	0.02~0.15	0.015~0.060	0.02~0.20			
	C	0.20	1.00~1.60	0.55	0.035	0.035	0.02~0.15	0.015~0.060	0.02~0.20	0.015		
	D	0.18	1.00~1.60	0.55	0.030	0.030	0.02~0.15	0.015~0.060	0.02~0.20	0.015		
	E	0.18	1.00~1.60	0.55	0.025	0.025	0.02~0.15	0.015~0.060	0.02~0.20	0.015		
Q390	A	0.20	1.00~1.60	0.55	0.045	0.045	0.02~0.20	0.015~0.060	0.02~0.20	—	0.30	0.70
	B	0.20	1.00~1.60	0.55	0.040	0.040	0.02~0.20	0.015~0.060	0.02~0.20	—	0.30	0.70
	C	0.20	1.00~1.60	0.55	0.035	0.035	0.02~0.20	0.015~0.060	0.02~0.20	0.015	0.30	0.70
	D	0.20	1.00~1.60	0.55	0.030	0.030	0.02~0.20	0.015~0.060	0.02~0.20	0.015	0.30	0.70
	E	0.20	1.00~1.60	0.55	0.025	0.025	0.02~0.20	0.015~0.060	0.02~0.20	0.015	0.30	0.70
Q420	A	0.20	1.00~1.70	0.55	0.045	0.045	0.02~0.20	0.015~0.060	0.02~0.20	—	0.40	0.70
	B	0.20	1.00~1.70	0.55	0.040	0.040	0.02~0.20	0.015~0.060	0.02~0.20	—	0.40	0.70
	C	0.20	1.00~1.70	0.55	0.035	0.035	0.02~0.20	0.015~0.060	0.02~0.20	0.015	0.40	0.70
	D	0.20	1.00~1.70	0.55	0.030	0.030	0.02~0.20	0.015~0.060	0.02~0.20	0.015	0.40	0.70
	E	0.20	1.00~1.70	0.55	0.025	0.025	0.02~0.20	0.015~0.060	0.02~0.20	0.015	0.40	0.70
Q460	C	0.20	1.00~1.70	0.55	0.035	0.035	0.02~0.20	0.015~0.060	0.02~0.20	0.015	0.70	0.70
	D	0.20	1.00~1.70	0.55	0.030	0.030	0.02~0.20	0.015~0.060	0.02~0.20	0.015	0.70	0.70
	E	0.20	1.00~1.70	0.55	0.025	0.025	0.02~0.20	0.015~0.060	0.02~0.20	0.015	0.70	0.70

2）性能特点

低合金高强度结构钢的塑性好、韧性好、强度高，并且具有良好的焊接性、冷成形性和较好的耐腐蚀性，韧脆转变温度低，适于冷弯和焊接。在某些情况下，用低合金高强度结构钢代替碳素结构钢，可大大减轻机件或结构件的重量。

低合金高强度结构钢广泛用于桥梁、车辆、船舶、锅炉、高压容器和输油管，以及低温下工作的构件等。最常用的牌号是 Q345 钢。例如我国南京长江大桥采用 Q345 钢比采用碳素结构钢节约钢材 15％以上。常用低合金高强度结构钢的力学性能见表 5-6。

表 5-6　常用低合金高强度结构钢的力学性能

牌号	质量等级	屈服强度 $R_{eL}(\sigma_s)$/MPa				抗拉强度 $R_m(\sigma_b)$/MPa	伸长率 $A(\delta_5)$/%	冲击吸收功 A_{KV}（纵向）/J			
		厚度（直径、边长）/mm						+20 ℃	0 ℃	-20 ℃	-40 ℃
		≤16	>16~35	>35~50	>50~100						
		不小于						不小于			
Q295	A	295	275	255	235	390~570	23				
	B	295	275	255	235	390~570	23	34			
Q345	A	345	325	295	275	470~630	21				
	B	345	325	295	275	470~630	21	34			
	C	345	325	295	275	470~630	22		34		
	D	345	325	295	275	470~630	22			34	
	E	345	325	295	275	470~630	22				27
Q390	A	390	370	350	330	490~650	19				
	B	390	370	350	330	490~650	19	34			
	C	390	370	350	330	490~650	20		34		
	D	390	370	350	330	490~650	20			34	
	E	390	370	350	330	490~650	20				27
Q420	A	420	400	380	360	520~680	18				
	B	420	400	380	360	520~680	18	34			
	C	420	400	380	360	520~680	19		34		
	D	420	400	380	360	520~680	19			34	
	E	420	400	380	360	520~680	19				27
Q460	C	460	460	420	400	550~720	17		34		
	D	460	460	420	400	550~720	17			34	
	E	460	460	420	400	550~720	17				27

3）热处理特点

低合金高强度结构钢一般在热轧后经退火或正火状态下使用，其组织为铁素体和珠光体，在使用时一般不需要进行热处理。

（2）易切削结构钢

1）化学成分

易切削结构钢是指锰、硫、磷等元素的质量分数较高或含有微量的铅、钙的低碳或中碳结构钢，因其切屑时容易脆断而得名。磷固溶于铁素体中，使铁素体强度提高，塑性降低，也可改善切削加工性。硫在钢中以 MnS 夹杂物的形式存在,它割裂了钢基本的连续性,使切屑容易脆断,便于排屑,降低切削抗力。但硫、磷质量分数不能过高,以防产生"热脆"和"冷脆"。

2) 性能特点

易切削结构钢的摩擦力小,可以减轻刀具磨损,延长刀具的使用寿命,降低加工面的表面粗糙度。这是因为易切削钢的 MnS 有润滑作用;钙在钢中以钙铝硅酸盐夹杂物的形式存在,附在刀具上防止刀具磨损,并生成有润滑作用的保护膜;铅在室温下不溶于铁素体中,呈细小的铅粒分布在钢的基体中,当切削温度达到其熔点(327 ℃)以上时,铅质点熔化,起润滑作用。

3) 热处理特点

由于易切削结构钢中含有较多的有害元素(硫、磷等元素),故其锻造性能和焊接性能均较差,但可采用调质、表面淬火或渗碳、淬火等热处理工艺来提高其力学性能。

4) 常用易切削钢的牌号及用途

易切削结构钢主要用于批量生产对力学性能要求不高的紧固件和小零件。常用易切削结构钢的牌号、化学成分、力学性能及用途见表 5-7。

表 5-7 常用易切削结构钢的牌号、化学成分、力学性能及用途

牌号	化学成分/%						力学性能(热轧)				用途举例
	C	Si	Mn	S	P	其他	$R_m(\sigma_b)/$ MPa	$A(\delta_5)$ /%	$Z(\psi)$ /%	HBS	
Y12	0.08 ~ 0.16	0.15 ~ 0.35	0.70 ~ 1.00	0.10 ~ 0.20	0.08 ~ 0.15		390 ~ 540	≥22	≥36	≤170	双头螺柱、螺钉、螺母等一般标准紧固件
Y12Pb	0.08 ~ 0.16	≤0.15	0.70 ~ 1.10	0.15 ~ 0.25	0.05 ~ 0.10	Pb0.15 ~ 0.35	390 ~ 540	≥22	≥36	≤170	同 Y12 钢,但切削加工性提高
Y15	0.10~ 0.18	≤0.15	0.80 ~ 1.20	0.23 ~ 0.33	0.05 ~ 0.10		390 ~ 540	≥22	≥36	≤170	同 Y12 钢,但切削加工性显著提高
Y30	0.27 ~ 0.35	0.15 ~ 0.35	0.70 ~ 1.00	0.08 ~ 0.15	≤0.06		510 ~ 655	≥15	≥25	≤187	强度较高的小件,结构复杂、不易加工的零件,如计算机零件
Y40Mn	0.37 ~ 0.45	0.15 ~ 0.35	1.20 ~ 1.55	0.20 ~ 0.30	≤0.05		590 ~ 735	≥14	≥20	≤207	要求强度、硬度较高的零件,如机床丝杠和自行车等
Y45Ca	0.42 ~ 0.50	0.20 ~ 0.40	0.60 ~ 0.90	0.04 ~ 0.08	≤0.04	Ca0.002 ~ 0.006	600 ~ 745	≥12	≥26	≤241	同 Y40Mn

(3) 低合金耐候钢

1) 化学成分

低合金耐候钢即耐大气腐蚀钢,它是在低碳钢的基础上加入了少量合金元素,例如铜、磷、铬、镍、钼、钛、铌、钒等。

2）性能特点

低合金耐候钢中少量合金元素的作用使钢的表面形成一层致密的保护膜,这层保护膜提高了耐候性能,与非合金钢相比,具有良好的抗大气腐蚀能力。

3）常用低合金耐候钢的牌号及用途

常用低合金耐候钢分为高耐候结构钢和焊接用耐候钢两大类。高耐候结构钢应用于车辆、建筑、塔架等工程结构,焊接用耐候钢应用于桥梁、建筑等。常用焊接用耐候钢的牌号及力学性能见表 5 - 8。

表 5 - 8　常用焊接用耐候钢的牌号及力学性能

牌　号	力学性能			
	钢材厚度 δ/mm	屈服强度 $R_{eL}(\sigma_S)$/MPa	抗拉强度 $R_m(\sigma_b)$/MPa	断后伸长率 $A(\delta_5)$/%
Q235NH	≤16	≥235	360～490	≥25
	>16～40	≥225		≥25
	>40～60	≥215		≥24
	>60	≥215		≥23
Q295NH	≤16	≥295	420～560	≥24
	>16～40	≥285		≥24
	>40～60	≥275		≥23
	>60～100	≥255		≥22
Q355NH	≤16	≥355	490～630	≥22
	>16～40	≥345		≥22
	>40～60	≥335		≥21
	>60～100	≥325		≥20
Q460NH	≤16	≥460	550～710	≥22
	>16～40	≥450		≥22
	>40～60	≥440		≥21
	>60～100	≥430		≥20

5.4.2　合金渗碳钢

合金渗碳钢是指经渗碳后使用的钢。许多机械零件如汽车的变速齿轮、内燃机的凸轮、活塞销等都是在承受冲击载荷和表面强烈摩擦、磨损条件下工作的,这些零件表面要求具有高硬度和耐磨性,心部要有高的韧性和足够的强度。由于非合金渗碳钢的淬透性低,只能在表层获得较高的硬度,而心部得不到强化,只能适用于受力较小的渗碳件。因此,对于截面较大或性能要求高的零件则必须采用合金渗碳钢。

1. 化学成分和性能特点

合金渗碳钢属于表面硬化合金结构钢,它的碳的质量分数低(一般为 0.10%～0.25%),目的是保证钢在渗碳、淬火后,心部获得低碳马氏体,使心部具有足够的塑性和韧性;加入少量钛,钒,钨等碳化物形成元素,以阻止奥氏体晶粒长大,细化晶粒,提高力学性能;加入铬、锰、硅、镍等元素以提高钢的淬透性。

2. 热处理特点

由于合金渗碳钢碳的质量分数低,硬度低,为了改善其毛坯的切削加工性能,应选择正火作为预备热处理,最终热处理为渗碳、淬火+低温回火。渗碳后工件表面碳的质量分数为0.85%~1.0%,淬火+低温回火后组织为回火马氏体、合金碳化物和少量残余奥氏体,硬度可达60~62 HRC。心部如淬透,回火后的组织为低碳回火马氏体,硬度为40~48 HRC;若未淬透,则为托氏体、少量低碳回火马氏体及铁素体的复相组织,硬度为25~40 HRC,韧性大于48 J/cm²。

3. 常用合金渗碳钢的牌号及用途

常用合金渗碳钢的牌号、化学成分及热处理工艺见表5-9,力学性能及用途见表5-10。

表5-9 常用合金渗碳用钢的牌号、化学成分及热处理工艺

类别	钢号	化学成分/%					热处理工艺		
		C	Mn	Si	Cr	其他	第一次淬火温度/℃	第二次淬火温度/℃	回火温度/℃
低淬透性	20Mn2	0.17~0.24	1.40~1.80	0.17~0.37	—	—	850 水/油	—	200 水/空气
	15Cr	0.12~0.18	0.40~0.70	0.17~0.37	0.70~1.00	—	880 水/油	780 水~820 油	200 水/空气
	20Cr	0.18~0.24	0.50~0.80	0.17~0.37	0.70~1.00	—	880 水/油	780 水~820 油	200 水/空气
	20MnV	0.17~0.24	1.30~1.60	0.17~0.37	—	—	880 水/油	—	200 水/空气
中淬透性	20CrMnTi	0.17~0.23	0.80~1.10	0.17~0.37	1.00~1.30	—	880 油	870 油	200 水/空气
	20MnMoB	0.17~0.24	1.50~1.80	0.17~0.37	—	B 0.000 5~0.003 5	880 油	—	200 水/空气
	12CrNi3	0.10~0.17	0.30~0.60	0.17~0.37	0.60~0.90	—	860 油	780 油	200 水/空气
	20CrMnMo	0.17~0.23	0.90~1.20	0.17~0.37	1.10~1.40	—	850 油	—	200 水/空气
	20MnVB	0.17~0.23	1.20~1.60	0.17~0.37	—	B0.000 5~0.003 5	860 油	—	200 水/空气
高淬透性	12Cr2Ni4	0.10~0.16	0.30~0.60	0.17~0.37	1.25~1.65	—	860 油	780 油	200 水/空气
	20Cr2Ni4	0.17~0.23	0.30~0.60	0.17~0.37	1.25~1.75	—	880 油	780 油	200 水/空气
	18Cr2Ni4WA	0.13~0.19	0.30~0.60	0.17~0.37	1.35~1.65	W0.80~1.20	950 空气	850 空气	200 水/空气

按淬透性高低,合金渗碳钢分为以下三类:

① 低淬透性合金渗碳钢。这类钢由于合金元素的含量较少,淬透性较差,主要用于制造受冲击力较小,截面尺寸不大的耐磨零件。常用牌号有 20Cr,20MnV 等。

② 中淬透性合金渗碳钢。这类钢淬透性较好,淬火后心部强度高,可达 1 000~1 200 MPa,常用于制造受冲击并要求有足够韧性和耐磨性的零件。常用牌号有 20CrMnTi 钢、20CrMnMo 钢等。

表 5 - 10　常用合金渗碳钢的力学性能及用途

类别	钢号	力学性能[①]（不小于）					用途举例
		$R_{eL}(\sigma_s)$ /MPa	$R_m(\sigma_b)$ /MPa	$A(\delta_5)/\%$	$Z(\psi)/\%$	A_{KU}/J	
低淬透性	20Mn2	590	785	10	40	47	代替 20Cr
	15Cr	490	375	11	45	55	船舶主机螺钉、活塞销、凸轮、机车小零件及心部韧性高的渗碳零件
	20Cr	540	835	10	40	47	机床齿轮、齿轮轴、蜗杆、活塞销及气门顶杆等
	20MnV	590	735	10	40	55	代替 20Cr
中淬透性	20CrMnTi	853	1 080	10	45	55	工艺性优良，用作汽车、拖拉机的齿轮、凸轮，是 CrNi 钢代用品
	20MnMoB	885	1 080	10	50	55	代替 20Cr,20CrMnTi
	12CrNi3	685	930	11	55	71	大齿轮、轴
	20CrMnMo	885	1 170	10	45	55	代替含镍较高的渗碳钢作大型拖拉机齿轮、活塞销等大截面渗碳件
	20MnVB	885	1 080	10	45	55	代替 20CrMnTi,20CrNi
高淬透性	12Cr2Ni4	835	1 080	10	50	71	大齿轮、轴
	20Cr2Ni4	1 080	1 175	10	45	63	大型渗碳齿轮、轴及飞机发动机齿轮
	18Cr2Ni4WA	835	1 170	10	45	78	同 12Cr2Ni4，用作高级渗碳零件

① 力学性能实验用试样尺寸：非合金钢直径 25 mm，合金钢直径 15 mm。

③ 高淬透性合金渗碳钢。这类钢含有较多的铬、镍等合金元素，淬透性好，甚至在空冷时也可得到马氏体组织，心部强度可达 1 300 MPa 以上，主要用于承受大的外力、要求强韧性和高耐磨性的零件。常用牌号有 20Cr2Ni4，18Cr2Ni4WA 等。

5.4.3　合金调质钢

合金调质钢是指经调质后使用的合金结构钢，故又称调质处理合金结构钢。机械工程中许多重要的零件，如机床主轴、汽车半轴、连杆、齿轮等，都是在交变载荷、冲击载荷等多种外力作用下工作的，既要求有很高的强度和硬度，又要求具有很好的塑性和韧性，也就是要具有良好的综合力学性能，因此一般采用合金调质钢制造。

1. 化学成分和性能特点

合金调质钢的碳的质量分数为 0.25%～0.50%，属于中碳钢。若碳的质量分数过低，钢不易淬硬，导致回火后硬度偏低；若碳的质量分数过高，则会导致钢的韧性变差。因合金元素代替部分碳的强化作用，所以合金调质钢的碳的质量分数可偏低。钢中加入的合金元素有锰、硅、铬、镍、硼、钒、钼、钨等，主要目的是提高淬透性，全部淬透的零件在高温回火后，可获得均匀的综合力学性能。其中锰、铬、镍、硅等元素还能强化铁素体；钼、钨、钒等碳化物形成元素，可细化晶粒，提高回火稳定性；钼、钨等元素能防止第二类回火脆性。

2. 热处理特点

合金调质钢一般采用正火或退火作为预备热处理,其目的是改善合金调质钢的切削加工性能和锻造后的组织,以及消除残余应力。最终热处理一般采用淬火＋高温回火(即调质处理),以获得回火索氏体组织,从而具有良好的综合力学性能。为防止第二类回火脆性,某些调质钢回火后应快冷。如要求零件表面有较高的耐磨性,调质后还要进行表面淬火或氮化处理。合金调质钢有时也可以进行中温回火。

3. 常用合金调质钢

按淬透性高低,合金调质钢分为:

① 低淬透性合金调质钢。合金元素质量分数较小,淬透性较差,但力学性能和工艺性能较好,主要用于制作中等截面的零件。常用的牌号为 40Cr 钢,为节约铬,常用 40MnB 或 42SiMn 来代替 40Cr。

② 中淬透性合金调质钢。合金元素质量分数较多,淬透性较高,主要用来制造承受较大载荷、截面较大的零件。常用牌号为 35CrMo 和 40CrMn 等。

③ 高淬透性合金调质钢。合金元素质量分数比前两类调质钢多,淬透性高,主要用于制造承受重载荷、大截面的重要零件。常用的牌号有 25Cr2Ni4WA ,40CrMnMo,40CrNiMoA 等。

常用合金调质钢的牌号及化学成分见表 5 - 11,热处理工艺、力学性能及用途见表 5 - 12。

表 5 - 11 常用合金调质钢的牌号及化学成分

类别	牌号	化学成分/%								
		C	Si	Mn	Cr	Ni	W	V	Mo	其他
低淬透性	45Mn2	0.42~0.49	0.17~0.37	1.40~1.80	—	—	—	—	—	—
	40Cr	0.37~0.44	0.17~0.37	0.50~0.80	0.80~1.10	—	—	—	—	—
	35SiMn	0.32~0.40	1.10~1.40	1.10~1.40	—	—	—	—	—	—
	42SiMn	0.39~0.40	1.10~1.40	1.10~1.40	—	—	—	—	—	—
	40MnB	0.37~0.44	0.17~0.37	1.10~1.40	—	—	—	—	—	B0.0005~0.0035
	40CrV	0.37~0.44	0.17~0.37	0.50~0.80	0.80~1.10	—	—	0.10~0.20	—	—
中淬透性	40CrMn	0.37~0.45	0.17~0.37	0.90~1.20	0.90~1.20	—	—	—	—	—
	40CrNi	0.37~0.44	0.17~0.37	0.50~0.80	0.45~0.75	1.0~1.40	—	—	—	—
	42CrMo	0.38~0.45	0.17~0.37	0.50~0.80	0.90~1.20	—	—	—	0.15~0.25	—
	30CrMnSi	0.27~0.34	0.90~1.20	0.80~1.10	0.80~1.10	—	—	—	—	—
	35CrMo	0.32~0.40	0.17~0.37	0.40~0.70	0.80~1.20	—	—	—	0.15~0.25	—
	38CrMoAl	0.35~0.42	0.20~0.45	0.30~0.60	1.35~1.60	—	—	—	0.15~0.25	Al0.70~1.10
高淬透性	37CrNi3	0.34~0.41	0.17~0.37	0.30~0.60	1.20~1.60	3.00~3.50	—	—	—	—
	40CrNiMoA	0.37~0.44	0.17~0.37	0.50~0.80	0.60~0.90	1.25~1.65	—	—	0.15~0.25	—
	25Cr2 - Ni4WA	0.21~0.28	0.17~0.37	0.30~0.60	1.35~1.65	4.00~4.50	0.80~1.20	—	—	—
	40CrMnMo	0.37~0.45	0.17~0.37	0.90~1.20	0.90~1.20	—	—	—	0.20~0.30	—

表 5 - 12　常用合金调质钢的热处理工艺、力学性能及用途

类别	牌　号	热处理工艺		力学性能(不大于)[①]					用途举例
		淬火温度 /℃	回火温度 /℃	R_{eL} (σ_s)/MPa	R_m (σ_b)/MPa	$A(\delta)$ /%	$Z(\psi)$ /%	A_{KU}/J	
低淬透性	45Mn2	840 油	550 水/油	735	685	10	45	47	直径 60 mm 以下时,性能与 40Cr 相当,制造蜗杆等
	40Cr	850 油	520 水/油	785	980	9	45	47	重要调质零件,如齿轮、轴、曲轴、连杆螺栓
	35SiMn	900 水	570 水/油	735	885	15	45	47	除要求 −20 ℃ 以下韧性很高外,可代替 40Cr 调质
	42SiMn	880 水	590 水/油	735	885	15	40	47	同 35SiMn,并可作表面淬火零件
	40MnB	850 油	500 水/油	785	980	10	45	47	代替 40Cr
中淬透性	40CrV	880 油	650 水/油	735	885	10	50	71	机车连杆、强力双头螺栓、高压锅炉给水泵轴
	40CrMn	840 油	550 水/油	835	980	9	45	47	代替 40CrNi、42CrMo 作高速高载荷而冲击载荷不大零件
	40CrNi	820 油	500 水/油	785	980	10	45	55	汽车、拖拉机、机床、齿轮、连接机件螺栓等
	42CrMo	850 油	560 水/油	930	1 080	12	45	63	代替含 Ni 较高的调质钢,也用作重要大锻件钢
	30CrMnSi	880 油	520 水/油	885	1 080	10	45	39	高强度钢,高速载荷砂轮轴、联轴器等调质件
	35CrMo	850 油	550 水/油	835	980	12	45	63	代替 40CrNi 制大断面齿轮与轴、汽轮发动机转子、480 ℃ 下工件紧固件
	38CrMoAl	940 水/油	640 水/油	835	980	14	50	71	高级氧化钢,制 >900HV 氧化件,如镗床镗杆、蜗杆、高压阀门
高淬透性	37CrNi3	820 油	500 水/油	980	1 130	10	50	47	高强度、韧性的重要零件,如活塞销、凸轮轴、齿轮、重要螺栓、拉杆
	40CrNiMoA	850 油	600 水/油	835	980	12	55	78	受冲击载荷的高强度零件,如锻压机床的传动偏心轴、压力机曲轴等大断面重要零件
	25Cr2 - Ni4WA	850 油	550 水/油	930	1 080	11	45	71	断面 200 mm 以下、完全淬透的重要零件,也可作高级渗面零件
	40CrMnMo	850 油	600 水/油	785	980	10	45	63	代替 40CrNiMoA

① 力学性能试验用试样毛坯直径尺寸:38CrMoAl 为 30 mm,其余牌号均为 25 mm。

5.4.4　合金弹簧钢

弹簧是利用弹性变形吸收存储能量以缓冲震动和冲击作用的零件。由于弹簧钢具有足够的弹性变形能力,能吸收冲击能量,因此可以有效地缓解机械上的震动和冲击作用,如火车的减震弹簧等。同时,弹簧还可存储能量使其他机件完成某些事先规定的动作,如仪表弹簧、阀门弹簧等。由于弹簧都是在动负荷下使用,在长期交变应力作用下,常见的破坏形式就是疲劳破坏,所以要求合金弹簧钢必须有高的抗拉强度、高的屈强比(R_{eL}/R_m)、高的疲劳强度、较好的淬透性和低的脱碳敏感性。一些特殊弹簧还要求有耐热性、耐腐蚀性或长时间内有稳定性等特殊要求。

1. 化学成分和性能特点

合金弹簧钢的碳质量分数一般为 $0.45\%\sim0.75\%$,以保证有高的弹性极限和疲劳极限。

合金弹簧钢常加入的合金元素有锰、铬、硅、钼、钒等。加入合金元素锰、硅、铬主要是提高钢的淬透性、耐回火性,强化铁素体,使钢经过热处理后有高的弹性和屈强比,但硅含量过高,则增加钢在加热时的脱碳现象,锰含量过高则增加钢的过热倾向和回火脆性,所以对于性能要求较高的弹簧通过加入铬、钒、钼、钨等元素以克服硅、锰带来的不良影响。

2. 热处理特点

根据生产方式的不同,弹簧钢按加工工艺可分为热成型弹簧、冷成型弹簧两种,热成型弹簧用来制作截面尺寸较大的弹簧,冷成型弹簧用来制作截面尺寸较小的弹簧。

(1) 冷成型弹簧的热处理

当弹簧直径或板簧厚度小于 $8\sim10$ mm 时,一般可直接由弹簧钢丝或弹簧钢带在冷态下绕制成型。冷成型弹簧所用的钢丝有索氏体化处理钢丝、油淬回火钢丝和退火状态供应钢丝,其热处理方法如下:

① 索氏体化处理钢丝。这种钢丝在冷拔前进行铅浴索氏体化处理(即在 $500\sim550$ ℃熔融铅浴中进行的等温处理),获得索氏体组织,然后经多次拉拔达到所需直径。这种钢丝具有很高的强度和足够的韧性,经冷成型制成弹簧后,只进行去应力退火,以消除冷拔和冷成型产生的残余应力,使弹簧定型。

② 油淬回火钢丝。这种钢丝在冷拔后,要进行油淬+中温回火处理。将其冷成型制成弹簧后,在 $200\sim300$ ℃进行低温回火处理以消除内应力,此后不再进行淬火回火处理。

③ 退火状态供应的弹簧钢丝。这种钢丝经冷成型制成弹簧后必须进行淬火+中温回火以获得所要求的性能。

(2) 热成型弹簧的热处理

当弹簧钢丝直径或板簧厚度大于 10 mm 时,一般采用热成型法,即将弹簧钢加热到比正常淬火温度高 $50\sim80$ ℃进行热卷成型,然后利用余热直接淬火、中温回火,获得回火托氏体,其硬度为 $40\sim48$ HRC,具有较高的屈服强度和弹性极限以及一定的塑性和韧性。

由于弹簧要求有较高的疲劳强度,所以弹簧热处理后须进行喷丸处理,以消除或减轻表面缺陷的有害影响,使表面产生硬化层,形成残余压应力,提高弹簧的疲劳强度和使用寿命。

3. 常用合金弹簧钢的牌号和用途

常用合金弹簧钢的牌号、化学成分、热处理工艺、力学性能及应用见表 5-13。其中,60Si2Mn 钢的应用最广,它的淬透性高,并且具有较高的弹性极限、屈服强度和疲劳强度,价格便宜,主要用来制造截面尺寸较大的弹簧。50CrVA 钢的力学性能与 60Si2Mn 钢相近,但是淬透性更高,铬溶于铁素体中使钢的弹性极限提高,钒可细化晶粒,降低钢的过热倾向,提高钢的屈服强度、疲劳强度、韧性和回火稳定性,主要用于制造承受重载荷以及工作温度较高的大截面尺寸的弹簧。

表 5-13　常用合金弹簧钢的牌号、化学成分、热处理工艺、力学性能及用途

种类	牌号	化学成分/%				热处理工艺		力学性能(不小于)				用途举例
		C	Si	Mn	Cr	淬火温度/℃	回火温度/℃	$R_{eL}(\sigma_s)$/MPa	$R_m(\sigma_b)$/MPa	$A(\delta)$/%	$Z(\psi)$/%	
碳素弹簧钢	65	0.62~0.70	0.17~0.37	0.50~0.80	—	840 油	500	800	1 000	9	35	一般机器上的弹簧,或拉成钢丝
	85	0.82~0.90	0.17~0.37	0.50~0.80	—	820 油	480	1 000	1 150	6	30	车辆上承受振动的螺旋弹簧
	65Mn	0.62~0.70	0.17~0.37	0.90~1.20	—	830 油	540	800	1 000	8	30	刹车弹簧等
合金弹簧钢	55Si2MnB	0.52~0.60	1.50~2.00	0.60~0.90	—	870 油	480	1 200	1 300	8	30	25~30 mm 减振板簧与螺旋弹簧,工作温度低于 230 ℃
	60Si2Mn	0.56~0.64	1.50~2.00	0.60~0.90	—	870 油	480	1 200	1 300	5	25	同 55Si2MnB 钢
	50CrVA	0.46~0.54	0.17~0.37	0.50~0.80	0.80~1.10	850 油	500	51 150	1 300	10 (δ_5)	40	30~50 mm 承受大应力的各种重要的螺旋弹簧,大截面及工作温度低于 400 ℃ 的气阀弹簧、喷油嘴弹簧等
	60Si2CrVA	0.56~0.64	1.40~1.80	0.40~0.70	0.90~1.20	850 油	410	1 700	1 900	6 (δ_5)	20	线径与板厚＜50 mm 弹簧,工作温度低于 250 ℃ 极重要的和重载荷下工作的板簧与螺旋弹簧
	30W4Cr2VA	0.26~0.34	0.17~0.37	≤0.40	2.00~2.50	1 050~1 100 油	600	1 350	1 500	7 (δ_5)	40	高温下(500 ℃ 以下)的弹簧,如锅炉安全阀用弹簧等

5.4.5　滚动轴承钢

　　滚动轴承钢主要用于制造各种滚动轴承内、外套及滚动体(滚珠、滚柱、滚针),还可以制造某些工具,如冷冲模具、机床丝杠、轧辊、精密量具等。由于滚动轴承工作时承受着极高的交变

载荷,循环受力次数可高达每分钟数万次甚至更高,滚动体与内外套接触面积极小,产生极大的接触应力,可达 3 000～3 500 MPa,而且滚动体与内外套之间不仅存在着滚动摩擦,同时也存在着滑动摩擦,因而要求滚动轴承钢要有高的接触疲劳强度、极高且均匀的硬度和耐磨性、高的弹性极限,其次,还应有一定的韧性与淬透性,在大气和润滑介质中有一定的抗蚀能力。

1. 化学成分和性能特点

常用滚动轴承钢的碳的质量分数为 0.95%～1.15%,铬质量分数为 0.40%～1.65%,属于高碳钢。碳的质量分数高是为了保证钢具有高硬度和高耐磨性;加入的铬元素可以提高钢的淬透性,形成细小的、弥散分布的合金渗碳体,提高钢的强度、硬度和接触疲劳强度,以及耐蚀性。但钢中铬的质量分数不宜过高,以防残余奥氏体量增多,使钢的耐磨性和疲劳强度降低。对于大型轴承可加入硅、锰等元素,以提高强度和弹性极限,进一步改善淬透性。此外,滚动轴承钢对硫、磷元素的质量分数要求较严(均低于 0.03%),以防止降低接触疲劳强度,影响轴承的使用寿命。

滚动轴承钢中应用最广的是 GCr15 轴承钢,主要用于制造中、小型轴承,还可制造冷冲模、精密量具、机床丝杠、喷油嘴等。制造大型和特大型轴承常用 GCr15SiMn 钢。根据我国资源条件,已研制出不含铬的轴承钢,如用 GSiMnV 钢、GSiMn - MoV 钢代替 GCr15 钢。

常用滚动轴承钢的牌号、化学成分、热处理工艺及用途见表 5 - 14。

表 5 - 14 常用滚动轴承钢牌号、成分、热处理工艺及用途

牌　号	化学成分/%							热处理工艺		回火后硬度 HRC	用途举例
	C	Cr	Si	Mn	V	Mo	RE	淬火温度/℃	回火温度/℃		
GCr6	1.05～1.15	0.40～0.70	0.15～0.35	0.20～0.40				800～820	150～170	62～64	直径<10 mm 的滚珠、滚柱和滚针
GCr9	1.00～1.10	0.90～1.20	0.15～0.35	0.25～0.45	—	—	—	810～830 水、油	150～170	62～64	直径<20 mm 的滚珠、滚柱及滚针
GCr9 SiMn	1.00～1.10	0.90～1.20	0.45～0.75	0.95～1.20				810～830 水、油	150～160	62～64	壁厚<12 mm、外径<250 mm 的套圈;直径 25～50 mm 的钢球;直径<22 mm 的滚子
GCr15	0.95～1.05	1.40～1.65	0.15～0.35	0.25～0.45	—	—	—	820～846 油	150～160	62～64	与 GCr9SiMn 同
GCr15Si Mn	0.95～1.05	1.40～1.65	0.45～0.75	0.95～1.25	—	—	—	820～840 油	150～170	62～64	壁厚≥12 mm、外径大于 250 mm 的套圈;直径>50 mm 的钢球;直径>22 mm 的滚子
GMnMo VRE	0.95～1.05	—	0.15～0.40	1.10～1.40	0.15～0.25	0.40～0.60	0.07～0.10	770～810	170±5	≥62	代替 GCr15 用于军工和民用方面的轴承
GSiMo MnV	0.95～1.10	—	0.45～0.65	0.75～1.05	0.20～0.30	0.20～0.40	—	780～820	175～200	≥62	与 GMnMoVRE 相同

2. 热处理特点

（1）预备热处理

预备热处理是球化退火，将钢材加热到 790～800 ℃，在 710～720 ℃保温 3～4 h，而后炉冷。其目的是获得粒状珠光体，使钢锻造后的硬度降低，以利于切削加工，并为零件的最后热处理作组织准备。经退火后钢的组织为球化体和均匀分布的过剩的细粒状碳化物，硬度低于 210 HBS，具有良好的切削加工性。

（2）最终热处理

最终热处理是淬火和低温回火，是决定轴承钢性能的重要热处理工序。处理后得到回火马氏体及弥散分布的细粒状碳化物，回火后硬度为 62～64 HRC。GCr15 钢的淬火温度要求十分严格，如果淬火加热温度过高（≥850 ℃），将会使残余奥氏体量增多，并会因过热而淬得粗片状马氏体，使钢的冲击韧度和疲劳强度急剧降低，如图 5 - 9 所示。淬火后应立即回火，回火温度为 150～160 ℃，保温 2～3 h，经热处理后的金相组织为极细的回火马氏体、分布均匀的细粒状碳化物及少量的残余奥氏体，回火后硬度为 61～65 HRC。

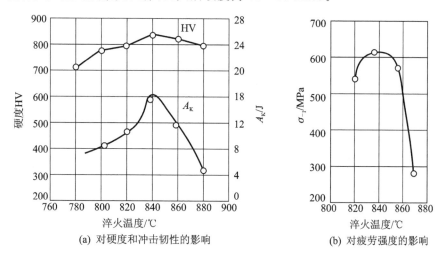

(a) 对硬度和冲击韧性的影响　　(b) 对疲劳强度的影响

图 5 - 9　淬火温度对滚动轴承钢的力学性能的影响

低温回火以后磨削加工，而后进行一次消除磨削应力退火，称为稳定化处理或时效处理。

对精密轴承零件，为保证尺寸的稳定，可在淬火后进行冷处理（-80～-60 ℃），并在磨削后再进行 120～130 ℃保温、5～10 h 的低温时效处理。

5.5　合金工具钢

合金工具钢是指用于制造各种工具的钢，根据用途不同分为合金刃具钢、合金量具钢和合金模具钢三类。合金工具钢与碳素工具钢相比，合金工具钢含有一定量的一种或几种合金元素，所以具有更好的淬透性、耐磨性、热硬性和强韧性、热处理变形小，较碳素工具钢具有更优越的力学性能。由于用途不同，合金工具钢的化学成分与性能也不相同。

5.5.1　合金刃具钢

根据用途合金刃具钢分为低合金刃具钢与高速钢两种，合金刃具钢主要用于制造车刀、铣刀、铰刀、钻头、板牙、丝锥等各种刃具。刃具在工作时,刃部要承受极大的切削力作用,与切屑之间产生强烈的摩擦及磨损使刃部产生高温,同时还要受到冲击与振动,因此,刃具的工作条件对合金刃具钢提出了很高的性能要求。

1. 刃具钢的性能要求

① 高硬度。在切削过程中,刃具的硬度必须大大高于被加工材料的硬度,一般刃具的硬度都在 60 HRC 以上。高硬度主要取决于碳质量分数,所以合金刃具钢的碳质量分数为 0.7%～1.65%。

② 高的耐磨性。耐磨性的高低决定了刃具的使用寿命,高的耐磨性不仅取决于高硬度,还与组织中碳化物的性能、数量、大小及分布有关,在回火马氏体基体上分布着适量的均匀细小的硬碳化物,可获得良好的耐磨性。

③ 高的热硬性。刃具材料在高温下保持高硬度的能力称为热硬性,又称红硬性,是刃具材料必须具备的性能。由于刃具在切削金属时刃部因摩擦而温度升高,有时刃部温度可达 500～600 ℃,在高温的情况下,若刃具硬度下降,则无法继续切削。

热硬性与马氏体的回火稳定性及回火时碳化物的聚集有关,回火稳定性越高,热硬性越好,延缓碳化物聚集的合金元素如钒、钨、钛、铬、钼、硅等都能提高热硬性。

④ 足够的塑性和韧性。刃具在切削过程中常受弯曲、扭转、振动、冲击等复杂载荷作用,所以只有具备足够的塑性和韧性才可以阻止刃具在切削过程中刀具的脆性断裂或崩刀。

2. 低合金刃具钢

低合金刃具钢主要用于制作工作温度在 300 ℃以下,切削量不大但截面尺寸较大、形状复杂的低速切削刃具、冷作模具和量具等,如板牙、丝锥、铰刀及拉刀等低速切削刃具。

(1) 化学成分

低合金刃具钢的碳质量分数在 0.8%～1.5%范围内,高的碳质量分数既可保证高硬度又可形成足够的合金碳化物,提高耐磨性。

低合金刃具钢的常用合金元素有硅、锰、铬、钼、钨、钒等,合金元素总量小于 5%,其中铬、锰、硅等可提高淬透性、回火稳定性及改善热硬性。加入钨、钒等碳化物形成元素可形成 WC,VC 或 V_4C_3 等特殊碳化物,由此可提高热硬性和耐磨性。

(2) 热处理特点

低合金刃具钢的预先热处理是球化退火,最终热处理为淬火后低温回火。

以常用的 9SiCr 钢为例,预先热处理经球化退火后,组织为球状珠光体,硬度在 197～241 HBS 范围内,适合机械加工的技术要求。

以 9SiCr 制造的圆板牙为例,最终热处理是淬火加热过程要在 600～650 ℃保温预热一段时间,以减少高温停留时间,降低板牙的氧化脱碳倾向,加热到 850～870 ℃后,在 180 ℃左右的硝盐浴中进行等温淬火,以减少变形,淬火后在 190～200 ℃进行低温回火,以降低残余应力,其最终硬度为 60～63 HRC 左右,其最终组织为细回火马氏体、合金碳化物和少量残余奥氏体。

(3) 常用低合金刃具钢的牌号及用途

常用低合金刃具钢的牌号、化学成分、热处理及用途见表 5-15。其中应用较广的是 CrWMn 和 9SiCr 钢。CrWMn 钢碳质量分数为 0.90%～1.05%,由于加入了铬、钨、锰等合金元素,使它具有更高的硬度(64～66 HRC)和耐磨性,由于热处理后变形小,故又称微变形钢,主要用于制造较精密的低速刀具。9SiCr 具有高的淬透性和回火稳定性,适于制造变形小的各种薄刃、低速的切削刃具。

表 5 - 15　常用低合金刃具钢的牌号、成分、热处理及用途

牌　号	化学成分/%					热处理					用途举例
	C	Mn	Si	Cr	其他	淬火			回火		
						温度/℃	介质	HRC	温度/℃	HRC	
Cr2	0.95~1.10	≤0.40	≤0.40	1.30~1.65	—	830~860	油	≥62	130~150	62~65	车刀、插刀、铰刀、冷扎辊等
9SiCr	0.85~0.95	0.30~0.60	1.20~1.60	0.95~1.25	—	820~860	油	≥62	180~200	60~62	丝锥、板牙、钻头、铰刀、冷冲模等
CrWMn	0.90~1.05	0.80~1.10	0.15~0.35	0.90~1.20	W1.20~1.60	800~830	油	≥62	140~160	62~65	拉刀、长丝锥、精密丝杠等
8MnSi	0.75~0.85	0.80~1.10	0.30~0.60	—	—	800~820	油	≥60	180~200	58~60	木工工具,如凿子、锯条等
9Mn2V	0.85~0.95	1.70~2.00	≤0.40	—	V 0.10~0.25	780~810	油	≥62	150~200	60~62	小型冷冲模具、丝锥、铰刀等
CrW5	1.25~1.50	≤0.30	≤0.30	0.40~0.70	W 4.50~5.50	800~820	水	≥65	150~160	64~65	低速切削硬金属刃具,如车刀、铣刀、刨刀等

3. 高合金刃具钢

高合金刃具钢简称高速钢或锋钢,由于具有良好的热硬性、高硬度、高耐磨性,在工作温度高达 600 ℃左右时,其硬度无明显下降,所以广泛用于制造高速切削刀具和形状复杂、载荷较大的成型刀具,如车刀、铣刀、拉刀、钻头及刨刀等。高速钢还可用于制造冷挤压模及耐磨零件。

(1) 化学成分

高速钢的碳质量分数为 0.7%~1.65%,高碳一方面保证足够量的碳溶于高温奥氏体中以获得过饱和碳的马氏体,另一方面又能保证与合金元素形成足够数量的碳化物,保证其具有良好的热硬性及高硬度、高耐磨性。

高速钢中常加入的合金元素有钨、铬、钒、钼、钴、铝等,合金元素总量大于 10%。钨是提高热硬性的主要元素,钨与碳形成碳化钨,在退火状态下,钨以 Fe_4W_2C 的形式存在,淬火加热时,一部分 Fe_4W_2C 溶入奥氏体,淬火后存在于马氏体中,可以提高钢的回火稳定性,在 560 ℃的回火过程中,一部分钨以 W_2C 形式弥散沉淀析出,产生“二次硬化”,如图 5 - 10 所示 W18Cr4V 钢回火温度与淬火硬度的关系曲线中,在 560 ℃回火时硬

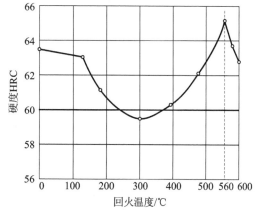

图 5 - 10　W18Cr4V 钢的硬度与回火温度的关系

度最高,甚至超过淬火后的硬度而达到 64～66 HRC,这正是合金碳化物产生二次硬化的结果。同时,加热时未溶的 Fe_4W_2C 能阻止高温下奥氏体晶粒长大。钼的作用与钨类似,1% 的钼可替代 2% 的钨。铬能明显提高淬透性,使高速钢在空冷条件下也能形成马氏体组织。钒是强碳化物形成元素,钒与碳的亲和力比钨、钼都强,所形成的碳化物更稳定,故钒能显著提高钢的硬度、耐磨性和热硬性。

(2) 高速钢的铸态组织与锻造

高速钢因含有大量合金元素,使碳在 $\gamma-Fe$ 中最大溶解度减小,E 点左移,铸态组织中出现莱氏体,所以又称为莱氏体钢。铸造高速钢的莱氏体中共晶碳化物呈粗大的鱼骨状,如图 5-11 所示,由于粗大的鱼骨状共晶碳化物硬而脆,无法经热处理的方法消除,只有经高温轧制或锻压才能将其击碎并重新分布,但其分布仍很不均匀,碳化物往往聚集成带状、网状或大块状,如图 5-12 所示。只有对其毛坯交替地镦粗与拔长,才能使碳化物细化并分布均匀。

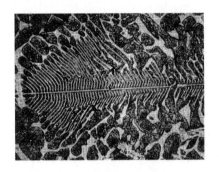

图 5-11　高速钢的铸态组织

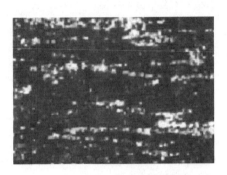

图 5-12　高速工具钢的锻后组织

(3) 高速钢的热处理

1) 锻后退火

高速钢的奥氏体非常稳定,锻后虽缓冷,但硬度仍很高并产生残留内应力,为改善切削加工性及消除残留内应力,并为最终热处理作组织准备,应先进行球化退火处理。球化退火后的组织为索氏体和粒状碳化物,如图 5-13 所示。

退火工艺有普通退火和等温退火两种方法。为了提高工作效率,缩短工艺时间,一般多采用等温退火。

2) 淬火与回火

图 5-13　高速钢的退火组织

由于高速钢中的合金元素含量高,导热性差,淬火温度又很高,所以淬火加热时必须在 800～850 ℃进行预热,待工件内、外温度均匀后再进行热处理。对截面大或形状复杂的工件可进行两次预热(500～600 ℃,800～850 ℃)。预热的目的是减少热应力和变形,防止开裂并缩短工件在淬火温度的高温停留时间,预热有利于防止产生氧化、脱碳等缺陷。高速钢中含有大量的钨、钼、钒、铬等难溶碳化物,其溶入奥氏体的量将随淬火温度的增加而增多,如图 5-14 所示。

以 W18Cr4V 钢为例,在 1 280 ℃时,奥氏体中约溶入 7.5% 的钨、4% 的铬、1% 的钒。但

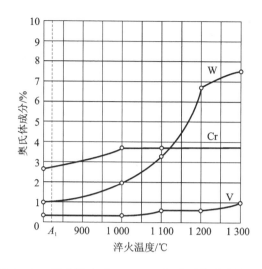

图 5 - 14　淬火温度对 W18Cr4V 钢奥氏体成分的影响

加热温度过高将导致奥氏体晶粒粗大,碳化物聚集甚至晶界熔化,因此,高速钢的淬火温度一般控制在 1 220～1 280 ℃,淬火冷却一般多采用分级淬火法,在 580～620 ℃ 采用油冷或在盐浴中进行马氏体分级淬火,淬火后得到的组织是马氏体、粒状碳化物及大量残留奥氏体,如图 5 - 15 所示,残留奥氏体的含量可达 20%～25%。

为消除淬火内应力,减少残余奥氏体数量,高速钢淬火后一般进行三次 550～570 ℃ 回火,因为一次回火难以消除残留奥氏体,一般第一次回火可使奥氏体量降至 10%～15%,第二次回火后残留奥氏体可降至 3%～5%,第三次回火后残留奥氏体一般可降至 1%～2%。有时,为减少回火次数,可在淬火后立即进行冷处理(-78 ℃ 干冰处理),再进行一次回火。其组织由回火马氏体＋少量残留奥氏体＋碳化物组成,W18Cr4V 钢的回火组织如图 5 - 16 所示。

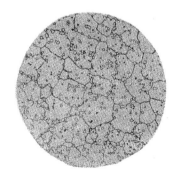

图 5 - 15　W18Cr4V 钢的淬火组织

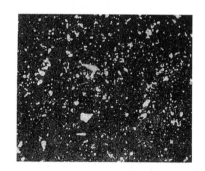

图 5 - 16　W18Cr4V 钢的回火组织

为进一步提高高速钢刃具的切削性能,一般在淬火、回火后还要进行如软氮化、氧氮共渗、硫氮共渗及离子氮化等表面化学热处理,使刃具表面形成高硬度、高耐磨性及良好抗咬合性能的化合物层。

我国常用的高速钢有两种,一种是钨系,一种是钨 - 钼系。常用高速钢的牌号、成分、热处理、性能及用途见表 5 - 16。

表 5 - 16　常用高速工具钢的牌号、成分、热处理、性能及用途

类别	牌号	化学成分/%						热处理			硬度	热硬性	用途举例
		C	Cr	W	Mo	V	其他	预热温度/℃	淬火温度/℃	回火温度/℃	退火 HBS	淬火回火 HRC	
钨系	W18Cr4V (18-4-1)	0.70~0.80	3.80~4.40	17.5~19.00	≤0.30	1.00~1.40	—	820~870	1 270~1 285	550~570	≤255	≥63	加工中等硬度和软材料的车刀、丝锥、钻头、铣刀等
钨钼系	CWMo5 Cr4V2	0.95~1.05	3.80~4.40	5.50~6.75	4.50~5.50	1.75~2.20	—	730~840	1 190~1 210	540~560	≤255	≥65	切削性能要求较高的冲击不大的拉刀、铰刀等
	W6Mo5Cr4 V2 (6-5-4-2)	0.80~0.90	3.80~4.40	5.50~6.75	4.50~5.50	1.75~2.20	—	730~840	1 210~1 230	540~560	≤255	≥64	要求耐磨性和韧性配合的中速切削刀具,如丝锥、钻头等
	W6Mo5 Cr4V3 (6-5-4-3)	1.10~1.20	3.80~4.40	6.00~7.00	4.50~5.50	2.80~3.30	—	840~885	1 200~1 240	560	≤255	≥64	要求较高耐磨性和红硬性且韧性较好的形状复杂的刀具,如拉刀、铣刀等
超硬系	W18Cr4 V2Co8	0.75~0.85	3.80~4.40	17.50~19.00	0.50~1.25	1.80~2.40	Co7.00~9.50	820~870	1 270~1 290	540~560	≤285	≥65	加工高硬度材料、承受高切削力的各种刀具,如铣刀、滚刀、车刀等
	W6Mo5 Cr4V2Al	1.05~1.20	3.80~4.40	5.50~6.75	4.50~5.50	1.75~2.20	A10.80~1.20	850~870	1 220~1 250	540~560	≤269	≥65	加工各种难加工材料,如高温合金、不锈钢等的车刀、镗刀、钻头

4. 新型高速钢简介

目前国内外高速钢约有数十种,除钨系、钼系和钨钼系等高速工具钢外,随着科技的不断进步,又发展了特殊用途的高速钢。

(1) 高碳高钒高速钢

例如 W12Cr4V4Mo 钢和 W6Mo5Cr4V3 钢,增加 V 含量会降低钢的可磨削性能,使高钒钢的应用受到一定限制。通常含 V 约 3% 的钢,可制造较复杂的刀具,而含 V 量为 4%~5% 时,只宜制造形状简单或磨削量小的刀具。

(2) 高钴高速钢

含钴的高速钢是为了适应提高红硬性的需要而发展起来的。在高钴高速钢中通常含有 5%~12% 的钴,如 W7Mo4Cr4V2Co5,W2Mo9Cr4VCo8 等。但随着含 Co 量的增加,钢的脆性及脱碳倾向性也会增大,故在使用及热处理时应予以注意。例如含钴 10% 的钢已不适于制造形状复杂的薄刃工具。

(3) 超硬高速钢

超硬高速钢是为了适应加工难切削材料(如耐热合金等)的需要,在综合高碳高钒高速钢与高钴高速钢优点的基础上而发展起来的。这种钢经过热处理后硬度可达 68~70 HRC,具有很高的红硬性和良好的切削性能。典型的钢种为美国的 M42(W2Mo10Cr4VCo8)和 M44(W6Mo5Cr4V2Co12)等。

（4）低碳高速钢（M60～67）

这种钢是采用含钴超硬高速钢的合金成分，将碳的质量分数降至 0.2% 左右，通过渗碳及随后的淬火、回火，使表层达到超高硬度（70 HRC），故又称为渗碳高速钢。

（5）无碳的时效型高速钢

这种钢是在高钨高钼的基础上，加入 15%～25% 的钴元素，经固溶处理和时效处理以后，其硬度可达 68～70 HRC，它的红硬性比一般高速钢高 100 ℃、比含钴的超硬型高速钢高 50 ℃以上，同时具有良好的切削加工性能、较高的高温强度及耐磨性。

目前高速钢的使用范围日益广泛，不仅用于切削刀具，近年来也被用于制造模具、多辊轧辊、高温弹簧、高温轴承和以高温强度、耐磨性能为主要要求的零件。

5.5.2　合金量具钢

量具钢是用来制作各种量具的钢，合金量具钢主要用于制造精密测量工具，如卡尺、千分尺、块规等量具。

1. 合金量具钢的性能要求

① 高硬度及高耐磨性。因量具需要经常与被测工件接触产生摩擦，为保证不致因磨损而降低精度，量具工作部分要具有高耐磨性，硬度应在 56～62 HRC 范围内。

② 要有高的组织稳定性。量具在长期使用过程中，尺寸不因时间的推移而发生变化，同时还要有良好的耐蚀性。

③ 要有足够的韧性。量具在使用过程中不会因偶尔的冲击、碰撞而损坏，同时要有较好的加工工艺性。

2. 成分特点

① 为了保证高硬度和高耐磨性，合金量具钢的碳质量分数为 0.9%～1.5%。

② 加入铬、钨、锰等合金元素，不仅提高淬透性、减少淬火变形，所形成的碳化物还可提高硬度和耐磨性。

3. 热处理特点

量具钢热处理的关键在于减少热处理变形和提高组织稳定性。而量具钢尺寸不稳定的原因主要是：残留奥氏体转变为回火马氏体，引起尺寸胀大；马氏体在室温下随时间推移继续转变，析出碳化物，正方度下降，引起尺寸收缩；淬火及磨削加工中产生的残留应力未彻底消除而引起变形。因此，在量具的热处理过程中，应针对上述原因采取有效措施来减少热处理变形，提高尺寸稳定性。

① 淬火：在保证硬度的前提下，尽量降低淬火温度以减少热应力，减少残留奥氏体量。

② 冷处理：淬火后立即进行 -80～-70 ℃ 的冷处理，使残留奥氏体尽可能地转变为马氏体。

③ 回火：为了尽量降低马氏体的正方度，减少应力并保证较高的硬度，通常采用 150～160 ℃ 低温长时间回火。

④ 时效处理：对精度要求高的量具，在淬火、冷处理和低温回火后，还须进行 120～130 ℃ 的几小时至几十小时的时效处理，使马氏体析出碳化物，降低正方度，使残留奥氏体稳定并消除残留应力，进一步稳定组织，并在精磨后再进行一次时效处理（120～130 ℃，保温 2～8 h），有时甚至需要反复多次处理。

5.5.3　合金模具钢

合金模具钢按使用条件不同分为冷作模具钢、热作模具钢和塑料模具钢等。

1. 冷作模具钢

冷作模具钢是指用于制造在冷态下变形或分离的模具的钢,如冷挤压模、冷镦模、拉丝模、落料模等。这类模具钢在工作时均受到较大的压力、摩擦力和冲击力的作用,因此要求冷作模具钢必须具有高的硬度和耐磨性,足够的强度和韧性。对于大型的模具用钢还应具有淬透性好、热处理变形小等特点。

(1) 化学成分

冷作模具钢的碳的质量分数为 $0.85\% \sim 2.3\%$,常加入大量的合金元素铬($11\% \sim 13\%$)、钼、钨、钒等,属于高碳高合金钢。

碳的质量分数高是为了获得高的硬度和耐磨性;加入合金元素是为了提高淬透性和回火稳定性,并在热处理后形成大量的特殊碳化物以进一步提高钢的硬度和耐磨性。此外,元素钼、钒还可以细化晶粒,改善钢的韧性。

(2) 热处理特点

由于冷作模具钢中含有大量的合金元素,使其铸态组织中出现了大量的网状的共晶碳化物,导致钢的强度下降,所以在制造模具时,应先进行锻造将粗大的共晶碳化物打碎,使其均匀分布,待其缓冷后,再进行等温球化退火。常用的最终热处理一般为淬火＋低温回火,回火后的组织为回火马氏体、碳化物和残余奥氏体,硬度可达 60～64 HRC。

应用最多的冷作模具钢是 Cr12 和 Cr12MoV,它们的最终热处理可以采用以下两种方法:一次硬化法和二次硬化法。一次硬化法是将 Cr12 钢加热到 950～980 ℃(Cr12MoV 为 1 000～1 050 ℃)淬火,再低温回火,其硬度可达 61～63 HRC;二次硬化法是将 Cr12 钢加热到 1 080～1 100 ℃(Cr12MoV 为 1 100～1 120 ℃)淬火,再在 510～520 ℃进行多次回火,其硬度可达 60～62 HRC,并可获得较高的红硬性。

(3) 常用的牌号和用途

Cr12 钢是典型的冷作模具钢,适于制作尺寸较大的高耐磨性模具。小型模具可用碳素工具钢(T10A,T12)和低合金工具钢(CrWMn,9SiC)制造。目前应用较广的是 Cr12MoV 钢,这种钢热处理变形小,强度、韧性都比 Cr12 钢好,但耐磨性略低于 Cr12 钢,主要用于制造截面较大、形状复杂的冷作模具。

常用的冷作模具钢的牌号、成分和力学性能见表 5－17。

2. 热作模具钢

用来制造炽热态(指热态下固体或液体)的金属或合金在压力下成型的模具(如热锻模、压铸模等)所用的钢称为热作模具钢。

(1) 化学成分

热作模具钢的碳的质量分数为 $0.3\% \sim 0.6\%$,并含有一定量的铬、镍、锰、钨、硅等元素。采用中碳是为了保证良好的强度、硬度和韧性。加入铬、钨、硅等,可提高耐热疲劳性,加入合金元素铬、镍、锰等,可提高淬透性和强度,加入钼可提高回火稳定性和防止第二类回火脆性。

由于热作模具在工作时,其模腔既受到炽热金属和冷却介质交替反复作用产生的热应力,

第 5 章　工业用钢

又受到较大的冲击力和摩擦力,容易使模腔产生龟裂。因此,要求模具在高温(400~600 ℃)下应有较高的强度、韧性,足够硬度(40~50 HRC)和耐磨性,良好的导热性和耐热疲劳性。对尺寸较大的模具还要求有淬透性好、热处理变形小等特点。

表 5 - 17　常用冷作模具钢的牌号、成分及性能

类别	牌号	化学成分/%						退火状态	试样淬火	
		C	Si	Mn	Cr	Mo	其他	HBS	淬火温度/℃	HRC (不小于)
低合金	CrWMn	0.90~1.05	≤0.40	0.80~1.10	0.90~1.20	—	W1.20~1.60	207~255	800~830 油	62
	9Mn2V	0.85~0.95	≤0.40	1.70~2.00	—	—	V0.10~0.25	≤229	780~810 油	62
高碳高铬	Cr12	2.00~2.30	≤0.40	≤0.40	11.50~13.00	—	—	217~269	950~100 油	60
	Cr12MoV	1.45~1.70	≤0.40	≤0.40	11.00~12.50	0.40~0.60	V0.15~0.30	207~255	950~100 油	58
高碳中铬	Cr4W2MoV	1.12~1.25	0.40~0.70	≤0.40	3.50~4.00	0.80~1.20	W1.90~2.60 V0.80~1.10	≤269	960~980 油 1 020~1 040	60
	Cr5Mo1V	0.95~1.05	≤0.50	≤1.00	4.75~5.50	0.90~1.40	V0.15~0.50	≤255	940 油	60
碳钢	T10A	0.95~1.04	≤0.35	≤0.40	—	—	—	≤197	760~780 水	62

(2)热处理特点

热作模具钢锻造后需要进行退火,最终热处理一般为淬火＋中温回火,回火后获得均匀的回火索氏体或回火托氏体组织,硬度为 40 HRC 左右,并具有较高的强度和韧性。

(3)常用的牌号和用途

5CrNiMo 钢和 5CrMnMo 钢是最常用的两种热作模具钢,它们具有较高的强度、韧性和耐磨性,良好的耐热疲劳性和优良的淬透性,常用来制造大、中型热锻模。根据我国资源情况,应尽可能采用 5CrMnMo 钢。对于受静压力作用的模具,应选用 4Cr5W2VSi 钢或 3Cr2W8V 钢制作。

常用热作模具钢的牌号、化学成分和用途见表 5 - 18。

表 5 - 18　常用热作模具钢的牌号、成分及用途

牌号	化学成分/%								用途举例
	C	Mn	Si	Cr	W	V	Mo	Ni	
5CrMnMo	0.50~0.60	1.20~1.60	0.25~0.60	0.60~0.90	—	—	0.15~0.30	—	中小型锻模
4Cr5W2VSi	0.32~0.42	≤0.40	0.80~1.20	4.50~5.50	1.60~2.40	0.60~1.00	—	—	热挤压模(挤压铝、镁),高速锤锻模
5CrNiMo	0.50~0.60	0.50~0.80	≤0.40	0.50~0.80	—	—	0.15~0.30	1.40~1.80	形状复杂、重载荷的大型锻模
4Cr5MoSiV	0.33~0.43	0.20~0.50	0.80~1.20	4.75~5.50	—	0.30~0.60	1.10~1.60	—	同 4Cr5W2VSi
3Cr2W8V	0.30~0.40	≤0.40	≤0.40	2.20~2.70	7.50~9.00	0.20~0.50	—	—	热挤压模(挤压铜、钢),压铸模

3. 塑料模具钢

目前塑料制品的应用日益广泛,尤其是在日常生活用品、电子仪表、电器等行业中应用十分广泛。塑料制品大多采用模压成型,因而需要模具。模具的结构形式和质量对塑料制品的质量和生产效率有直接影响。塑料模具钢是用来制造使细粉状或颗粒状的塑料压制成型的模具所用的钢,其工作温度一般不超过 200 ℃。按塑料成型方法的不同,塑料模具可分为压铸模具、注射模具、挤出模具、吹塑模具和泡沫塑料模具等。压制塑料有两种类型,即热塑性塑料和热固性塑料。热固性塑料如胶木粉等,都是在加热、加压下进行压制并永久成形的,胶木模周期地承受压力并在 150~200 ℃温度下持续受热。热塑性塑料如聚氯乙烯等,通常采用注射模塑法,塑料在单独加热后,以软化状态注射到较冷的塑模中,施加压力,从而使之冷硬成形。注射模的工作温度为 120~260 ℃,工作时通水冷却型腔,故受热、受力及受磨损程度较轻。值得注意的是,含有氯、氟的塑料在压制时析出有害的气体,对模腔有较大的侵蚀作用。

(1) 对塑料模具钢的性能要求

由于塑料模具在工作中,既要受到不断变化的热应力、压应力和摩擦力的作用,又要受到有害气体的腐蚀,因此,要求塑料模具钢在 200 ℃应具有较高的硬度、强度和足够的塑性、韧性;钢料纯净、夹杂物少、偏析小、模具表面粗糙度低;表面耐磨抗蚀,并要求有一定的表面硬化层,表面硬度一般在 45 HRC 以上;热处理变形小,以保证互换性和配合精度。

(2) 常用塑料模具钢的牌号

塑料模具的制造成本高,材料费用只占模具成本的极小部分,因此在选用钢材时,应优先选用工艺性能好和使用寿命较长的钢种。塑料模具用钢主要有以下几类:

① 适于冷挤压成形的塑料模具用钢是 10,15,20,20Cr 钢,经渗碳→淬火→回火→镀铬处理;

② 对于中小型且形状简单的模具,可用 T7A,T10A,9Mn2V,CrWMn,Cr2 钢等,经淬火+回火处理;

③ 对于大型塑料模具可以采用 4Cr5MoSiV 或 PDAHT-1 钢($w_C=0.8\%\sim0.9\%$,$w_{Mn}=1.8\%\sim2.2\%$,$w_{Si}\leqslant0.35\%$,$w_{Cr}=0.9\%\sim1.1\%$,$w_{Mo}=1.2\%\sim1.5\%$,$w_V=0.1\%\sim0.3\%$);

④ 对于要求高耐磨性的模具,也可采用 Cr12MoV 钢,经淬火+回火,再镀铬处理;

⑤ 对于形状复杂的精密模具使用 18CrMnTi,12CrNi3A 和 12Cr2Ni4A 等渗碳钢,进行渗碳、淬火+低温回火;

⑥ 对于在压制过程中会析出有害气体并与钢起强烈反应的塑料,可采用马氏体不锈钢 2Cr13 或 3Cr13 钢,经 950~1 000 ℃的油淬,再进行 200~220 ℃回火处理。

5.6 特殊性能钢

具有特殊物理、化学性能的钢为特殊性能钢,其化学成分、显微组织及热处理与普通钢不同,在机械制造业中常用的有不锈钢、耐热钢及耐磨钢等。

5.6.1 不锈钢

不锈钢通常是不锈钢和耐酸钢的统称。不锈钢并非不生锈,只是在不同的介质中腐蚀行为各不相同。能够抵抗空气、蒸汽、水等弱腐蚀性介质腐蚀或锈蚀的钢为不锈钢(铬大于 12%);能在酸、碱、盐等强腐蚀性介质中抵抗腐蚀或锈蚀的钢为耐酸钢(铬大于 17%)。不锈钢不一定耐酸而耐酸钢则一般都具有良好的耐蚀性能。

Fe－C 腐蚀　　　　　　金属电化学腐蚀

1. 金属的腐蚀或锈蚀

金属的腐蚀是指金属表面与外部介质作用而逐渐破坏的现象。根据腐蚀的原理不同,腐蚀可分为化学腐蚀和电化学腐蚀。化学腐蚀是指金属在非电解质中,直接与介质发生化学反应而被腐蚀;电化学腐蚀是指金属在电解质溶液中,形成微电池产生电化学反应而引起的腐蚀。电化学腐蚀是金属腐蚀的主要形式,其原理是:当两种电极电位不同的金属(或同一金属内部的不同组成部分之间)在电解质溶液中相互接触时,就会形成微电池,电极电位高的为阴极不被腐蚀,电极电位低的为阳极而被腐蚀,造成阳极金属的损耗。例如,钢的组织中铁素体的电极电位低,而渗碳体的电极电位高,在电解质中,铁素体作为阳极被腐蚀。各种酸、碱、盐的水溶液,海水,含有 CO_2,SO_2,H_2S 和 HN_3 等的潮湿空气,均可以在金属的表面形成微电池。

2. 不锈钢的合金化原理

不锈钢的合金化原理就是通过向金属中加入合金元素来提高耐蚀性。依据电化学腐蚀的基本原理,具体措施如下:

① 提高钢基体的电极电位。在钢中加入合金元素铬、镍、硅等能提高钢中基体相(铁素体、奥氏体、马氏体)的电极电位,使基体相与碳化物的电位差减小。

② 尽量使钢在室温下呈均匀的单相组织。加入合金元素铬、镍或锰可使钢形成单相的铁素体、单相的奥氏体或单相的马氏体组织,以避免形成微电池。例如,铬是缩小 γ 区的元素,当含铬量较高时能使钢为单一的铁素体组织;镍是扩大 γ 区的元素,当钢中含镍量达到一定值时,可使钢在常温下为单相奥氏体组织,从而提高抗电化学腐蚀的能力。

③ 形成氧化膜。在钢中加入铬、硅、铝等合金元素后,可以在钢的表面形成一层致密的、结合牢固的(Cr_2O_3,SiO_2,Al_2O_3)氧化膜(也称钝化膜),使钢与周围介质隔绝,腐蚀过程受阻,从而提高钢的耐蚀性。

3. 不锈钢的分类

按正火状态的组织分类,不锈钢可分为马氏体型不锈钢、奥氏体型不锈钢及铁素体型不锈钢三种类型。

(1) 马氏体型不锈钢

马氏体型不锈钢 $w_{Cr}=12\%\sim14\%$,属于铬不锈钢,当基体中铬含量超过 11.7% 时,其阳极区域的电极电位得到提高,而且阳极区域的基底表面在氧化性介质的作用下形成一层富铬的氧化物保护膜,阻碍了阳极区域的反应,但这层致密的氧化膜只有用在氧化性介质中才能起到防锈的作用,如大气、水蒸气、淡水、海水、低于 30 ℃ 的盐水、食品介质及浓度不高的有机酸中。在硫酸、盐酸、热磷酸、热硝酸溶液及熔碱中,由于马氏体型不锈钢不能很好地建立纯化状态,因此耐蚀性很低。

马氏体型不锈钢有平均 $w_{Cr}=13\%$ 的 Cr13 型不锈钢及 9Cr18 型不锈钢。1Cr13,2Cr13 钢中的碳质量分数较低,常用于综合力学性能与耐磨性要求较高的零件,故采用"淬火与高温回火"工艺,具有良好的力学性能,可进行冲压、弯曲、圈边及焊接成型,但其切削性能较差,主要用于制造不锈的结构件如汽轮机叶片等;3Cr13 及 4Cr13 碳质量分数相对前者高,故强度、硬度均高于前者,但变形及焊接性比前者差,主要用于耐磨零件及医疗工具等,这类钢锻后或冲压后需要进行退火处理,消除硬化、改善切削加工性,其最终热处理采用"淬火+低温回火"工艺,得到回火马氏体组织。

9Cr18,9Cr18MoV 是高碳不锈钢,经"淬火及低温回火"处理后,其硬度值大于 55 HRC,常用于制造刀具、耐蚀轴承等。

(2)奥氏体型不锈钢

奥氏体不锈钢中碳的质量分数很低($w_C \leqslant 0.08\%$ 以保证高的耐蚀性),铬的质量分数为18%,含镍量为 8%~11%,属于低碳高合金钢。合金元素镍可使钢在室温下呈单一奥氏体组织。铬、镍使钢具有良好的耐蚀性、耐热性以及较高的塑性和韧性。

奥氏体型不锈钢常用的热处理是固溶处理,就是将钢加热到 1 050~1 150 ℃,使碳化物全部溶于奥氏体中,然后水淬快速冷却至室温,得到单相奥氏体组织。经固溶处理后奥氏体型不锈钢具有高的耐蚀性,好的塑性和韧性,但强度低。为消除冷加工或焊接后产生的残余应力,防止应力腐蚀,奥氏体型不锈钢应进行去应力退火。

这类钢主要用于制作在腐蚀性介质中工作的零件,如管道、容器、医疗器械等。常用的是1Cr18Ni9 钢、1Cr18Ni9Ti 钢等。

(3)铁素体型不锈钢

铁素体型不锈钢的成分特点是碳的质量分数低,$w_C<0.15\%$,铬的质量分数高,$w_{Cr}=$12%~32%,属铬不锈钢。这类钢从室温到高温均为单相铁素体组织,通常在退火状态下使用。由于铬元素含量达到一定值时缩小 γ 区,在加热至 1 100 ℃时也不发生 α-γ 相变,因而不能用热处理的方法强化。如果在热加工中,如焊接或压力加工不当发生晶粒粗化,只能采取塑性变形及再结晶来细化晶粒。

铁素体型不锈钢的耐酸性强,具有良好的抗大气腐蚀及抗高温氧化性,塑性、焊接性优于马氏体型不锈钢,但其强度较低。铁素体型不锈钢主要用于对综合力学性能要求不高、而对耐腐蚀性要求很高的零件或结构件,如化工行业中的硝酸吸收塔、热交换器,耐酸、耐碱的管路等。

5.6.2 耐热钢

在内燃机、燃气轮机、化工机械、石油装置等高温条件下工作的构件,通常需要具备热化学稳定性和热强性。热化学稳定性主要是指高温条件下的抗氧化能力,热强性是指在高温条件下的综合力学性能。耐热钢根据用途不同分为抗氧化钢和热强钢两大类。

1. 抗氧化钢

抗氧化钢在高温条件下有较好的热化学稳定性和一定强度的钢为抗氧化钢,又称为不起皮钢。大多数金属均能与氧形成氧化物,高温条件下,金属表面极易同燃烧气体中的 CO_2,

H_2O，SO_2 等气体发生作用，形成氧化皮。铁在高温下形成的氧化皮 FeO 疏松多孔，氧原子通过孔隙与铁继续产生氧化反应，使氧化膜变厚，同时 FeO 与基底结合能力差，易脱落，由于不断发生锈蚀，最终导致构件烧损。

抗氧化钢就是在钢中加入一定量的铬、硅或铝等合金元素，由于它们与氧的亲和力比铁大，又只形成成分固定而致密的氧化物，如 Cr_2O_3，Al_2O_3，SiO_2，并与基底紧密结合，有效地阻止了外界的氧原子向内扩散。如在钢中加入 15% 的铬，抗氧化温度可达 900 ℃，在钢中加入 20%～25% 的铬，其抗氧化温度可达 1 100 ℃，生产中在铬钢、铬镍钢、铬锰钢的基础上加入硅、铝以提高其性能。由于钢中碳的质量分数增大，钢的抗氧化性能下降，故一般抗氧化钢多为低碳合金钢。常用的有 2Cr23Ni13，2Cr25Ni20，0Cr23Ni13，00Cr12 等，多用于加热炉用的锅炉吊挂、加热炉底板、燃气轮机燃烧室等。

2. 热强钢

在高温条件下有较好的抗氧化能力和较高强度以及良好组织稳定性的钢称为热强钢。长期高温条件下工作的构件，当受到一定应力作用时，其形状会逐渐发生变形，这种现象称为"蠕变"，当"蠕变"达到一定极限时就导致构件的损坏。金属材料在高温条件下抵抗蠕变的能力称为热强度。

为了提高热强度，生产中常采用的措施有：加入铬、钼、钨、锰等元素，提高再结晶温度，改善钢的抗蠕变能力；加入铌、钒、钛形成 NbC，VC，TiC 等，在晶内弥散析出，阻碍位错的滑移；加入钼、锆、硼等元素，可降低晶界表面能，使晶界强化；通过热处理获得所需要的晶粒度，改善强化相的分布状态，调整基体和强化相的成分。

常用的热强钢按正火状态组织的不同，可分为奥氏体型、马氏体型和珠光体型三种热强钢。

（1）奥氏体型热强钢

奥氏体钢中含有大量合金元素，尤其是含有较多的铬、镍，镍可促使形成稳定的奥氏体组织，可以在 600～700 ℃ 范围内使用，广泛应用于航空、舰艇、石油化工、航天等领域。

（2）马氏体型热强钢

马氏体型热强钢有两种类型，一类是铬质量分数在 12% 左右的马氏体型热强钢，多用于工作温度在 450～620 ℃ 范围内受力较大的零件；另一类是加入硅、钼等合金元素的低铬马氏体耐热钢，工作温度可达 700～750 ℃。常用于汽轮机叶片、内燃机气阀等。

（3）珠光体型热强钢

珠光体型热强钢中碳的质量分数较低，合金元素含量少，总量一般不超过 3%～5%，工作温度一般在 600 ℃ 以下。广泛用于动力、石油化工管道及锅炉等。

5.6.3　耐磨钢

耐磨钢是指在强烈冲击载荷作用下才能产生硬化的高锰钢。其特点为高碳高锰，$w_C=1.0\%～1.3\%$，$w_{Mn}=11\%～14\%$。含碳量过高，则损害钢的韧性；含碳量过低，则降低钢的耐磨性。由于锰可扩大 γ 区，当锰含量超过 12% 时，在室温下即可得到单相奥氏体组织。

耐磨钢因锰的质量分数很高而称为高锰钢，由于冷变形强化效果明显，所以切削加工很困难，故一般多采用铸造成型的方法，其牌号由"铸""钢"二字汉语拼音的字首 ZG、锰元素符号及其平均质量分数的百分数加顺序号组成，如 ZGMn13－3，表示锰的平均质量分数为 13% 的

3 号耐磨钢。

　　高锰钢的铸态组织是奥氏体及较多的含锰碳化物,高锰钢只有在全部获得奥氏体组织时才能呈现出良好的韧性和耐磨性,为了全部获得奥氏体组织,需要对高锰钢进行水韧处理。

　　将高锰钢加热到 1 100 ℃,保温一段时间后,使碳化物全部溶解在奥氏体中,然后快速水淬冷却,由于冷却速度快,高锰钢中的碳化物来不及从奥氏体中析出,因而获得了单一的奥氏体组织,这种处理称为水韧处理。水韧处理后的高锰钢强度、硬度并不高,而塑性、韧性良好,当受到强烈冲击、压力与摩擦时其表面因塑性变形而产生强烈的加工硬化,硬度可提高到 50 HRC 以上,并伴随有奥氏体向马氏体的转变,使表面硬度快速提高而获得很高的耐磨性,而心部仍维持原来状态。当旧的表层磨损后,新露出的表面又可在强烈冲击和摩擦作用下,获得新的耐磨层。由于只有在强烈冲击和摩擦的条件下才能显示出高的韧性及耐磨性,如果在一般工作条件下,高锰钢的耐磨性甚至不及碳钢。

　　水韧处理后的高锰钢不能再加热,因为当温度超过 300 ℃时,即使很短时间也能析出碳化物,从而使耐磨性下降。由于高锰钢的特性,即使有裂纹开始发生,加工硬化作用也会抵抗裂纹的继续扩展,同时高锰钢在寒冷条件下也不会发生冷脆而保持良好的力学性能,因此,高锰钢被广泛应用于履带、防弹板、保险箱钢板、铲斗等,同时由于高锰钢组织是单一无磁性奥氏体,也可用作既耐磨又抗磁化的构件。

本章小结

　　1. 工业用钢是指含碳量小于2.11%的铁碳合金,包括非合金钢(碳钢)和合金钢。碳钢容易冶炼,价格便宜,具有较好的力学性能和工艺性能,可以满足一般工程机械、普通机械零件、工具的使用要求,因此,在工业生产中得到广泛应用。

　　2. 合金钢是在碳钢的基础上有目的地加入合金元素,与碳钢相比,合金钢的性能有显著提高,有着较高的强度、硬度和耐磨性,优良的物理化学性能,如耐腐蚀、耐氧化、耐高温等特性,因此在现代工业生产中得到了广泛的应用。

　　3. 掌握常用工业用钢的牌号、性能及热处理特点,可为今后从事材料选择、零件加工、机械设计等相关领域的工作打好基础。

习　题

　　1. 分析硅、锰、硫、磷对碳素钢的力学性能有哪些影响。

　　2. 什么是热脆性和冷脆性?并分析其产生原因和防止措施。

　　3. 常用的合金元素有哪些?合金元素在钢中起何作用?

　　4. 何谓合金钢?合金钢常用的分类方法有哪几种?

　　5. 为什么合金钢的淬透性比非合金钢高?

　　6. 何谓热硬性?试比较碳素工具钢、低合金刃具钢和高速钢中,哪类钢的热硬性最好?哪类钢的热硬性最差?

　　7. 普通低合金结构钢有什么特点?有什么用途?

　　8. 合金调质钢有什么特点?有什么用途?

9. 合金弹簧钢有什么特点？有什么用途？

10. 滚动轴承钢有什么特点？有什么用途？

11. 低合金刃具钢有什么特点？有什么用途？

12. 高速钢的主要特性是什么？它的成分和热处理有什么特点？

13. 说明下列牌号属于哪类钢,并说明其符号及数字的含义。

① T12A　② T8　③ 20　④ 45　⑤ 60　⑥ 08F　⑦ Q235 - A · F

⑧ ZG270 - 500

14. 说明下列牌号的钢属于哪一种钢？试述它们的成分特点,并举例说明它们的用途。

① 20CrMnTi　② 9SiCr　　　③ 40Cr　　　④ GCr15　　⑤ 60Si2Mn

⑥ W18Cr4V　⑦ ZGMn13 - 1　⑧ 1Cr18Ni9　⑨ Cr12MoV　⑩ W6Mo5Cr4V2

15. 常用的不锈钢有哪几种？各举例说明一个牌号,并说明它们的用途。

16. 热强钢中常加入哪些元素？这些元素在钢中有什么作用？

第6章 铸 铁

【导学】

铸铁是含碳量大于 2.11% 的铁碳合金。工业上常用的铸铁,含碳量一般在 2.5%~4.0% 范围内。从化学成分上看,铸铁与钢的主要区别是铸铁比钢含有较高的碳和硅,并且硫、磷杂质含量较高。为了提高铸铁的力学性能或者获得某种特殊的性能,加入铬、钼、铜、铝等合金元素,可以形成合金铸铁。

铸铁是人类使用最早的金属材料之一,它被广泛应用于工业生产,其使用量仅次于钢。按质量百分数计算,铸铁件在农业机械中占 40%~60%,汽车制造业占 50%~70%,在重型机械中占 60%~90%。铸铁具有优良的铸造性能和减震性能,不少原来采用锻钢、铸钢和有色金属制造的机器零件,目前已被铸铁所代替,从而使它的应用更为广泛。

【学习目标】

◆ 了解铸铁的基本概念及分类;
◆ 理解铸铁的石墨化过程及其主要影响因素;
◆ 掌握常用的铸铁类型、铸铁的成分及其性能特点;
◆ 掌握灰铸铁、可锻铸铁、球墨铸铁和蠕墨铸铁的典型牌号及应用。

本章重难点

6.1 铸铁的分类

铸铁中的碳常以化合状态的渗碳体和游离状态的石墨两种形式存在,而石墨的形态又有较多的变化,不同铸铁的性能和用途也存在很大的差异。根据上述特征,铸铁主要有下列几种分类方法。

1. 按碳的存在形式分类

根据铸铁中碳的存在形式以及断口颜色的不同,可将铸铁分为三类。

① 灰口铸铁(灰口铁):碳大部分或全部以石墨的形式存在,其断口呈暗灰色。灰口铁具有良好的铸造性、切削加工性、减震性和耐磨性,加上它熔化配料简单、成本低,常用于制造结构复杂的铸件和耐磨件,是目前工业上应用最广泛的一种铸铁。

② 白口铸铁(白口铁):碳主要以渗碳体形式存在,其断口呈银白色。白口铸铁硬度高、脆性大,很难进行切削加工,很少直接用来制造机械零件,大多用作炼钢和可锻铸铁的坯料。只有少数要求耐磨而不受冲击的制件会直接使用白口铸铁,如拔丝模、球磨机铁球等。

③ 麻口铸铁(麻口铁):介于灰口铁和白口铁之间,碳大部分以渗碳体形式存在,少部分以石墨的形式存在,断口呈灰白色。麻口铸铁脆性较大,工业上很少使用。

2. 按石墨分类

铸铁中的石墨形态如图 6-1 所示,根据石墨的形状不同,铸铁可分为以下四类。

① 灰铸铁:石墨以片状的形式存在于铸铁中。

② 可锻铸铁:石墨以不规则的团絮状形式存在于铸铁中,俗称马铁、玛钢。可锻铸铁是由

一定成分的白口铸铁经长时间的高温退火（又称石墨化退火）处理而获得的。

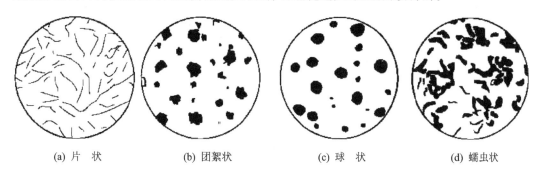

图 6-1　铸铁中石墨形态示意图

③ 球墨铸铁（球铁）：石墨以球状形式存在于铸铁中。

④ 蠕墨铸铁：石墨以短小的蠕虫状形式存在于铸铁中。将高碳、低硫、低磷及含有一定量硅、锰的铁液，经炉前处理后，可得到蠕墨铸铁。

3. 按性能分类

① 普通铸铁：即常规元素铸铁，如灰铸铁、球墨铸铁、蠕墨铸铁和可锻铸铁等。

② 特殊铸铁：特殊铸铁是在普通铸铁的基础上加入一定量的合金元素，使其具有一些特殊的性能的铸铁，主要有耐热铸铁、耐蚀铸铁和耐磨铸铁等。

6.2　铸铁的石墨化及其影响因素

铸铁的石墨化就是铸铁中的碳原子以石墨形态析出的过程，常用 G 表示石墨。石墨的存在形态是决定铸铁组织和性能的关键，因此，了解铸铁中石墨的形成过程及其影响因素是十分必要的。

6.2.1　铁碳合金双重相图

在铁碳合金中，碳有两种存在形式，一种是渗碳体（Fe_3C），其中碳的质量分数是 6.69%；另一种是游离状态的石墨（G），其碳的质量分数是 100%。

石墨的晶体结构为简单六方晶格，如图 6-2 所示，原子呈层状排列，同一层面上的原子间距较小，原子间的结合力较强。层与层之间的原子距离较大，原子间的结合力较同一层面上原子间的结合力小，极易产生层与层之间的滑移，故石墨的强度、硬度和韧性极低。

实践证明，若将渗碳体加热至高温，可分解为铁素体和游离态的石墨，这表明石墨是稳定相，而渗碳体是亚稳定相。为了描述这两种相的析出规律，分别引入 Fe-Fe_3C 合金相图和 Fe-G 相图。为了便于分析和应用，习惯上将这两个相图叠合在一起，称为铁

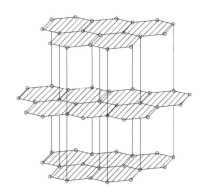

图 6-2　石墨的晶体结构

碳合金双重相图,如图 6-3 所示。图中实线表示 Fe-Fe$_3$C 合金相图,虚线表示 Fe-G 相图,虚线与实线重合的线段都用实线表示。

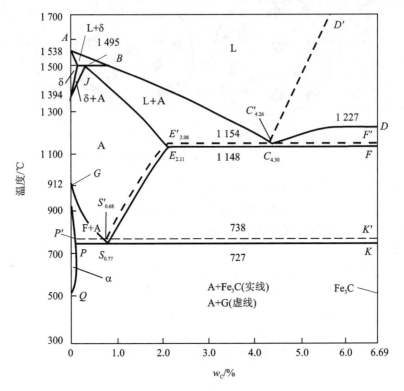

图 6-3 铁碳合金双重相图

6.2.2 铸铁的石墨化过程

根据铁碳合金双重相图,铸铁的石墨化过程可分为以下三个阶段。

第一阶段:一次渗碳体和共晶渗碳体在高温下分解析出石墨。

第二阶段:二次渗碳体分解析出石墨。

第三阶段:共析渗碳体分解析出石墨。

铸铁石墨化的过程是碳原子的一个扩散过程,温度的高低将影响碳原子的扩散。铸铁在高温冷却过程中,第一、第二阶段的石墨化容易进行,第三阶段由于温度较低,碳原子的扩散能力较低,石墨化往往难以进行。根据铸铁石墨化的程度不同,将获得不同基体的铸铁组织。

6.2.3 影响石墨化的因素

生产实践证明,铸铁石墨化受到很多因素的影响,其中最主要的影响因素是化学成分和冷却速度。

1. 化学成分的影响

按对石墨化的作用不同,化学元素(主要是合金元素)可分为两大类:

第一类是促进石墨化的元素,如铸铁中碳、硅、磷等,其中碳、硅是强烈促进石墨化的元素。铸铁中碳的含量越高,越有利于石墨化的进程,这是因为随着碳的质量分数的增加,液态铸铁中石墨晶核数目增多,故而促进了石墨化。硅与铁原子结合力较强,从而削弱了铁、碳原子间的结合力,硅还会使共晶点的碳的质量分数降低,共晶转变温度升高,这都有利于石墨的析出。需要说明的是,硅对石墨化的影响与其含量有关,铸铁中的含硅量在 3.0%～3.5% 以下时,促进石墨化的作用比较强烈,特别是含硅量在 1.0%～2.0% 的范围内作用更显著;当含硅量超过 3.0%～3.5% 时,硅对石墨化的促进作用减弱。磷是微弱促进石墨化的元素,能提高铁液的流动性,但磷在奥氏体和铁素体中溶解度很小,当含量超过一定值后,便会形成磷化物共晶体,在晶界析出,使铸铁脆性增加。

第二类是阻碍石墨化的元素,如铸铁中的硫、锰等。其中硫是强烈阻碍石墨化的元素,因为硫不仅增强铁、碳原子之间的结合力,而且在形成硫化物后,常以共晶体的形式分布在晶界上阻碍碳原子的扩散。锰也是阻碍石墨化的元素,但它与硫有很强的结合力,形成 MnS,减弱了硫对石墨化的有害影响,间接地促进了石墨化,故铸铁中应保持一定的含锰量。综上所述,铸铁中要限制硫的含量,控制锰的含量。

2. 冷却速度的影响

冷却速度对铸铁的石墨化影响很大。冷却愈快、愈容易得到白口组织;冷却愈慢,愈有利于石墨化进行。冷却速度受到造型材料、铸造方法、铸件壁厚等因素的影响。因此,为了保证在一般的冷却速度条件下获得灰铸铁,常用调整铸铁中碳当量的办法来达到目的。图 6-4 所示为碳和硅的总含量、冷却速度(以铸件壁厚表示)对石墨化的影响。

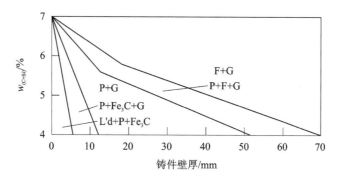

图 6-4　铸件成分和冷却速度对铸铁组织的影响

6.3　灰铸铁

6.3.1　灰铸铁的组织和性能

1. 灰铸铁的化学成分和组织

灰铸铁的化学成分一般为:$w_C = 2.7\%～3.6\%$, $w_{Si} = 1.0\%～2.5\%$, $w_{Mn} = 0.5\%～1.3\%$, $w_S \leqslant 0.15\%$, $w_P \leqslant 0.3\%$。由于硅、锰含量比碳钢高,他们能溶解于铁素体中使铁素体得到强化,灰铸铁的金属基体与碳钢基本相似,因此灰铸铁就金属基体而言,其本身强度比碳钢要高。例如,碳钢中铁素体的硬度约为 80 HBW,抗拉强度大约为 300 MPa,而灰铸铁中的铁素体其硬度约为 100 HBW,抗拉强度则有 400 MPa。

根据化学成分和冷却速度对石墨化的影响,灰铸铁可能出现三种不同基体的组织:铁素体灰铸铁(铁素体＋石墨);铁素体-珠光体灰铸铁(铁素体＋珠光体＋石墨);珠光体灰铸铁(珠光体＋石墨)。它们的显微组织如图 6－5 所示,从显微组织中可以发现,灰铸铁实际上是在钢的基体组织上分布了大量的片状石墨。

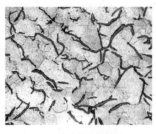  

(a) 铁素体灰铸铁　　　　　(b) 珠光体-铁素体灰铸铁　　　　　(c) 珠光体灰铸铁

图 6－5　灰铸铁的显微组织

2. 灰铸铁的性能

相对钢的基体来说,石墨的强度几乎等于零。所以,灰铸铁中存在石墨,就相当于钢内具有很多细小的孔洞和裂纹,破坏了基体组织的连续性。这些孔洞和裂纹的存在,不仅减少了金属基体承受载荷的面积,同时会在孔洞和裂纹的尖角处引起应力集中,使灰铸铁的抗拉强度和塑性大大低于具有相同基体的钢。石墨片愈粗大,分布愈不均匀,其有害作用愈大。但石墨片对灰铸铁的抗压强度影响不大,所以灰铸铁的抗压强度同相同基体组织的钢差不多。因此铸铁广泛用作承受压载荷的零件,如机座、轴承座等。

综上所述,灰铸铁的性能主要取决于基体的性能和石墨的数量、形状、大小和分布状况。其中以细晶粒的珠光体基体和细片状石墨组成的灰铸铁的性能最优,应用也最广。

石墨虽然降低了灰铸铁的力学性能,但由于石墨的存在,也使灰铸铁获得了钢所不及的一些优良性能。

(1) 铸造性能良好

由于灰铸铁的碳当量接近共晶成分,故与钢相比,不仅熔点低,流动性好,而且铸铁在凝固过程中要析出体积较大的石墨,部分补偿了基体的收缩,从而减少了灰铸铁的收缩率,所以灰铸铁能浇注形状复杂与壁薄的铸件。

(2) 减摩性好

所谓减摩性是指减少对偶件被磨损的性能。灰铸铁中石墨本身具有润滑作用,而且当它从铸铁表面掉落后,所遗留下的孔隙具有吸附和储存润滑油的能力,使摩擦面上的油膜易于保持而具有良好的减摩性。所以承受摩擦的机床导轨、气缸体等零件可用灰铸铁制造。

(3) 减振性强

由于铸铁在受振动时,石墨能起缓冲作用,它阻止振动的传播,并把振动能量转变为热能,使灰铸铁减振能力比钢大约 10 倍,故常用作承受压力和振动的机床底座、机架、机身和箱体等零件。

(4) 可加工性良好

由于石墨割裂了基体的连续性,使铸铁切削时易断屑和排屑,且石墨对刀具具有一定润滑作用,使刀具磨损减小。

（5）缺口敏感性较低

钢常因表面有缺口（如油孔、键槽、刀痕等）造成应力集中,使力学性能显著降低,故钢的缺口敏感性大。灰铸铁中石墨本身就相当于很多小的缺口,致使外加缺口的作用相对减弱,所以灰铸铁具有较低的缺口敏感性。

由于灰铸铁具有以上一系列的优良性能而且价廉、易于获得,故目前在工业生产上,它仍然是应用广泛的金属材料之一。

6.3.2　灰铸铁的孕育处理

由于较粗大的片状石墨片存在,使得灰铸铁的抗拉强度较低,塑性、韧性极差。另外,灰铸铁组织对冷却速度很敏感,同一铸件不同壁厚的部位可能存在较大的差异,壁薄处可能出现白口组织,而壁厚处又可能出现粗大的石墨片和铁素体量过多的基体组织,铸件各部分机械性能不能均匀一致。

为了提高灰铸铁的力学性能,生产中常采用孕育处理,即在浇注前向铁水中加入少量的硅铁合金或硅钙合金等孕育剂,在铁水中产生大量的人工晶核,使石墨片细化且分布均匀,同时还可以细化基体组织,增加基体中珠光体的数量,从而提高灰铸铁的力学性能。经过孕育处理后的铸铁称为孕育铸铁。

孕育铸铁不仅强度和硬度有很大的提高,塑性和韧性也得到改善。同时,孕育剂的加入减少了冷却速度的影响,铸件各部分均能得到均匀一致的组织。因此,孕育铸铁常用来制造力学性能要求较高、截面尺寸变化较大的大型铸件,如大型发动机的曲轴、汽缸体、机床床身、机架等。

6.3.3　灰铸铁的牌号及用途

灰铸铁的牌号由"HT"及数字组成。其中"HT"是"灰铁"两字汉语拼音的首字母,其后的数字表示最低的抗拉强度（MPa）。如 HT200 表示最低抗拉强度为 200 MPa 的灰铸铁。

各种灰铸铁的牌号、力学性能及用途见表 6-1。

表 6-1　灰铸铁的牌号、力学性能及用途

牌　号	铸件壁厚/mm	抗拉强度 R_m/MPa（不小于）	适用范围及应用举例
HT100	10～20	100	低负荷和不重要的零件,如盖、外罩、手轮、支架、重锤等
HT150	<20	150	承受中等负荷的零件,如汽轮机泵体、轴承座、齿轮箱、工作台、底座、刀架等
HT200	10～20	200	承受较大负荷的零件,如汽缸、齿轮、油缸、阀壳、飞机、床身、活塞、刹车轮、联轴器、轴承座等
HT250		250	
HT300	10～20	300	承受高负荷的重要零件,如齿轮、凸轮、车床卡盘、剪床和压力机的机身、床身、高压液压筒、滑阀壳体等
HT350		350	

6.3.4　灰铸铁的热处理

灰铸铁热处理的基本原理和钢相同,用于钢的各种热处理工艺,原则上也可用于灰铸铁。

但由于热处理不能改善石墨的形状、分布,故对提高力学性能作用不大。因此,灰铸铁生产中,热处理主要用于消除内应力和改善切削性能等。

1. 消除内应力退火

消除内应力退火目的是消除铸件冷却凝固过程中所产生的内应力,以防止铸件经机械加工后,由于内应力作用而引起铸件变形。

消除内应力退火是将铸件加热到 500～600 ℃,保温一段时间,然后随炉缓冷至 150～200 ℃,出炉空冷。经热处理后,铸件内应力基本消除。

2. 降低硬度的退火

铸件的表层及薄壁截面处,由于冷却速度较快,常会产生白口组织,致使切削加工难以进行,所以必须进行退火处理,以降低硬度。

退火方法是将铸件加热到 850～900 ℃,保温 2～5 h,使白口组织中的渗碳体分解为石墨和铁素体,然后随炉冷却至 400～500 ℃,再出炉空冷。

3. 表面淬火

有些大型铸件(如机床导轨表面、内燃机气缸套内壁等)的工作表面需要有较高的硬度和耐磨性,常采用表面淬火处理。常见方法有火焰加热淬火、高频加热淬火、接触电阻加热淬火等。

图 6－6 为机床导轨的接触电阻加热淬火的基本原理示意图。它是用一个电极(常用石墨棒或紫铜滚轮)与工件紧密接触,通以低电压的强电流,利用电极与工件接触处的电阻热来迅速加热工件表面,使温度达到 900～950 ℃。再将电极以一定的速度移动,已加热的地方由于工件本身的导热而获得快速冷却,从而达到表面淬硬的

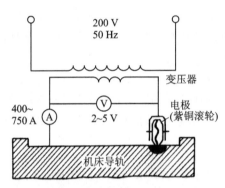

图 6－6　机床导轨的接触电阻加热淬火的基本原理示意图

目的。淬火层深度可达 0.2～0.3 mm,组织为极细马氏体＋片状石墨,硬度可达 55～61 HRC,使用寿命约提高 1.5 倍。

6.4　可锻铸铁

可锻铸铁又称为马铁或玛钢,它是由白口铸铁通过可锻化退火而获得的具有团絮状石墨的铸铁。由于石墨呈团絮状分布,减弱了石墨对金属基体的割裂作用和应力集中,因此可锻铸铁相对于灰铸铁有较高的强度、塑性和韧性。必须指出的是,可锻铸铁因其具有一定的塑性变形能力而得名,但事实上它是不能锻造的。

6.4.1　可锻铸铁的生产过程

生产可锻铸铁的第一步是先铸成白口铸铁件,不允许有石墨出现;第二步是进行可锻化退火,获得可锻铸铁组织,可锻铸铁铁水的化学成分要严格控制,一般要求碳和硅的量比灰铸铁的要适当低些。若含碳和含硅量过高,由于它们都是强烈促进石墨化元素,故铸铁的铸态组织中就有片状石墨形成,并在随后的退火过程中,从渗碳体分解出的石墨将会附在片状石墨上析

出,而得不到团絮状石墨。同时,石墨数量也增多,使力学性能下降。但含碳量和含硅量也不能太低,否则,不仅使退火时石墨化困难,增长退火周期,而且使熔炼困难、铸造性能变差。例如黑心可锻铸铁的化学成分为:$w_C = 2.3\% \sim 2.8\%$,$w_{Si} = 1.0\% \sim 1.6\%$,$w_{Mn} = 0.3\% \sim 0.6\%$,$w_P \leqslant 0.1\%$,$w_S \leqslant 0.2\%$。

黑心可锻铸铁的热处理工艺如图 6-7 所示。其方法是将白口铸件在中性介质中加热至高温,经长时间(约 15 h)保温后缓慢冷却。在长时间保温过程中,组织中的渗碳体分解为奥氏体加团絮状石墨。

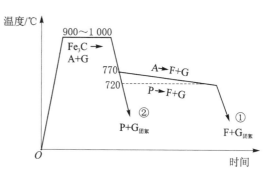

图 6-7　黑心可锻铸铁可锻化退火工艺曲线

在缓慢冷却过程中,奥氏体也将析出团絮状石墨。当冷却到共析转变温度时,以极缓慢的速度冷却(如图 6-7 中的①所示),可获得铁素体可锻铸铁。如果在共析转变过程中,冷却较快(如图 6-7 中的②所示),使得石墨化来不及进行,则奥氏体转变为珠光体,最终获得珠光体可锻铸铁。

6.4.2　可锻铸铁的组织和性能

可锻铸铁根据热处理工艺不同,可分为黑心可锻铸铁(铁素体可锻铸铁)、珠光体可锻铸铁和白心可锻铸铁三类。目前我国以应用黑心可锻铸铁和珠光体可锻铸铁为主。

黑心可锻铸铁是由白口铸铁经长时间石墨化退火而制成的。白口铸铁中的渗碳体在退火过程中完全石墨化,获得团絮状石墨组织,成为铁素体可锻铸铁。因其断口呈暗灰色,故又称为黑心可锻铸铁。

如果冷却速度较快,共析渗碳体来不及分解,则退火组织为珠光体上分布着团絮状石墨,称为珠光体可锻铸铁。

黑心可锻铸铁和珠光体可锻铸铁的显微组织如图 6-8 所示。

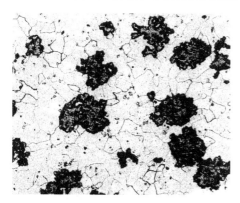

(a) 黑心可锻铸铁

(b) 珠光体可锻铸铁

图 6-8　可锻铸铁的显微组织

可锻铸铁的基体组织不同,其性能也不一样,黑心可锻铸铁具有较高的塑性和韧性,而珠光体可锻铸铁具有较高的强度、硬度和耐磨性。

6.4.3 可锻铸铁的牌号及用途

可锻铸铁的牌号由三个字母及两组数字组成。其中前两个字母"KT"是"可铁"两字汉语拼音首字母,第三个字母代表可锻铸铁的类别。例如:"KTH"表示黑心可锻铸铁,"KTZ"则表示珠光体可锻铸铁。后面的两组数字分别表示最低的抗拉强度(MPa)和最低的伸长率(%)。

可锻铸铁具有铁水处理简单、质量稳定、容易组织流水线生产、低温韧性好等优点,广泛应用于汽车、拖拉机制造行业,常用来制造形状复杂、承受冲击载荷的薄壁、中小型零件。

可锻铸铁的牌号、力学性能及主要用途见表 6-2。

表 6-2 可锻铸铁的牌号、力学性能及用途

类 别	牌 号	抗拉强度 R_m/MPa	伸长率 A/%	硬度 HBW	应用举例
		不小于		不大于	
黑心可锻铸铁	KTH300-06	300	6	150	汽车、拖拉机的后桥外壳、转向机构、弹簧钢板支座等;机床上用的扳手;低压阀门、管接头和农具等
	KTH330-08	330	8		
	KTH350-10	350	10		
	KTH370-12	370	12		
珠光体可锻铸铁	KTZ450-06	450	6	150~200	曲轴、连杆、齿轮、凸轮轴、摇臂、活塞环等
	KTZ550-04	550	4	180~230	
	KTZ650-02	650	2	210~260	
	KTZ700-02	700	2	240~290	

6.5 球墨铸铁

球墨铸铁是指在浇注前向含有灰铸铁成分的铁液中加入少量的球化剂和孕育剂,使石墨呈球状析出的铸铁。

球墨铸铁力学性能接近于钢,又保持了灰铸铁良好的性能,生产方便,成本低廉,工业上常用球墨铸铁代替中碳钢和铸钢,制造一些受力复杂,强度、塑性、韧性和耐磨性均要求较高的零件,如曲轴、连杆、凸轮轴和机床主轴等。它是近几十年发展起来的一种新型铸铁材料,在机械制造、交通运输、石油化工等许多工业部门获得了广泛的应用。

6.5.1 球墨铸铁的组织与性能

球墨铸铁的化学成分一般为:$w_C=3.6\%\sim4.0\%$,$w_{Si}=2.0\%\sim2.8\%$,$w_{Mn}=0.6\%\sim0.8\%$,$w_P\leqslant0.3\%$,$w_S\leqslant0.15\%$,$w_{Mg}=0.03\%\sim0.05\%$,$w_{Re}\leqslant0.05\%$。其特点是碳、硅含量较高,锰含量较低,对硫、磷限制较严,要求镁和稀土元素有一定的残留量。

球墨铸铁可以看作是在钢的基体组织上分布着球状石墨。根据基体组织的不同,球墨铸铁一般分为铁素体球墨铸铁、铁素体-珠光体球墨铸铁和珠光体球墨铸铁三种,其显微组织如图 6-9 所示。

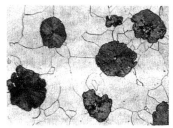
(a) 铁素体球墨铸铁

(b) 珠光体-铁素体球墨铸铁

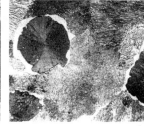
(c) 珠光体球墨铸铁

图 6-9　球墨铸铁的显微组织

球墨铸铁的力学性能明显高于灰铸铁,其抗拉强度、疲劳强度、塑性和韧性接近于它相应基体组织的铸钢,屈强比高于正火态 45 钢。球墨铸铁中的石墨呈球状,对基体的割裂作用明显减小,产生应力集中的作用较小,可以充分发挥金属基体性能。

球墨铸铁仍具有灰铸铁的一些优点,如良好的铸造性、切削加工性、减振性、减摩性和较低的缺口敏感性等。

铁素体球墨铸铁的塑性和韧性较好,但强度、硬度较低,珠光体球墨铸铁强度、硬度较高,耐磨性好,但塑性和韧性较差。球墨铸铁中石墨球越小、越圆整、分布越均匀,其力学性能也就越好。

6.5.2　球墨铸铁的牌号及用途

球墨铸铁的牌号以"QT"及两组数字表示。其中"QT"是"球铁"两字汉语拼音首字母,后面的两组数字分别表示最低抗拉强度(MPa)和最低伸长率(%)。

球墨铸铁的牌号、力学性能和用途举例见表 6-3。

表 6-3　球墨铸铁的牌号、力学性能及用途举例

牌　号	力学性能				基体组织	用途举例
	R_m/MPa	$R_{p0.2}$/MPa	A/%	HBW		
	不小于					
QT400-18	400	250	18	120~175	铁素体	受冲击、振动的零件。如汽车、拖拉机轮毂、差速器壳、拨叉;农机具零件;中低压阀门、上下水及输气管道;压缩机高低压汽缸、电机机壳、齿轮箱、飞轮壳等
QT400-15	400	250	15	120~180	铁素体	
QT450-10	450	310	10	160~210	铁素体	
QT500-7	500	320	7	170~230	铁素体+珠光体	机器座架、传动轴飞轮、电动机架内燃机的机油泵齿轮、铁路机车车轴瓦等
QT600-3	600	370	3	190~270	铁素体+珠光体	载荷大、受力复杂的零件。如汽车、拖拉机、曲轴、连杆、凸轮轴;部分车床、磨床、铣床的主轴、机床蜗杆蜗轮、轧钢机轧辊、大齿轮、汽缸体、桥式起重机大小滚轮等
QT700-2	700	420	2	225~305	珠光体	
QT800-2	800	480	2	245~335	珠光体或索氏体	
QT900-2	900	600	2	280~360	回火马氏体或屈氏体+索氏体	汽车后桥螺旋锥齿轮、减速器齿轮等高强度齿轮;内燃机曲轴、凸轮轴等

由表可见,球墨铸铁的力学性能可以与钢媲美,广泛应用于许多工业产品。但是,球墨铸铁的收缩率大,流动性稍差,对原材料及处理工艺要求较高。

6.5.3 球墨铸铁的热处理

球墨铸铁的力学性能与其金属基体组织的类型和球状石墨的大小及分布有关,球墨铸铁中的球状石墨直径越小越均匀,力学性能越好。所以通过热处理改变球墨铸铁的基体组织,对提高其力学性能有重要作用。

球墨铸铁的热处理与钢相似,但因其碳、硅、锰含量较多,所以热处理需要较高的加热温度和较长的保温时间,其淬透性比碳钢好。常见热处理方法有四种。

1. 退 火

（1）高温退火

球墨铸铁铸造后,组织内常有自由渗碳体存在,为使自由渗碳体分解,提高塑性和韧性,降低硬度,改善切削加工性,需要进行高温退火,以获得铁素体球墨铸铁。其方法是将铸件加热到 900～950 ℃,保温 2～5 h,然后随炉冷却到 600 ℃左右,再出炉空冷。

（2）低温退火

当基体组织只有铁素体和珠光体,没有自由渗碳体存在时,为了使珠光体中的渗碳体分解,获得较高的塑性和韧性,需要进行低温退火,以获得铁素体球墨铸铁。其方法是将铸件加热到 720～760 ℃,保温 2～8 h,然后随炉冷却到 600 ℃左右,再出炉空冷。

（3）消除内应力退火

球墨铸铁件在铸造后应力较大,即使不再进行其他热处理,也应进行消除内应力退火。其方法是将铸件加热到 500～600 ℃,保温 2～8 h,然后随炉冷却到 200～250 ℃后,再出炉空冷。

2. 正 火

正火的目的是增加基体中珠光体的数量,细化晶粒,提高球墨铸铁的强度和耐磨性。根据加热温度不同,正火的方法可以分为两种。

（1）高温正火

高温正火又称完全奥氏体化正火。将铸件加热到 880～950 ℃,保温 1～3 h,然后出炉空冷,以获得珠光体球墨铸铁。正火时还可以采用风冷、喷雾冷等方法加快冷却速度,增加基体中珠光体的含量,提高铸件的强度和硬度。

（2）低温正火

低温正火又称不完全奥氏体化正火。将铸件加热到 820～860 ℃,保温 1～4 h,然后出炉空冷,使基体组织一部分转变为奥氏体,另一部分转变为铁素体,获得的基体组织为珠光体-铁素体球墨铸铁。铸件低温正火后,塑性和韧性较高,还具有一定的强度,综合力学性能良好。

由于正火的冷却速度较快,正火后铸件内有较大应力,因此正火后还需要进行消除内应力退火。

3. 调质处理

对于综合力学性能要求较高的铸件,如连杆、曲轴等,需进行调质处理。其方法是将铸件加热到 860～900 ℃,保温后油冷,然后在 550～600 ℃回火 2～4 h,获得基体组织为回火索氏体的球墨铸铁。铸件调质处理后,强度、塑性和韧性均较高,综合力学性能良好。调质处理一般只适用于小尺寸的铸件,尺寸过大时,不易淬透,调质效果不好。

4. 等温淬火

对于形状复杂、热处理易变形或开裂，又要求强度高、塑性和韧性好的铸件，需要进行贝氏体等温淬火。其方法是将铸件加热到 860～900 ℃，保温一定时间后，迅速转移至 250～350 ℃的盐浴中等温处理 1～1.5 h，然后出炉空冷，获得的基体组织为下贝氏体的球墨铸铁。等温淬火后一般不再进行回火。由于等温盐浴的冷却能力有限，故一般仅适用于齿轮、凸轮和曲轴等截面不大的零件，另外，等温淬火后铸件硬度较高，切削加工困难。

6.6　蠕墨铸铁

蠕墨铸铁是在铁液中加入一定量的蠕化剂，使得石墨形态呈蠕虫状后形成的铸铁，其石墨形状介于片状石墨和球状石墨之间，类似片状石墨，但石墨片短而厚，头部较圆，形似蠕虫。

6.6.1　蠕墨铸铁的生产过程

蠕墨铸铁的生产方法与球墨铸铁相似，即在一定成分的铁液中加入适量的蠕化剂，促使石墨形成蠕虫状，然后加孕育剂进行孕育处理。蠕墨铸铁的化学成分要求一般比灰铸铁严格，其成分为 $w_C = 3.5\% \sim 3.9\%$，$w_{Si} = 2.1\% \sim 2.8\%$，$w_{Mn} = 0.4\% \sim 0.8\%$，$w_P \leqslant 0.07\%$，$w_S \leqslant 0.06\%$。蠕墨铸铁在铸态时的铁素体质量分数为 50% 或更高，加入稳定元素如 Cu，Ni，Sn 等后，珠光体质量分数可提高到 70% 左右，若再经过正火处理，珠光体质量分数可达 90%～95%。

蠕墨铸铁的原铁水一般要求高碳硅的共晶或过共晶成分的铁水，通常碳当量在 4.3%～4.6% 之间，其蠕化处理的效果最佳。表 6 - 4 所列为适宜大、小铸件的铁水化学成分，仅供参考。一般铁水中的含硫量越低越好，应限制在 0.06% 以下，有利于铸铁的变质处理。

表 6 - 4　蠕墨铸铁原铁水化学成分

铸件大小	化学成分占比/%				
	C	Si	Mn	P	S
大件	3.6～3.9	1.8～2	0.5～0.8	<0.1	0.05～0.09
小件	3.6～3.9	1.5～2	0.9～1.5	<0.1	0.05～0.09

6.6.2　蠕墨铸铁的组织与性能

蠕墨铸铁也可以看作是在钢的基体组织上分布着蠕虫状石墨。根据基体组织的不同，蠕墨铸铁通常有铁素体蠕墨铸铁、铁素体-珠光体蠕墨铸铁和珠光体蠕墨铸铁三种。图 6 - 10 所示为铁素体蠕墨铸铁的显微组织。

与灰铸铁相比，蠕虫状石墨的长厚比减小，尖端变圆，对基体的割裂作用减小，应力集中也减轻。因此，蠕墨铸铁的力学性能介于相同基体组织的灰铸铁与球墨铸铁之间，其抗拉强度、延伸率、弯曲疲劳

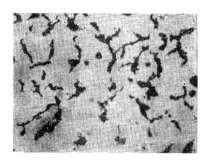

图 6 - 10　蠕墨铸铁的显微组织

强度相当于铁素体球墨铸铁,导热性、抗热疲劳性、减振性、耐磨性、切削加工性和铸造性能又接近灰铸铁。蠕墨铸铁的断面敏感性较普通灰口铸铁小得多,因此其厚大截面上的力学性能仍比较均匀。

蠕墨铸铁常用于制造在热循环载荷条件下工作、要求组织致密的高强度铸件,如钢锭模、玻璃模具、柴油机汽缸、汽缸盖、排气管等。

6.6.3 蠕墨铸铁的牌号及用途

蠕墨铸铁的牌号由"RuT"及数字组成。其中"RuT"是"蠕铁"两字汉语拼音缩写,后面的数字表示最低抗拉强度(MPa)。

蠕墨铸铁的牌号、力学性能及用途举例见表 6-5。

表 6-5　蠕墨铸铁的牌号、力学性能及用途举例

牌　号	力学性能				蠕化率 VG/%	基体组织	用途举例
	R_m/MPa	$R_{p0.2}$/MPa	A/%	HBW			
	不小于				不小于		
RuT420	420	335	0.75	200～280	50	珠光体	强度高、硬度高,具有高耐磨性和较高导热率。铸件材料中需要加入合金元素或正火处理,适于制造要求强度或耐磨性高的零件。
RuT380	380	300	0.75	193～274	50	珠光体	活塞环、汽缸套、制动盘、玻璃模具、刹车鼓、钢珠研磨盘、吸淤泥泵体等
RuT340	340	270	1.0	170～249	50	珠光体+铁素体	强度和硬度较高,具有较高耐磨性和导热率,适于制造要求较高强度、刚度和要求耐磨的零件。带导轨面的重型机床件、大型龙门铣横梁,大型齿轮箱体、盖、座、刹车鼓、飞轮、玻璃模具、起重机卷筒、烧结机滑板等
RuT300	300	240	1.5	140～217	50	铁素体+珠光体	强度和硬度适中,有一定的塑性和韧性,导热率较高,致密性较好,适于制造要求较高强度并承受热疲劳的零件。排气管、变速箱体、汽缸盖、纺织机零件,液压件、钢锭模,某些小型烧结机蓖条等
RuT260	260	195	3.0	121～197	50	铁素体	强度一般,硬度较低,有较高的塑性、韧性和导热率,铸件需要退火处理,适于制造受冲击和热疲劳的零件。增压器废气进气壳体,汽车、拖拉机的某些底盘零件

6.7　合金铸铁

合金铸铁是指常规元素(硅、锰)高于普通铸铁规定含量或含有其他合金元素,具有较高力学性能或某些特殊性能的铸铁,如耐磨铸铁、耐热铸铁、耐蚀铸铁等。

6.7.1　耐磨铸铁

耐磨铸铁是指不易磨损的铸铁,主要通过激冷或在铸铁中加入某些合金元素形成耐磨损的基本组织和一定数量的硬化相而获得。按其工作条件不同,可分为抗磨铸铁和减磨铸铁两类。

1. 抗磨铸铁

在干摩擦及抗磨料磨损条件下工作的零件,如轧辊、犁铧、抛丸机叶片、球磨机磨球等,应具有均匀的高硬度。白口铸铁属于这类抗磨铸铁,但因其脆性很大,不宜制作承受冲击的铸件。生产中常用"激冷"方法制造冷硬铸铁,即在造型时,在铸件要求抗磨的部位采用金属型,其余部位用砂型,并适当调整化学成分,利用高碳低硅,使要求抗磨处得到白口组织,而其余部位为有一定强度和韧性的灰口组织(片状石墨或球状石墨),使其具有"外硬里韧"的特点,可承受一定的冲击。这种因表面凝固速度较快,碳全部或大部分呈化合态而形成一定深度的白口层,中心为灰口组织的铸铁称为冷硬铸铁。

向白口铸铁中加入一定量的铬、钼、钒、铜、钨、锰等元素,可在铸铁中形成合金渗碳体,提高耐磨性,但韧性改善不多。如加入大量的铬($w_{Cr}=15\%$)后,在铸铁中形成团块状 Cr_7C_3,其硬度高于 Fe_3C,团块状可明显改善铸铁韧性,这种铸铁称为高铬白口抗磨铸铁。高铬白口抗磨铸铁可用于生产球磨机的磨球、衬板,轧钢机的导向辊、冷热轧辊等。

我国研制的中锰耐磨球墨铸铁(其中 $w_{Mn}=5.0\%\sim9.5\%$,$w_{Si}=3.3\%\sim5.0\%$),铸态组织为马氏体、奥氏体、碳化物和球状石墨,这种铸铁具有较高的耐磨性和较好的强度和韧性,不需贵重合金元素,可用冲天炉熔炼,成本低。这种铸铁可代替高锰钢或锻钢制造承受冲击的一些抗磨零件。

2. 减磨铸铁

在润滑条件下工作的零件,如机床导轨、汽缸套、活塞环、轴承等,其组织应为软基体上分布硬质点。珠光体基体的灰铸铁能满足这一要求,即珠光体中的铁素体为软基体,渗碳体为硬质点,铁素体的石墨被磨损后形成沟槽,起储油和润滑作用,渗碳体起支撑作用。为进一步提高珠光体灰铸铁的耐磨性,可将其含磷量增加到 $0.35\%\sim0.65\%$,即成为高磷铸铁。磷形成 Fe_3P,Fe_3P 与铁素体或珠光体组成磷共晶。磷共晶成断续网状分布,形成坚硬骨架,使铸铁硬而耐磨,但强度和韧性较差。在高磷铸铁的基础上加入铬、钼、钒、铜、钨、钛、硼等合金元素,可增加珠光体含量,细化组织,提高基体的韧性、强度和耐磨性,使铸铁的力学性能得到更大提高。

6.7.2　耐热铸铁

耐热铸铁是指可以在高温下使用,其抗氧化或抗生长性能符合使用要求的铸铁。"生长"是指由于氧化性气体沿石墨片边界和裂纹渗入铸铁内部造成的氧化,以及因 Fe_3C 分解而发生的石墨化引起铸件体积膨胀。为提高耐热性,可向铸铁中加入铝、硅、铬等元素,使铸件表面形成一层致密的 Al_2O_3、SiO_2、Cr_2O_3 等氧化膜,保护内层不被氧化。此外,硅、铝可提高相变点,使基体变为单向铁素体,避免铸铁在工作温度下发生固态相变和由此产生的体积变化及显微裂纹。铬可形成稳定的碳化物,提高铸铁的热稳定性。为防止 Fe_3C 石墨化,耐热铸铁多采用单相铁素体的基体。铁素体基体的球墨铸铁中石墨为孤立分布,互不相连,氧化性气体不易侵入铸铁内部,故其耐热性较好。

耐热铸铁的种类很多,如硅系、铝系、铬系、硅铝系等。我国目前广泛采用的是硅系和硅铝系耐热铸铁。

耐热铸铁主要用于制造加热炉炉底板、炉条、烟道挡板,换热器,粉末冶金用坩埚及钢锭模等。

6.7.3　耐蚀铸铁

耐蚀铸铁是指能耐化学、电化学腐蚀的铸铁。为提高铸铁耐蚀性常加入的合金元素有铬、钼、铜、硅、铝、镍等。加入这些元素后,可提高铁素体的电极电位,并能在铸件表面形成一层致密的 Al_2O_3、SiO_2、Cr_2O_3 等保护膜,提高了铸铁的耐蚀能力。

目前,耐蚀铸铁的种类很多,如高硅、高镍、高铝、高铬等的耐蚀铸铁,其中应用较为广泛的是高硅($w_{Si}=14\%\sim18\%$)耐蚀铸铁,其组织为含硅铁素体、石墨和 Fe_3Si_2。这种铸铁因其表面形成致密、完整且耐蚀性高的 SiO_2 保护膜,所以在含氧酸类和盐类介质中有良好的耐蚀性,但在碱性介质、盐酸、氢氟酸中,由于表面的 SiO_2 保护膜被破坏,故耐蚀性下降。对于在碱性介质中工作的铸铁件,可采用低镍($w_{Ni}=0.8\%\sim1.0\%$)和低铬($w_{Cr}=0.6\%\sim0.8\%$)抗碱铸铁,也可以向高硅耐蚀铸铁中加入铜($w_{Cu}=6.5\%\sim8.5\%$),以提高其耐蚀性。

耐蚀铸铁主要应用于化工部门,制造管道、容器、阀门、泵等。

本章小结

1. 铸铁是机械工业中应用最广的重要金属材料之一,除铁、碳两种元素外,还含有较多的锰、磷、硫等元素,它具有成本低廉、铸造性好、减摩耐磨性高等优点,常用来制作壳体、机匣、箱体类零件,在机械制造、交通运输、石油化工等行业都有着广泛的应用。

2. 根据石墨形态不同铸铁可分为:灰铸铁、球墨铸铁、可锻铸铁、蠕墨铸铁及特种性能铸铁。应用最多的是灰铸铁和球墨铸铁。

3. 在工业生产中广泛应用的铸铁是灰口铸铁,灰口铸铁的组织是在钢的基体上分布着不同形态的石墨。灰铸铁的特点是具有良好的铸造性能、可切削性、减振性、减摩性和低的缺口敏感性,但抗拉强度低、塑性和韧性很差,主要用于制造承受压应力工作的工件,如机床床身、齿轮箱、轴承座、油缸、阀壳、活塞等。

4. 球墨铸铁的强度、硬度与同基体的钢接近,还有比较好的铸造性能、可切削性、减振性、减摩性和低的缺口敏感性,但塑性、韧性较低,主要用于制造承受低冲击、大应力的工件,如汽车、拖拉机曲轴、连杆、凸轮轴、汽车后桥螺旋锥齿轮、机油泵齿轮等。

习　题

1. 何谓铸铁的石墨化？影响石墨化的因素有哪些？

2. 灰铸铁的组织有哪几种？哪一种组织的强度最高？

3. 为什么灰铸铁的表面硬度往往比中心高？

4. 为什么铸铁的力学性能比钢低，但在工业生产上又有广泛应用？

5. 何谓孕育铸铁？孕育处理后，它的组织与性能有哪些变化？

6. 球墨铸铁是怎样获得的？它与相同基体的灰铸铁相比，有哪些性能特点？

7. 灰铸铁为什么一般不进行淬火和回火，而球墨铸铁可以进行热处理？

8. 试述灰铸铁、可锻铸铁和球墨铸铁的牌号表示方法，且分别举例说明其用途。

9. 为什么可锻铸铁适宜制造薄壁铸件，而球墨铸铁不适宜制造这种铸件？

10. 简述蠕墨铸铁在石墨形态和性能方面与灰铸铁及球墨铸铁的区别。

11. 试从以下几个方面比较 HT150 与退火状态 20 钢的差异：

化学成分、组织、抗拉强度、抗压强度、硬度、减摩性、铸造性能、锻造性能、焊接性能、切削加工性。

12. 现有形状和尺寸完全相同的白口铸铁、灰铸铁和低碳钢棒料各一根，试问用何种方法可更简便、迅速地将它们区分出来？

第7章　有色金属与粉末冶金材料

【导学】

有色金属具有钢铁材料所没有的许多特殊性能,因而已经成为现代工业、航空、航天、电力、通信等领域中必不可少的工程材料。有色金属在使用过程中体现出来的良好的导电性和导热性,良好的塑性和韧性,轻质、比强度高、耐高温等性能,使其成为相关领域的必需材料。所以,掌握有色金属及合金的性能,理解该类材料的应用条件及特点,是实际生产中正确选材及应用的需要,也是合理进行机械产品加工的要求。

【学习目标】

◆ 掌握铝及铝合金的分类、性能及应用;

◆ 掌握铜及铜合金的分类、性能及应用;

◆ 了解镁及镁合金的特点及牌号;

◆ 理解钛及钛合金的特点及牌号;

◆ 了解轴承合金的分类、性能及应用;

◆ 掌握硬质合金的特点及牌号。

本章重难点

7.1　概　述

金属材料分为黑色金属和有色金属两大类。黑色金属主要指钢和铸铁,而把其余金属,如铝、镁、铜、铅、钛、锌等及其合金统称为有色金属。与黑色金属相比,有色金属具有比密度小、比强度高的特点,因此,在航空航天工业、汽车制造、船舶制造等方面应用十分广泛。银、铜、铝等金属,导电性能和导热性能优良,是电器工业和仪表工业不可缺少的材料。钨、钼、铌是制造高温零件及电真空元件的理想材料。汞用于仪表,铝、锡箔材是食品包装的常用材料。有色金属品种繁多,本章仅介绍机械工业中广泛使用的铝及其合金、铜及其合金、镁及其合金、钛及其合金、轴承合金、硬质合金。

7.2　铝及铝合金

铝是地壳中储量最丰富的金属,约占地表总重量的 8.2% ,铝及其合金是我国优先发展的重要有色金属,是工业中应用最广泛的一类有色金属结构材料,被称为第二金属,其产量仅次于钢,为有色金属之首。铝及其合金的密度小,具有良好的强度和塑性,比强度远高于钢,同时具有良好的导热、导电性及抗腐蚀性能,因此在机械制造、航天、船舶和化学工业中得到广泛的运用。

7.2.1　工业纯铝

工业上使用的纯铝中,铝的质量分数一般为 $99\%\sim99.99\%$,纯铝呈银白色,密度小(约

$2.7 g/cm^3$),熔点为 660 ℃,具有面心立方晶格,无同素异构转变。

纯铝具有如下优良性能:

① 密度为 $2.7 g/cm^3$,是一种轻型金属;

② 导电、导热性好,仅次于铜、银、金;

③ 具有较好的耐大气腐蚀性能(纯铝表面可形成一层致密的氧化膜);

④ 具有较好的工艺性能。铝的塑性很好,可以冷热变形加工,还可以通过热处理强化,提高铝的强度。

纯铝的强度很低,不能作受力大的结构件,可通过配制铝合金来提高强度。

工业纯铝的牌号用 $1\times\times\times$ 四位数字+字符来表示,如 1070A,1060,1050A,1035 等(相当于旧牌号 L1,L2,L3,L4,数字越大,表示杂质含量越高)。工业纯铝的牌号、化学成分和用途见表 7-1。

表 7-1　工业纯铝的牌号、化学成分和用途

旧牌号	新牌号	化学成分 $w/\%$		用　途
		Al	杂质总量	
L1	1070	99.7	0.3	垫片、电容、电子管隔离罩、电缆、导电体和装饰件
L2	1060	99.6	0.4	
L3	1050	99.5	0.5	
L4	1035	99.0	1.00	
L5	1200	99.0	1.00	不受力而具有某种特性的零件,如电线保护导管、通信系统的零件、垫片和装饰件

7.2.2　铝合金

纯铝强度很低($R_m=80\sim100$ MPa),不宜制作承受载荷的结构件。为了提高纯铝的强度,加入适量的硅、铜、镁、锌、锰等合金元素,形成铝合金,再经过冷变形和热处理后,强度明显提高($R_m=500\sim600$ MPa)。

根据铝合金的成分和生产工艺特点不同,铝合金可分为变形铝合金和铸造铝合金两大类。

1. 变形铝合金

如图 7-1 所示,成分位于铝合金相图的 D 点左边的合金加热到固溶线以上时,便可得到均匀的单相固溶体,其塑性变形能力很好,适于压力加工,因此这种强化的铝合金称为变形铝合金。根据强化特点不同,变形铝合金可分为两类:可热处理强化的变形铝合金(F—D 之间的铝合金)和不可热处理强化的变形铝合金(F 点以左的铝合金)。

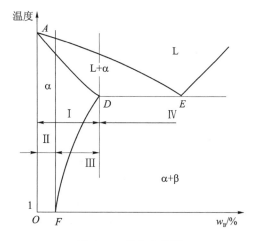

图 7-1　铝合金相图

可热处理强化的变形铝合金的 α 固溶体中,溶质 B 的含量将随温度的变化而变化,这类铝合金可以通过热处理强化其性能;不可热处理强化的变形铝合金,其金属基体组织在冷却时不随温度变化而变化,故不能用热处理强化。变形铝合金分为防锈铝合金(LF)、硬铝合金(LY)、超硬铝合金(LC)、锻造铝合金(LD)四类,不可热处理强化的变形铝合金有防锈铝合金,可热处理强化的变形铝合金有硬铝合金、超硬铝合金和锻造铝合金。它们常由冶金厂加工成各种规格的型材、板、带、线、管等供应。

GB/T 3190—2008《变形铝及铝合金化学成分》规定了新的牌号,新旧变形铝合金的牌号、力学性能及用途见表 7-2。

表 7-2　常用变形铝合金的牌号、力学性能和用途

类　别	原牌号	新牌号	半成品种类	状态[①]	力学性能		用途举例
					R_m/MPa	A/%	
防锈铝合金	LF2	5A02	冷轧板材 热轧板材 挤压板材	0 H112 0	167～226 117～157 ≤226	16～18 7～6 10	在液体中工作的中等强度的焊接件、冷冲压件和容器、骨架零件等
	LF21	3A21	冷轧板材 热轧板材 挤制厚壁管材	0 H112 H112	98～147 108～118 ≤167	18～20 15～20	要求高的可塑性和良好的焊接性、在液体或气体介质中工作的低载荷零件,如油箱、油管、液体容器、饮料罐等
硬铝合金	LY11	2A11	冷轧板材(包铝) 挤压棒材 挤压制管材	0 T4 0	226～235 353～373 ≤245	12 10～12 10	各种要求中等强度的零件和构件、冲压的连接部位、空气螺旋桨叶片、局部镦粗的零件(如螺栓、铆钉)
	LY12	2A12	冷轧板材(包铝) 挤压棒材 挤压制管材	T4 T4 0	407～427 255～275 ≤245	10～13 8～12 10	用量最大,用作各种要求高载荷的零件和构件(但不包括冲压件和锻件),如飞机上的骨架零件、蒙皮、翼梁、铆钉等在 150 ℃以下工作的零件
	LY8	2B11	铆钉线材	T4	225	—	主要用作铆钉材料
超硬铝合金	LC3	7A03	铆钉线材	T6	284	—	受力结构的铆钉
	LC4 LC9	7A04 7A09	挤压棒材 冷轧板材 热轧板材	T6 0 T6	490～510 ≤240 490	5～7 10 3～6	受力构件和高载荷零件,如飞机上的大梁、桁条、加强框、蒙皮、翼肋、起落架零件等,通常多用于取代 2A12
锻造铝合金	LD5 LD7 LD8	2A50 2A70 2A80	挤压棒材 挤压棒材 挤压棒材	T6 T6 T6	353 353 441～432	12 8 8～10	形状复杂和中等强度的锻件和冲压件,内燃机活塞、压气机叶片、叶轮、圆盘以及其他在高温下工作的复杂锻件。2A70 耐热性好
	LD10	2A14	热轧板材	T6	432	5	高负荷和形状简单的锻件和模锻件

① 状态符号采用 GB/T 16475—2008 规定代号;0—退火,T4—固溶热处理＋自然时效,T6—固溶热处理＋人工时效,H112—热加工。

（1）防锈铝合金

防锈铝合金是指在大气、水和油等介质中具有良好抗腐蚀性能、可进行压力加工的铝合金，由于时效强化效果不明显，属于不能用热处理强化的铝合金，只能用冷变形强化，通常在退火状态、冷作硬化和半冷作硬化状态下使用。

防锈铝合金属于铝-锰系或铝-镁系合金，铝-锰系合金牌号用 $3\times\times\times$ 表示，铝-镁系合金牌号用 $5\times\times\times$ 表示。锰含量为 $w_{Mn}=1.0\%\sim1.6\%$，镁含量 w_{Mg} 一般不超过 7%，随着镁含量的增加，合金的强度增加，塑性下降。铝锰合金抗腐蚀性较高，铝镁合金具有良好的抗腐蚀性能和焊接性能，特别适用于制造承受低载荷的零件，如邮箱、管道、灯具、薄板容器及需要弯曲或冷拉伸的零件和制品。

（2）硬铝合金

硬铝合金包括铝铜镁系合金和铝铜锰系合金，这类合金的特点是：主要组成元素 Cu，Mg，Zn 都处于铝内的饱和溶解度状态，可用热处理（淬火和时效处理）来强化，因而具有较高的强度和很好的塑性，称为硬铝。牌号用 $2\times\times\times$ 表示，如 2A11，2A12（原牌号是 LY11，LY12）。

硬铝中如含铜、镁量多，则强度、硬度高，耐热性好，但塑性、韧性低。这类合金通过淬火时效可显著提高强度，R_m 可达 420 MPa，其比强度与高强度钢（一般指 R_m 为 1 000～1 200 MPa 的钢）相近，故名硬铝。硬铝的抗蚀性差，尤其不耐海水腐蚀。常用包覆纯铝的方法来提高其耐蚀性。

2A01，2A10 是低合金硬铝，强度低、塑性好，时效速度慢，淬火后孕育期长，剪切强度高。常用于制作铆钉，有"铆钉硬铝"之称。2A11 是标准硬铝，它是使用最早，应用较广的铝合金。由于它的时效强化效果好，退火后加工性能良好，主要用于形状较复杂、载荷较轻的结构件。2A12 是高合金硬铝，时效强化效果好，强度、硬度高，但塑性和焊接性较差，主要用于高强度的结构件及 150 ℃ 以下工作的机械零件。

（3）超硬铝合金

超硬铝合金属于铝铜镁锌系合金，牌号用 $7\times\times\times$ 表示，如 7A04，7A09（原牌号是 LC4，LC9）是强度最高的变形铝合金。在铝合金中，超硬铝时效强化效果最好，加入多元合金形成固溶体和复杂的强化相，经过固溶处理和时效处理后获得的强度高达 588～686 MPa，但塑性比硬铝低，耐蚀性、耐热性不高，抗疲劳性能较差，且温度>120 ℃ 时就会软化，常采用包铝的方法提高其耐蚀性。超硬铝常用的有 7A03、7A04 等，主要用作要求重量轻而受力较大的结构件，如飞机大梁、起落架等。

超硬铝合金通常在淬火＋人工时效状态下使用，各种超硬铝合金的淬火温度为 465～475 ℃。

（4）锻造铝合金

锻造铝合金属于铝铜镁硅系合金和铝铜镁镍铁合金，牌号用 $2\times\times\times$ 或 $6\times\times\times$ 表示，如 2A50，2A70（原牌号是 LD5，LD7），常用的有 2A50,6A02 等。其力学性能与硬铝相近，但热塑性、耐蚀性较高，适于锻造，故称锻铝。主要用于比强度要求较高的锻件。通常采用固溶热处理和人工时效来提高强度。

硬铝合金、超硬铝合金、锻造铝合金属于能热处理强化的铝合金。铝中加入铜、镁、锌是为了得到热处理强化所必需的溶质组元和第二相。经固溶、时效后，这些合金的强度较高，其中超硬铝合金的强化效果最突出。此类铝合金具有良好的热塑性,适用于热压力加工制造零件,一般在锻造后再热处理,有较好的力学性能,但有晶间腐蚀倾向。

2. 铸造铝合金

成分在铝合金相图 D 点右边的铝合金为铸造铝合金。由于有共晶组织存在,它具有良好的铸造性、耐蚀性和可加工性,可铸成形状复杂的铸件,并可通过热处理改善铸件的力学性能,但其压力加工性能很差,故不适于压力加工。

根据主加合金元素的不同,铸造铝合金分为四大类,即 Al - Si 系、Al - Cu 系、Al - Mg 系和 Al - Zn 系,其牌号用"铸""铝"二字的汉语拼音首字母"ZL"加三位数字表示,第一位数字代表合金系列,例如,"1"表示 Al - Si 系,"2"表示 Al - Cu 系,"3"表示 Al - Mg 系,"4"表示 Al - Zn 系,后两位数字为顺序号。如:ZL102 表示 2 号铸造铝硅合金,ZL201 表示 1 号铸造铝铜合金。若为优质合金在代号后面加"A"。表 7 - 3 列出了常用铸造铝合金的牌号、化学成分、力学性能和用途。

表 7 - 3   常用铸造铝合金的牌号、化学成分、力学性能及用途(摘自 GB/T 1173 — 2013)

| 类别 | 牌号与代号 | 化学成分(余量为 Al)/% | | | | | | 铸造方法与合金状态[①] | 力学性能(≥) | | | 用 途 |
		Si	Cu	Mg	Mn	Zn	Ti		R_m/MPa	A/%	HBW	
铝硅合金	ZL101 - ZAlSi7Mg	6.5~7.5	—	0.25~0.45	—	—	—	J, T5	205	2	60	飞机、仪器的零件,工作温度小于 185 ℃的汽化器
								S, T5	195	2	60	
	ZL102 - ZAlSi12	10.0~13.0	—	—	—	—	—	J, F	155	2	50	仪表、抽水机壳体,工作温度在 200 ℃以下,要求气密性承受低载荷的零件
								SB, F	145	4	50	
								SB, T2	135	4	50	
	ZL105 - AlSi5Cu1Mg	4.5~5.5	1.0~1.5	0.4~0.6	—	—	—	J,T5	235	0.5	70	形状复杂、在 225 ℃以下工作的零件,如风冷发动机的气缸头、机闸、液压泵客体等
								S,T5	195	1.0	70	
								S,T6	225	0.5	70	
	ZL108 - ZAlCu2Mg	11.0~13.0	1.0~2.0	0.4~1.0	0.3~0.9	—	—	J,T1	195		85	砂型、金属型铸造的、要求高温强度及低膨胀系数的高速内燃机活塞
								J,T6	225		90	
铝铜合金	ZL201 - ZAlCu5MnA	—	4.5~5.3	—	0.6~1.0	—	0.15~0.35	S,T4	295	8	70	砂型铸造在 175~300 ℃以下工作的零件,如支臂、挂架梁、内燃机气缸头、活塞等
								S,T5	335	4	90	
	ZL202 - ZAlCu10	—	9.0~11.0	—	—	—	—	S,J,T5	390	8	100	同上

续表 7 - 3

类别	合金代号与牌号	化学成分(余量为 Al)/%						铸造方法与合金状态[①]	力学性能(≥)			用　途
		Si	Cu	Mg	Mn	Zn	Ti		R_m/MPa	A/%	HBW	
铝镁合金	ZL301 - ZAlMg10	—	—	9.5~11.5	—	—	—	J,S,T4	280	10	60	砂型铸造在大气或海水中工作的零件,承受大震动载荷、工作温度不超过 150 ℃ 的零件
铝锌合金	ZL401 - ZAZn11Si7	6.0~8.0	—	0.1~0.3	—	9.0~13	—	J,T1 S,T1	245 195	1.5 2	90 80	压力铸造的零件,工作温度不超过 200 ℃,结构形状复杂的汽车、飞机零件

[①] 铸造方法与合金状态的符号:J—金属型铸造;S—砂型铸造;B—变质处理;T1 人工时效(铸件快冷后进行,不进行淬火);T2—退火(290±10 ℃);T4—淬火＋自然时效;T5—淬火＋不完全时效(时效温度低,或时间短);T6—淬火＋完全人工时效(约 180 ℃,时间较长);F—铸态。

(1) 铝硅合金

铝-硅系铸造铝合金通常称硅铝明。图 7 - 2 是铝-硅二元合金相图。室温下,硅在铝中的溶解度极小,在 577 ℃时最大溶解度为 1.65%。共晶合金成分为 w_{Si}＝11.7%。这类铝合金具有良好的铸造性能(如流动性好,收缩及热裂倾向小),熔点低,采用铸造方法生产。最常用的 ZL102 是典型的铝硅合金,属于共晶成分,是简单硅铝明。

常用的铝-硅合金(如 ZL102 等)的含硅量为 w_{Si}＝10%~13%,铸造缓冷后,组织主要为 α 固溶体和粗大针状硅晶体组成的共晶体(α＋Si),如图 7 - 3(a)所示,这种组织铸造性能良好,但强度和韧性都较差。为提高其力学性能,常采用变质处理,即在浇注前向合金液中加入占合金液重量 2%~3%的含有 NaCl,NaF 等的变质剂,进行变质处理。停留一定时间后浇入铸型。变质处理后硅晶体变为细小颗粒状,均匀分布在铝的基体上,形成了具有良好塑性的初晶 α 相,即 α 固溶体。故变质处理后获得的是亚共晶组织,

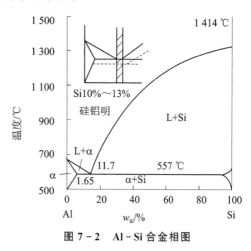

图 7 - 2　Al - Si 合金相图

如图 7 - 3(b)所示。图中亮色晶体为初晶 α 固溶体,暗色基体为细粒状共晶体。变质后,铝合金的力学性能显著提高(R_m＝180 MPa,A＝6%)。仅含有硅的铝-硅系合金(如 ZL102),主要缺点是铸件致密程度较低,强度较低(经变质处理后,R_m 也不超过 180 MPa),且不能热处理强化。为了提高铝硅合金的强度,可加入镁、铜以形成强化相 Mg_2Si,$CuAl_2$ 及 $CuMgAl_2$ 等。这样的合金在变质处理后还可进行淬火时效,以提高强度,如 ZL105,ZL108 等合金。铸造铝-硅合金一般用来制造轻质、耐蚀、形状复杂但强度要求不高的铸件,如发动机气缸、手提电动或风动工具(手电钻、风镐)以及仪表的外壳。同时加入镁、铜的铝-硅系合金(如 ZL108 等),还

具有较好的耐热性与耐磨性,是制造内燃机活塞的合适材料。

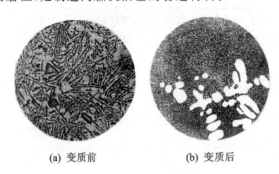

(a) 变质前   (b) 变质后

图 7 - 3　ZL102 的铸态组织

(2) 铝铜合金

铝铜合金主要包括 Al - Cu - Mg 合金、Al - Cu - Mn 合金等,属于可以热处理强化合金,铜的质量分数约为 4%～14%,具有较好的流动性和强度,但有热裂和疏松倾向,且耐蚀性差,加入镍、锰后,可以提高耐热性。铝铜合金主要用来制造要求高强度或者高温条件下工作的不复杂的砂型铸件,如内燃机缸盖、活塞等,常用的有 ZL201,ZL202 等。

(3) 铝镁合金

铝镁合金通过加入少量的镁来提高和加强其硬度。其耐久度、耐腐蚀性、强度、导热性能较高,密度小($<2.55\ \mathrm{g/cm^3}$),抗冲击性能好,易切削性能好,但铸造性能及耐热性较差。常用的有 ZL301,ZL302 等。多用在制造腐蚀性介质中(如海水)工作的零件,如舰船配件等。

同时,铝镁合金质坚量轻、密度低、散热性能较好、抗压性较强,能充分满足 3C 产品高度集成化、轻薄化、微型化、抗摔撞及散热的要求。其硬度是传统塑料机壳的数倍,但重量仅为后者的 1/3,因而近来被用于中高档超薄型或尺寸较小笔记本式计算机的外壳,同时该材质强度高、耐腐蚀、持久耐用、易于涂色,也常用作高档门窗。

(4) 铝锌合金

铝锌合金的强度较高,价格便宜,铸造性能、焊接性能和切削加工性能都很好,但是耐热性较差,热裂倾向大,常用的有 ZL401,ZL402 等。在铸造条件下,该合金有淬火作用,即"自行淬火"。不经热处理即可使用,变质处理和时效处理后,铸件具有较高的强度。经过稳定化处理后,尺寸稳定,常用于制造结构形状复杂的仪器零件、汽车零件,以及模型、型板及设备支架等,其工作温度一般在 200 ℃以下。

7.2.3　铝合金的热处理

因为纯铝无同素异构转变,所以,铝合金的热处理与钢不同,铝合金是通过固溶时效处理来提高强度、硬度和其他性能的。

1. 固溶处理

图 7 - 1 所示的铝合金相图中,将 B 溶质含量在 $D-F$ 之间的铝合金加热到 α 相区,保温适当时间后迅速水冷,使第二相来不及析出,在室温下获得过饱和的 α 固溶体组织,这种处理方法称为固溶热处理。铝合金经固溶处理后强度和硬度没有明显地提高,但塑性和韧性却得到了改善,并且组织不稳定,有分解出强化相并过渡到稳定状态的倾向。利用固溶强化的原理,纯铝通过加入合金元素形成铝基固溶体(常见合金元素在铝中的溶解度见表 7 - 4),使得

屈服强度提高,还可获得优良的塑性和压力加工性能。

表 7 - 4　常用合金元素在 Al 中的溶解度

元　素	Zn	Mg	Cu	Mn	Si
极限溶解度/%	32.8	14.9	5.65	1.82	1.65
室温下的溶解度/%	0.05	0.34	0.20	0.06	0.05

2. 时　效

淬火得到的过饱和 α 固溶体,其组织是不稳定的,若在室温下放置或低温加热,有分解出强化相并过渡到稳定状态的倾向,使铝合金的强度和硬度明显提高,这种现象称为时效。在室温下进行的时效称为自然时效,在加热条件下进行的时效称为人工时效。如图 7 - 4 所示,自然时效是逐渐进行的,固溶热处理后的铝合金在时效初始阶段(大约 2 h),强度、硬度变化不大,这段时间称为"孕育期"。在孕育期内铝合金的塑性较好,易于进行各种冷变形加工(如铆接、弯曲等)。超过孕育期后,强度、硬度迅速增高,在 5~15 h 内硬度、强度升高的速度最快,经 4~5 昼夜后强度达到最大值,再延长时效的时间,铝合金的强度不再变化。所以自然时效只是在一定时间内进行的。

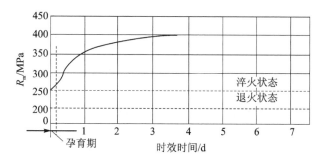

图 7 - 4　含铜 4% 的铝合金的自然时效曲线

图 7 - 5 所示的是人工时效的温度与强度之间的关系。人工时效的强化效果主要与加热温度有关,即时效温度愈高,时效进行的速度愈快,合金达到其最高强度的时间愈短,但最高强度愈低,强化效果不好。如果时效温度在室温以下,原子扩散不易进行,则时效过程进行很慢。例如 -50 ℃ 下长期放置后,淬火铝合金的力学性能几乎没有变化。但如果人工时效的温度过高,或时间过长,合金会出现软化的现象,即过时效处理。

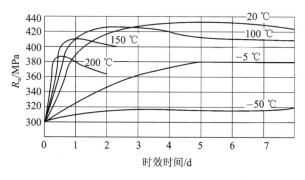

图 7 - 5　人工时效温度对强度的影响

3. 过剩相强化

如果加入的合金元素数量超过了其极限溶解度,则在固溶处理加热时,有一部分不能溶入固溶体中的第二相就出现,称为过剩相。这些过剩相通常属于金属间化合物,使合金强化,这就称为过剩相强化。生产中,常采用这种方式来强化铝合金。过剩相越多,分布越弥散均匀,则强化效果越好。但过剩相太多,材料强度和塑性下降。

4. 回归处理

回归处理是将经过时效强化的铝合金,重新加热到 200~270 ℃,经短时间保温,然后在水中急冷,使合金恢复到淬火状态的处理。经回归后合金与新淬火的合金一样,仍能进行正常的自然时效。但每次回归处理后,其再时效后强度逐次下降。

回归处理在生产中具有实用意义。如零件在使用过程中发生变形,可在校形修复前进行回归处理;已时效强化的铆钉,在铆接前可施行回归处理。

7.3 铜及铜合金

7.3.1 纯 铜

纯铜呈玫瑰红色,表面氧化后呈紫色,故俗称紫铜。纯铜的密度为 8.96 g/cm^3,熔点为 1 083 ℃,具有面心立方晶格,无同素异构转变,具有良好的导电、导热性能,塑性极好,适于冷、热压力加工,但强度及硬度较低,不能作受力大的结构件。

1. 性 能

纯铜的密度为 8.96 g/cm^3,熔点为 1 083 ℃,具有优良的导电性,化学稳定性好,在大气及淡水中有良好的耐蚀性能。工业纯铜中的杂质主要是铅、铋、氧、硫、磷等,它们对铜的力学性能有很大的影响,尤其是铅和铋的危害最大,容易造成热脆,硫和氧容易造成冷脆。铜经轧制和退火后的力学性能为:R_m = 200~250 MPa,A=45%~50%,硬度为 100~120 HBW。常用冷加工的方法制造电线、电缆、电子元件、导热器件、铜管及配制铜合金等。

2. 牌 号

工业纯铜的代号用"T"("铜"字汉语拼音字首)加顺序号表示,按杂质含量的多少,工业纯铜可分为 T1,T2,T3,T4 四个牌号,后面的数字越大,纯铜的纯度越低,如 T1(w_{Cu} = 99.95%),T2(w_{Cu}=99.90%),T3(w_{Cu}=99.70%)。按照化学成分的不同,铜加工产品可分为纯铜和无氧铜两类,部分铜加工产品的牌号、化学成分和用途见表 7 - 5。

表 7 - 5 部分铜加工产品的牌号、化学成分和用途

组　别	牌　号	铜的质量分数 w/%	杂质的质量分数 w/%		杂质总量 w/%	用　途
			Bi	Pb		
纯铜	T1	99.95	0.001	0.003	0.05	电线、电缆及配制高纯度合金
	T2	99.90	0.001	0.005	0.10	电线、电缆、雷管、储藏器等
无氧铜	TU1	99.97	0.001	0.003	0.03	电真空器件、高导电性导线
	TU2	99.95	0.001	0.004	0.05	

7.3.2　铜合金

纯铜强度较低,不宜直接用作结构材料,常加入合金元素(如锌、镍、铝、锰、铍和锡等)配制成铜合金来改善其性能。铜合金具有较好的导电性、导热性和耐蚀性及足够高的力学性能。

根据铜合金表面的颜色不同,铜合金分为黄铜、青铜和白铜三种。

1. 黄　铜

黄铜是以锌为主加元素的铜合金,加锌后呈金黄色,故称为黄铜。按照化学成分不同,分为普通黄铜和特殊黄铜;按加工方法不同,分为加工黄铜和铸造黄铜。

(1) 普通黄铜

普通黄铜是铜和锌组成的二元合金。普通黄铜分为单相黄铜和双相黄铜。当锌的质量分数小于 39% 时,锌全部溶于铜中,形成 α 固溶体,即单相黄铜,其塑性很好,适于冷热变形加工,普通黄铜对海水和大气有优良的耐蚀性;锌的质量分数在 39%～46% 范围内的黄铜,室温下的显微组织由(α+β)两相组成,称为(α+β)黄铜(双相黄铜);锌的质量分数超过 46% 的黄铜,室温下的显微组织仅由 β 相组成,称为 β 黄铜,其强度高,热状态下塑性良好,适于热变形加工。锌含量对黄铜力学性能的影响如图 7 - 6 所示。

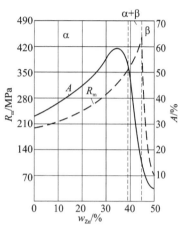

图 7 - 6　黄铜的含锌量与组织和性能的关系

在平衡状态下,当锌的质量分数小于 32% 时,室温下形成锌在铜中的单相 α 固溶体,其塑性和韧性好,适于冷变形加工;随着锌的质量分数的增加,其强度升高,塑性也升高,当锌的质量分数达到 32% 时,黄铜的塑性达到最高值;当锌的质量分数大于 32% 以后,由于出现了硬而脆的 β 相,随着锌的质量分数的增加,其强度继续升高,但塑性已开始下降;当锌的质量分数达到 32%～45% 时,普通黄铜室温组织为 α 固溶体与硬而脆的 β 相(以 CuZn 为基的固溶体)组成的两相组织,随含锌量的增加,强度增加,但塑性下降,不宜冷变形加工,但高温下塑性好,可进行热变形加工;当锌含量大于 45% 时,黄铜组织全部是 β 相,将导致强度与塑性急剧下降,脆性很大,已无使用意义。

普通黄铜的牌号采用"H"("黄"字的汉语拼音字首)加数字表示。数字表示平均铜的质量分数(用百分数表示),如 H59 表示铜的质量分数为 59%,其余为锌的普通黄铜。

(2) 特殊黄铜

在普通黄铜中加入硅、锡、铝、铅、锰、铁等合金元素所形成的合金,称为特殊黄铜。加入的合金元素均可提高黄铜的强度,锡、铝、铅、硅、锰还可以提高耐蚀性和减少"季裂",铅可改善切削加工性和耐磨性,硅能改善铸造性能,铁可细化晶粒。根据加入合金元素,特殊黄铜可分为锡黄铜、硅黄铜、锰黄铜、铅黄铜和铝黄铜等。

① 锡黄铜。锡能提高黄铜的强度和在海水中的耐蚀性,又称海军黄铜。

② 硅黄铜。硅能提高黄铜的力学性能、耐磨性和耐蚀性,硅黄铜还具有良好的铸造性能、焊接性能和切削加工性能,主要用于制造船舶及化工零件。

③ 锰黄铜。锰能提高黄铜的强度但不降低黄铜的塑性,还能提高对海水及过热蒸气的耐

蚀性,用于制造船舶零件及耐磨件。

④ 铅黄铜。铅能提高黄铜的耐磨性及改善切削加工性,压力加工铅黄铜用于制造要求具有良好的切削加工性能和耐磨性的零件。

⑤ 铝黄铜。铝能提高黄铜的强度、硬度及在大气中的耐蚀性。铝黄铜可制作海船零件及机器的耐蚀零件。

特殊黄铜的牌号由"H"+主加元素的元素符号(锌除外)+铜的质量分数+主加元素的质量分数组成。例如,HPb59-1表示铜质量分数为59%,铅质量分数为1%的铅黄铜;HMn58-2表示铜质量分数为58%,锰质量分数为2%的锰黄铜。

(3)铸造黄铜

铸造黄铜指适用于铸造的普通黄铜,牌号依次由"Z"("铸"字汉语拼音字首)、铜和合金元素符号、合金元素平均质量分数的百分数组成。如 ZCuZn16Si4 表示平均锌含量为16%、硅含量为4%,其余为铜的铸造硅黄铜。

常用黄铜的牌号、化学成分、力学性能及用途见表7-6。

表 7-6 常用黄铜的牌号、化学成分、力学性能及用途

类别	牌号	化学成分/%		力学性能			主要用途
		Cu	其他	R_m/MPa	A/%	HBW	
普通黄铜	H70	68.5~71.5	余量 Zn	660	3	150	弹壳、机械及电器零件
	H68	67.0~70.0	余量 Zn	660	3	150	复杂的冷冲压件、散热器外壳、弹壳、导管、波纹管、轴套
	H62	60.5~63.5	余量 Zn	500	3	164	销钉、铆钉、螺钉、螺母、垫圈、弹簧、夹线板
	H59	57.0~60.0	余量 Zn	500	10	103	机械电器零件,焊接件、热冲压件
特殊黄铜	HSn62-1	61.0~63.0	0.7~1.1Sn 余量 Zn	700	4	—	与海水和汽油接触的船舶零件(又称海军黄铜),热电厂高温的耐腐蚀的冷凝管
	HMn58-2	57.0~60.0	1.0~2.0Mn 余量 Zn	700	10	175	船舶零件和轴承等耐磨零件
	HPb59-1	57.0~60.0	0.8~1.9Pb 余量 Zn	650	16	140	销、螺钉等热冲压及切削加工零件
	HSn60-1	59.0~61.0	余量 Zn	700	4	—	船舶焊接结构用焊条
	HAl60-1-1	58.0~61.0	0.7~1.5Al 余量 Zn	750	8	180	齿轮、涡轮、轴及其他耐腐蚀零件
铸造黄铜	ZCuZn38	60.0~63.0	余量 Zn	285	30	60	一般结构件和耐蚀零件,如法兰盘、阀座、支架、手柄、螺母等
	ZCuZn38 Mn2Pb2	57.0~60.0	1.5~2.5Pb 余量 Zn	245	10	70	一般用途的结构件,如套筒、衬套、轴瓦、滑块

2. 青 铜

青铜是人类历史上使用最早的合金材料,因铜与锡的合金呈青黑色而得名。除了黄铜和白铜(铜和镍的合金)以外,所有的铜合金都称为青铜。按照主加元素的种类不同,青铜可分为

锡青铜(普通青铜)和特殊青铜两种;按加工方法分为压力加工青铜和铸造青铜两类。

青铜的牌号由"Q"+主加元素的元素符号及质量分数+其他加入元素的质量分数组成。例如,QSn4 - 3 表示锡质量分数为 4%,锌质量分数为 3%,其余为铜的锡青铜;QAl7 表示铝质量分数为 7%,其余为铜的铝青铜。铸造青铜的牌号表示方法与铸造黄铜的牌号表示方法相同,如 ZCuSn10Pb1。

(1) 锡青铜

锡青铜是以锡为主加元素的铜合金,具有较高的强度、硬度和良好的耐蚀性。锡能溶于铜形成 α 固溶体,具有面心立方晶格,有良好的塑性,适于冷热变形加工。不同含量的锡对青铜力学性能的影响如图 7 - 7 所示。当锡的质量分数小于 6%~7% 时,随着锡质量分数的增加,强度和塑性也增加。当锡质量分数超过 6%~7% 时,由于组织中出现了硬脆相 δ,δ 相是以电子化合物 Cu_5Sn 为基的固溶体,具有体心立方晶格结构,在常温下是硬脆相。δ 相的出现使锡青铜的塑性急剧下降,但是由于少量的 δ 相的弥散强化作用,强度仍然上升。当锡质量分数大于 20% 时,过多的 δ 相使强度显著下降,塑性极低,合金变得硬而脆,无使用价值。因此,工业上使用锡青铜的锡质量分数一般在 3%~14% 范围

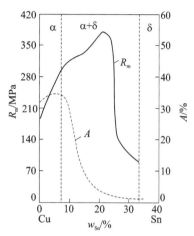

图 7 - 7 含锡量对锡青铜的组织和力学性能的影响

内,锡质量分数小于 7% 的锡青铜适于压力加工,锡质量分数大于 10% 的锡青铜适于铸造。锡青铜在铸造时,因体积收缩率很小,可铸造形状复杂的铸件,但铸件易形成分散细小的缩孔,使铸件的致密性下降,在高压下容易渗漏,故不适合制造密封性要求高的铸件。锡青铜在大气及海水中的耐蚀性好,广泛用于制造耐蚀零件。在锡青铜中加入磷、锌、铅等元素,可以改善锡青铜的耐磨性、铸造性及切削加工性。

(2) 铝青铜

铝青铜是以铝为主加元素的铜合金。其特点是价格便宜、色泽美观,具有比黄铜和锡青铜更高的强度、耐蚀性、耐磨性和耐热性,并具有良好的力学性能,还可以通过淬火和回火进一步强化其性能,主要用于铸造承受重载、耐蚀和耐磨的零件,如齿轮、蜗轮和轴套等。

(3) 铍青铜

铍青铜是以铍为主加元素的铜合金,铍质量分数为 1.7%~2.5%。铍在铜中的溶解度随温度的升高而增大,因此,经淬火加人工时效后可获得较高的强度、硬度、耐蚀性和抗疲劳性,而且还具有良好的导电性和导热性,是一种综合力学性能较好的结构材料,主要用于制造精密仪器、仪表中各种重要的弹性零件、航海罗盘零件和有耐磨性要求的零件,如高级弹簧、膜片等。

(4) 硅青铜

硅青铜是以硅为主加元素的铜合金。硅青铜的力学性能比锡青铜好,且价格稍低,并具有良好的铸造性能和冷、热压力加工性能,主要用于制造耐腐蚀、耐磨零件,如弹簧、齿轮、蜗轮、蜗杆,还可用于制造电线、电话线等。

常用青铜的牌号、化学成分、力学性能及用途见表7-7。

表7-7 常用青铜的牌号、化学成分、力学性能及用途

类别	牌号	化学成分/%		力学性能			用途举例
		主加元素	其他	R_m/MPa	A/%	HBW	
锡青铜	QSn4-3	Sn3.5~4.5	Zn2.7~3.3	550	4	160	弹性元件,化工机械耐磨零件和抗磁零件
	QSn4-4-2.5	Sn3.0~5.0	Zn3.0~5.0 Pb1.5~3.5	600	2~4	160~180	航空、汽车、拖拉机用承受摩擦的零件,如轴套等
	QSn4-4-4	Sn3.0~5.0	Zn3.0~5.0 Pb3.5~4.5	600	2~4	160~180	航空、汽车、拖拉机用承受摩擦的零件,如轴套等
	QSn6.5-0.1	Sn6.0~7.0	Zn0.3 P0.1~0.25	750	10	160~200	弹簧接触片,精密仪器中的耐磨零件和抗磁零件
铝青铜	QAl5	Al4.0~6.0	Mn,Zn,Ni,Fe 各0.5	750	5	200	弹簧
	QAl9-2	Al8.0~10.0	Mn1.5~2.5 Zn1.0	750	4~5	160~200	海轮上的零件,250℃以下工作的管配件和零件
	QAl9-4	Al8.0~10.0	Fe2.0~4.0 Zn1.0	900	5	160~200	船舶零件和电气零件
	QAl10-3-1.5	Al8.5~10.0	Fe2.0~4.0 Mn1.0~2.0	800	9~12	160~200	船舶用高强度耐磨零件,如齿轮、轴承
硅青铜	QSi3-1	Si2.7~3.5	Mn1.0~1.5 Zn0.5	700	1~5	180	弹簧、耐蚀零件以及蜗轮、蜗杆、齿轮、制动杆等
	QSi1-3	Si0.6~1.1	Si2.4~3.4 Mn0.1~0.4	600	8	150~200	发动机和机械制造中的机构件,300℃以下工作的摩擦零件
铍青铜	QBe2	Be1.8~2.1	Ni0.2~0.5	1 250	24	330	重要的弹簧和弹性元件,耐磨零件以及高压、高速、高温轴承

3. 白 铜

白铜是以镍为主加元素的铜合金,呈银白色,有金属光泽。铜与镍在固态下能无限互溶,因而白铜的组织为单相固溶体,加入其他元素一般也不改变其组织特征。白铜具有较高的强度、硬度、塑性、电阻和很小的电阻温度系数,良好的耐蚀性。主要用于制造电热元件、热电偶、变压器、电工测量器材、精密仪器、医疗器材等。白铜按化学成分可分为普通白铜和特殊白铜(含有合金元素的白铜)。

(1)普通白铜

普通白铜是由铜和镍组成的二元合金,镍的含量一般为25%以上,加入镍能显著提高白铜的强度、耐蚀性、硬度、塑性、电阻和热电性,并降低电阻温度系数。因此白铜较其他铜合金的力学性能及物理性能都好,色泽美观、耐腐蚀、富有深冲性能。

普通白铜的牌号由代号"B"("白"字的汉语拼音字首)和数字(镍的平均质量百分数)组成,如B30表示的是镍的平均质量分数为30%的白铜。常用的牌号有B19,B25,B30等。

白铜广泛应用于造船、石油化工、电器、仪表、医疗器械、装饰工艺品等领域,并且还是重要的电阻及热电偶合金。

(2) 特殊白铜

特殊白铜是在普通白铜的基础上,加入铁、锰、锌、铝等合金元素形成的,特殊白铜的牌号由 "B"("白"字的汉语拼音字首)、其他化学元素符号(第二主加元素的元素符号)、第一主加元素镍的平均质量分数(用平均百分数来表示)和第二主加元素的质量分数(用百分数来表示)组成,如 BMn43-0.5 表示镍的平均质量分数为 43%、锰的平均质量分数为 0.5% 的锰白铜。

① 铁白铜:常用铁白铜的牌号有 BFe5-1.5(Fe)-0.5(Mn),BFe10-1(Fe)-1(Mn) 等。铁白铜中铁的加入量不超过 2% 以防腐蚀开裂,其特点是强度高,抗腐蚀性好,特别是抗流动海水的能力明显提高。

② 锰白铜:常用锰白铜的牌号有 BMn3-12(锰铜),BMn40-1.5(康铜),BMn43-0.5(考铜)等。锰白铜具有低的电阻温度系数,可在较宽的温度范围内使用,耐腐蚀性好,还具有良好的加工性。这类合金具有高的电阻率和低的电阻温度系数,适于制作标准电阻元件和精密电阻元件,是制造精密电工仪器、变阻器、仪表、精密电阻、应变片等的材料;康铜和考铜的热电势高,还可用作热电偶和补偿导线。

③ 锌白铜:常用锌白铜的牌号有 BZn18-18,BZn18-26,BZn15-12(Zn)-1.8(Pb) 等。锌白铜具有优良的综合力学性能,耐腐蚀性优异,冷热加工成型性好,易切削,可制成线材、棒材和板材,用于制造仪器、仪表、医疗器械、日用品和通信等领域的精密零件。

④ 铝白铜:常用铝白铜的牌号有 BAl13-3,BAl16-1.5 等,它是以铜镍合金为基加入铝形成的合金。合金性能与合金中镍量和铝量的比例有关,当 Ni:Al=10:1 时,合金性能最好。主要用于造船、电力、化工等工业部门中各种高强度的耐蚀件。

7.4　镁及镁合金

7.4.1　纯镁及镁合金的性能特点

镁的密度是 1.74 g/cm^3,只有铝的 2/3、钛的 2/5、钢的 1/4,因而是实用金属中最轻的金属。镁为密排六方晶格,只有单一的滑移系,因此镁的塑性比铝低,各向异性显著,具有高的比强度和比刚度,阻尼减振性、耐蚀性、切削加工性、电磁屏蔽性、压铸性能好,在汽车和航空工业中有了一定的应用。如图 7-8 所示为镁合金铸件。近年来,由于镁合金及其成型技术取得了重大进展,镁合金材料的质量不断提高而成本不断下降,被誉为"21 世纪绿色工程金属结构材料"。

图 7-8　镁合金铸件

然而镁合金由于易受腐蚀、强度比较低、高温下蠕变抗力比较差等因素制约了它的应用。

7.4.2 镁合金的牌号及分类

1. 牌 号

国际上倾向于采用美国试验材料协会(ASTM)使用的方法来标记镁合金。该方法规定镁合金名称由字母(两种主要合金元素代码)、数字(两种元素的质量百分数)和字母(代表合金发展的不同阶段)三部分组成。但其局限性是不能表示出有意添加的其他元素。如 AZ91D 表示含有铝约 9%,含有锌约 1%的镁合金,是第四种登记的这种标准组成的镁合金。元素代码如表 7-8 所列。

表 7-8 ASTM 标准镁合金牌号中的元素代码

代 号	英文名称	中文名称	代 号	英文名称	中文名称	代 号	英文名称	中文名称
A	Al	铝	K	Zr	锆	S	Si	硅
B	Bi	铋	L	Li	锂	T	Sn	锡
C	Cu	铜	M	Mn	锰	W	Y	钇
D	Cd	镉	N	Ni	镍	Y	Sb	锑
E	RE	稀土	P	Pb	铅	Z	Zn	锌
F	Fe	铁	Q	Ag	银			
H	Th	钍	R	Cr	铬			

我国的镁合金牌号由两个汉语拼音和阿拉伯数字组成,前面的拼音将镁合金分为变形镁合金(MB)、铸造镁合金(ZM)、压铸镁合金(YM),后面的数字表示该合金的代号。

2. 镁合金的分类

镁合金的分类有三种方式:化学成分、成型工艺和是否含锆。根据化学成分,以 5 个主要合金元素 Mn,Al,Zn,Zr 和稀土为基础,组成基本合金系:Mg-Mn,Mg-Al-Mn,Mg-Al-Zn-Mn,Mg-Zr,Mg-Zn-Zr,Mg-RE-Zr,Mg-Ag-RE-Zr,Mg-Y-RE-Zr 等。根据成型工艺划分,镁合金可分为铸造镁合金和变形镁合金两大类。变形镁合金主要是指通过挤压、轧制、锻造和冲压等塑性变形成型方法加工的镁合金,具有更高的强度,更多样化的力学性能。铸造镁合金可以用压铸技术、半固态成型技术等工艺生产,主要用于生产汽车及电气构件等。铸造镁合金和变形镁合金没有严格的区分,铸造镁合金如 AZ91,AM20,AM50,AM60B 等也可以作为锻造镁合金。常见的变形镁合金的成分及牌号如表 7-9 所列。按有无 Zr,可分含 Zr 合金和不含 Zr 合金。

表 7-9 变形镁合金的牌号和主要成分(质量分数)

单位:%

牌 号	Al	Zn	Mn	Si	Cu	Ni	Fe	Mg
AZ31B	2.5~3.5	0.7~1.3	≥0.2	≤0.3	≤0.05	≤0.005	≤0.005	其余
AZ61A	5.8~7.2	0.4~1.5	≥0.15	≤0.3	≤0.05	≤0.005	≤0.005	其余
AZ80A	7.8~9.2	≥0.5	0.2~0.8	≤0.3	≤0.05	≤0.005	≤0.005	其余
M1A	—	—	≥1.20	≤0.3	≤0.05	≤0.005	—	其余
ZK60A	—	4.8~6.2	Zr≥0.45	—	—	—	—	其余

7.4.3　常用典型镁合金

1. Mg-Al 系合金

铝是镁合金中最主要的元素,Mg-Al 系合金既包括铸造镁合金又包括变形镁合金,是目前牌号最多,应用最广的镁合金系列,由于 Mg-Al 合金共晶温度较低,随铝含量增加合金的铸造性能也提高,并且具有优异的力学性能和良好的抗蚀性。通过变质处理可以细化晶粒,通过加入铝、锰、锌可以改善合金的性能。

目前国外在工业上应用广泛的镁合金是压铸镁合金,主要有以下 4 个系列:AZ 系列 Mg-Al-Zn,AM 系列 Mg-Al-Mn,AS 系列 Mg-Al-Si 和 AE 系列 Mg-Al-RE。我国铸造镁合金主要有如下 3 个系列:Mg-Zn-Zr,Mg-Zn-Zr-RE 和 Mg-Al-Zn 系列。AZ 系列合金是常见的结构用含铝镁合金,AZ91 是最常用的压铸合金,其组织如图 7-9 所示。AZ31 是最常见的变形合金。AM 合金的室温强度不高,但是变

图 7-9　压铸 AZ91D 镁合金组织

形能力强,适合制造汽车轮毂、方向盘等要求延展性和断裂韧性的部件。绝大多数变形镁合金都是基于 Mg-Al-Zn-Mn 系,常用的有 AZ31B,AZ31C,AZ61 等。

2. Mg-Mn 系合金

在镁中加入锰对合金的力学性能影响不大,但会降低塑性,在镁合金中加入 1%～2.5% 锰的主要目的是提高合金的抗应力腐蚀倾向,从而提高耐腐蚀性能和改善合金的焊接性能。Mg-Mn 系合金最主要的优点是有着优良的耐蚀性和焊接性,可以加工成各种不同规格的棒、管、型材和锻件,板件可以用于飞机蒙皮、壁板及内部构件,管材多用于汽油、润滑油等要求抗腐蚀性的管路系统。

3. Mg-Zn 系合金

锌在镁中的最大固溶度为 6.2%(质量分数),并且固溶度随温度的降低而下降,是除铝以外的另一种非常有效的合金化元素,具有固溶强化和时效强化的双重作用。锌元素作为镁合金的两大主要合金化元素之一,它的强化作用是十分显著的,是高强镁合金的主要元素,能在镁中形成弥散的 $MgZn$ 相。Mg-Zn 系合金时效析出相对基面滑移有着较强的阻碍作用,但由于锌元素在镁基体中的固溶度较小(300 ℃时为 6%),时效所析出的 $MgZn$ 相数量较少,所以强化作用有限。常用的 Mg-Zn 系合金主要有 Mg-Zn-Zr(如 ZK51,ZK61),Mg-Zn-Cu(如 ZC63,ZC62),Mg-Zn-RE(如 ZE41,ZE63)等。在 Mg-Zn 系合金中加入 Cu 可以提高 Mg-Zn 系合金的强度、韧性和铸造性能。用砂型、压铸和精密铸造技术可以生产出 Mg-Zn-Cu 系合金铸件,该产品性能优良,没有缩孔。Mg-Zn 系合金主要应用于生产飞机内部零件,该类零件通过挤压和锻造工艺成型。

4. Mg-Zn-Zr 系合金

纯粹的 Mg-Zn 二元合金几乎没有实际的应用,因为该合金组织粗大对显微缩孔非常敏感,Zr 的加入克服了这些缺点。细化晶粒可以改善合金的综合性能,是金属材料强韧化的重

要方法之一。对多相合金而言,通过基体相和过剩相的细化,单位体积的晶界面积增大,则对位错运动阻力增大,合金的强度也越高。锆对 Mg - Zn 系合金的作用主要表现为晶粒的细化作用,它作为镁合金的变质晶核,可提高形核率,细化晶粒,起到细晶强化的作用。

由于 Zr 在液态镁中的溶解度很小,包晶温度下仅能溶解约 0.6%,Zr 与 Mg 不形成化合物,凝固时 Zr 首先以 $\alpha - Zr$ 质点析出,$\alpha - Mg$ 包在其外部结晶。并且 $\alpha - Zr$ 与 Mg 的晶体结构相同,晶格常数相近,可作为 $\alpha - Mg$ 的结晶核心。由此发展了 Mg - Zn - Zr 系合金,该系合金可以通过时效强化处理来强化。由于其热裂性较大,焊接性较差,一般不用于制作形状复杂的铸件和焊接结构。目前我国已有的 MB15 是变形镁合金中强度最高、综合性能最好、应用最广的结构合金。已有的研究表明,在该 Mg - Zn - Zr 合金中加入一定的稀土元素可以大大改善合金的组织和性能,如图 7 - 10 所示。可见,稀土元素 Y 的加入可使晶粒明显细化,晶界明显变窄、变细。

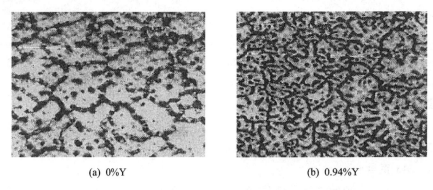

(a) 0%Y   (b) 0.94%Y

图 7 - 10　加入元素 Y 前后 Mg - Zn - Zr 合金组织对比

7.5　钛及钛合金

钛及钛合金是 20 世纪 50 年代出现的一种新型结构材料,钛的密度小、比强度高、耐高温、耐腐蚀、低温韧性好,且资源丰富,现已成为航空、航天、化工、造船和国防工业生产中的重要结构材料,有着广阔的应用前景。但是由于钛及其合金的加工条件复杂,成本较高,在一定程度上又限制了应用。

7.5.1　工业纯钛

纯钛是银白色的金属,密度小(4.58 g/cm^3),熔点高($1\,667$ ℃),热膨胀系数小,导热性差。钛有同素异构转变,在 882 ℃以下为 α 钛($\alpha - Ti$),为密排六方晶格;在 882 ℃以上为 β 钛($\beta - Ti$),体心立方晶格。钛的塑性好,强度低,容易加工成形,可制成细丝、薄片,在 550 ℃以下有很好的耐蚀性,不易氧化,在海水和水蒸气中的耐蚀能力比铝合金、不锈钢和镍合金还高。

工业纯钛的力学性能为:抗拉强度 $R_m = 539$ MPa,断后伸长率 $A = 25\%$,断面收缩率 $Z = 25\%$,弹性模量 $E = 1.078 \times 10^5$ MPa,硬度 195 HBW。工业纯钛的牌号、力学性能和用途见表 7 - 10。

工业纯钛的牌号用"T+顺序号"表示,工业纯钛按纯度分为 3 个等级:TA1,TA2 及 TA3,序号越大纯度越低。工业纯钛是航空、航天、船舶工业常用的材料,为 $\alpha - Ti$,其板材、棒材常用于制造 350 ℃以下工作的低载荷件,如飞机骨架、蒙皮、隔热板、热交换器、发动机部件、海水净化装置及柴油机活塞、连杆和电子产品等。

表 7-10　工业纯钛的牌号、力学性能和用途

牌　号	材料状态	力学性能(退火状态)		用　途
		R_m/MPa	$A/\%$	
TA1	板材	300～500	30～40	航空:飞机骨架、发动机部件
	棒材	343	25	航空:飞机骨架、发动机部件 造船:耐海水腐蚀的管道、阀门、泵、柴油发动机活塞、连杆
TA2	板材	450～600	25～30	
	棒材	441	20	
TA3	板材	550～700	20～25	
	棒材	539	15	

7.5.2　钛合金

为了提高钛的力学性能,满足现代工业的需求,一般通过钛合金化的方法获取所需的性能。加入的合金元素主要有铝、铜、铬、锡、钒和钼等。一些高强度钛合金超过了许多合金结构钢的强度,并且钛合金的密度小,因此钛合金的比强度远大于其他金属材料,可制出强度高、刚性好、质量轻的零部件。目前飞机的发动机构件、紧固件及起落架等都大量使用钛合金。

1. 钛合金的分类和牌号表示方法

(1)钛合金的分类

由于钛具有同素异构转变现象,使其在不同的温度,具有不同的结构,即 α 钛和 β 钛。在钛中添加适当的合金元素,使其同素异构转变温度发生改变,可以得到不同组织的钛合金。如铜、铬、钼、钒和铁等元素在 β 钛中的溶解度比 α 钛中大,使 α-Ti⇌β-Ti 的相互转变温度下降,促使 β 相稳定。铝、锡在 α 钛中的溶解度比在 β 钛中大,使 α-Ti⇌β-Ti 的相互转变温度升高,扩大了 α 相稳定存在的范围。室温下,钛合金有三种基体组织:全部 α 相、全部 β 相和α+β 相。根据基体的不同,钛合金可分为 α 钛合金、β 钛合金和 α+β 钛合金三类。

(2)钛合金的牌号表示方法

钛及钛合金的牌号采用"T"("钛"字的汉语拼音字首)+大写的英文字母(A,B,C)和数字来表示。其中,"T"表示钛合金;英文字母表示钛合金的种类,A,B,C 分别代表 α 钛合金、β 钛合金和 α+β 钛合金;数字表示顺序号。如 TA1 表示 1 号 α 钛合金,即 1 号工业纯钛;TB2 表示 2 号 β 钛合金;TC4 表示 4 号 α+β 钛合金。

2. 常用钛合金的牌号及用途

(1)α 钛合金

由 α 相固溶体组成的单相合金(牌号为 TA 加顺序号,如 TA5 表示 5 号 α 钛合金),不论是在一般温度下还是在较高的实际应用温度下,均是 α 相,组织稳定,耐磨性高于纯钛,抗氧化能力强。在 500～600 ℃的温度下,仍能保持其强度和抗蠕变性能,但不能进行热处理强化,室温强度不高。典型的 α 钛合金是 TA7,它在 500 ℃以下使用,多用于制造导弹的燃料罐、超声速飞机涡轮机壳。

（2）β 钛合金

由 β 相固溶体组成的单相合金（牌号为"TB"加顺序号，如 TB2 表示 2 号 β 钛合金）未经热处理即具有较高的强度，韧性好，有良好的冲压性能。淬火和时效处理后合金得到进一步强化，室温强度可达 1 372～1 666 MPa，但热稳定性较差，不宜在高温下使用。典型的 β 钛合金是 TB1，成分为 Ti - 3Al - 13V - 11Cr，它在 350 ℃ 以下使用，多用于制造压气机叶片、轴、轮盘等重载回转件及飞机构件。

（3）α＋β 钛合金

α＋β 钛合金是三种钛合金中最常用的，合金的室温组织为 α＋β 两相组织。此类合金除了含有铬、钼、钒等使 β 相稳定的元素外，还含有锡和铝等使 α 相稳定的元素。在冷却到一定温度时，发生 β→α 的相变。α＋β 钛合金具有良好的综合性能，组织稳定性好，有良好的韧性、塑性和高温变形性能，能较好地进行热压力加工，而且高温强度高，可在 400～500 ℃ 的温度下长期工作，其热稳定性和切削加工性仅次于 α 钛，并可以热处理强化，应用范围广。常用的牌号有 TC1，TC2，TC4，其中应用最广的是 TC4（钛-铝-钒合金），它具有较高的强度和良好的塑性，在 400 ℃ 时，组织稳定，强度较高，抗海水等腐蚀能力强。α＋β 钛合金适于制造在 400 ℃ 以下长期工作的零件，或要求一定高温强度的发动机零件，以及在低温下使用的火箭、导弹的液氢燃料箱部件等。

常用钛合金的牌号、力学性能及用途见表 7 - 11。

表 7 - 11　常用钛合金的牌号、力学性能及用途

类　别	牌　号	化学成分	室温力学性能			用途举例
			热处理	R_m/MPa	A/%	
α 钛合金	TA4	Ti - 3Al	退火	700	12	在 400 ℃ 以下工作的零件，如导弹燃料罐、超音速飞机的涡轮机匣
	TA5	Ti - 4Al - 0.005B	退火	686	15	
	TA6	Ti - 5Al	退火	686	20	
β 钛合金	TB1	Ti - 3Al - 8Mo - 11Cr	淬火	110	16	在 350 ℃ 以下工作的零件，压气机叶片、轴轮盘等重载荷旋转件
			淬火＋时效	1 300	5	
	TB2	Ti - 5Mo - 5V - 8Cr - 3Al	淬火	1 000	20	
			淬火＋时效	1 350	8	
α＋β 钛合金	TC1	Ti - 2Al - 1.5Mn	退火	588	25	在 400 ℃ 以下工作的零件，有一定高温强度的发动机零件，低温用部件
	TC2	Ti - 4Al - 1.5Mn	退火	686	15	
	TC3	Ti - 5Al - 4V	退火	900	8～10	
	TC4	Ti - 6Al - 4V	退火	950	10	
			淬火＋时效	1 200	8	

注：断后伸长率是板厚 1.0～2.0 mm 的状态下得到的。

7.5.3　钛合金的热处理

为了提高 β 钛合金和 α＋β 钛合金的力学性能需要对其进行热处理，钛合金常用的热处理方法是退火、淬火和时效处理。

1. 退　火

由于钛合金主要采用冷、热变形加工,容易产生较大的内应力,故需要进行退火处理。

① 为了消除内应力,可在 450~650 ℃进行去内应力退火。

② 在冷变形加工时,容易产生加工硬化,导致加工过程难以顺利进行。为了消除加工硬化,可在 650~850 ℃退火(许多钛合金以退火状态供货)。

2. 淬火＋时效处理

钛合金通过淬火得到 β 相(亚稳定相),再经 400~600 ℃时效,可析出弥散分布的化合物,从而使强度提高,但塑性下降。β 钛合金是由 β 相固溶体组成的单相合金,未热处理前具有较高的强度,淬火＋时效处理后合金得到进一步强化,但热稳定性较差,不宜在高温下使用。α＋β钛合金可进行淬火＋时效使合金强化。热处理后的强度约比退火状态提高 50％~100％。

除此之外,钛合金可以采用形变热处理的方法进行强化,不但能显著提高钛合金的室温强度和塑性,也可以提高合金的疲劳强度和热强性及抗蚀性。其原理是变形时晶粒内部位错密度增加,晶粒及亚晶界细化,促进了时效过程中亚稳相的分解,析出相能均匀弥散分布。形变时基体发生多边化,形成亚稳组织,对提高合金的室温及高温性能也有一定的贡献。α＋β钛合金和 β 钛合金经形变热处理后,R_m 提高约 5％~20％,R_{eL} 提高约 10％~30％,例如 Ti-6.5Al-3Mo-0.5Zn-0.3Si 合金,经过 920 ℃形变 40％~60％淬火时效后,$R_m＝1\,400$ MPa,$A＝12％$,$Z＝50％$,而经过普通热处理后 $R_m＝1\,160$ MPa,$A＝15％$,$Z＝42％$。

7.6　滑动轴承合金

用于制造滑动轴承中轴瓦及内衬的合金称为滑动轴承合金。滑动轴承与滚动轴承相比,滑动轴承承压面积大,工作平稳,噪声小,制造、维修、拆装方便。滑动轴承由轴承体和轴瓦组成,轴瓦的钢质基体内侧浇注或轧制着一层高强度耐磨的滑动合金,是机床、汽车和拖拉机的重要零件。

7.6.1　对轴承合金性能的要求

① 足够的强度、硬度和较高的疲劳强度、抗压强度和耐磨性,以承受轴所施加的较大压力。

② 与轴之间有良好的磨合性、与轴的摩擦系数较小,与轴能较快地紧密配合,并能保持住润滑油。

③ 具有良好的耐腐蚀性、导热性和较小的膨胀系数。

④ 足够的塑性、韧性,以保证轴与轴承良好配合并抵抗冲击力和振动。

⑤ 良好的工艺性能,容易制造,价格低廉。

7.6.2　轴承合金的组织特征

根据上述的性能要求,轴承合金的组织应软硬兼备。目前常用的轴承合金有两类组织。

1. 在软的基体上孤立地分布硬质点

如图 7-11 所示,当轴进入工作状态后,轴承合金软的基体很快被磨凹,使硬质点(一般为化合物)凸出于表面以承受载荷,并抵抗自身的磨损。凹下去的地方可储存润滑油,保证有低的摩擦因数,同时,软的基体有较好的磨合性与抗冲击、抗振动能力。但这类组织难以承受高的载荷。属于这类组织的轴承合金有巴氏合金和锡青铜等。

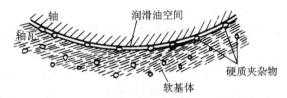

图 7-11　滑动轴承的理想组织示意图

2. 在较硬的基体上分布着软的质点

这种组织是在较硬的基体(硬度低于轴颈)上分布着软质点,这类组织的摩擦系数低,能承受较高的载荷,但磨合性差。此种轴承合金基体的硬度低于轴颈的硬度,但是比软基体硬,能承受较大的载荷。基体上分布的软质点具有低的摩擦因数,但这类合金的磨合性较差。属于这类组织的轴承合金有铜基、铝基轴承合金。

7.6.3　轴承合金的分类及牌号表示方法

按主要成分不同,常用的轴承合金分为锡基、铅基、铝基、铜基等四种。轴承合金牌号由"Z"("铸"字汉语拼音字首)、基体金属的化学元素符号、主加合金元素符号和数字(用百分数表示主加元素的质量分数)、辅加合金元素符号和数字(用百分数表示辅加元素的质量分数)组成。如 ZSnSb11Cu6 表示主加元素锑的质量分数为 11%、辅加合金元素铜的质量分数为 6% 的铸造锡基轴承合金;ZPbSb16Sn16Cu2 表示主加元素锑的质量分数为 16%、辅加合金元素锡的质量分数为 16%、铜质量分数为 2% 的铸造铅基轴承合金。

7.6.4　常用的轴承合金及用途

常用的铸造轴承合金的牌号、化学成分和用途见表 7-12。

表 7-12　铸造轴承合金的牌号、化学成分、用途(摘自 GB/T 1174—1992)

类别	牌号	化学成分/%					硬度 HBW	用途举例
		Sb	Cu	Pb	Sn	杂质		
锡基轴承合金	ZSnSb12Pb10Cu4	11.0~13.0	2.5~5.0	9.0~11.0	余量	0.55	≥29	一般发动机的主轴承,但不适于高温工作
	ZSnSb11Cu6	10.0~12.0	5.5~6.5	0.35	余量	0.55	≥27	1 500 kW 以上蒸汽机、3 700 kW 涡轮压缩机,涡轮泵及高速内燃机轴承
	ZSnSb8Cu6	7.0~8.0	3.0~4.0	0.35	余量	0.55	≥34	一般大机器轴承及高载荷汽车发动机的双金属轴衬
	ZSnSb4Cu4	4.0~5.0	4.0~5.0	0.35	余量	0.50	≥20	涡轮内燃机的高速轴承及轴衬
铅基轴承合金	ZPbSb16Sn16Cu2	15.0~17.0	1.5~2.0	余量	15.0~17.0	0.60	≥30	110~880 kW 蒸汽涡轮机,150~750 kW 电动机和小于 1 500 kW 起重机及重载荷推力轴承
	ZPbSb15Sn10	14.0~16.0	0.7	余量	9.0~11.0	0.45	≥24	中等压力的机械,也适用于高温轴承
	ZPbSb15Sn5	14.0~15.5	0.5~1.0	余量	4.0~5.5	0.75	≥20	低速、轻压力机械轴承
	ZPbSb10Sn6	9.0~11.0	0.7	余量	5.0~7.0	0.70	≥18	重载荷、耐蚀、耐磨轴承

1. 锡基轴承合金(锡基巴氏合金)

锡基轴承合金是以锡为基体元素,并加入锑和铜元素组成的合金,如图 7-12 所示。图中黑色的部分是锑溶入锡中形成的 α 固溶体,即软基体(硬度为 24~30 HBW);图中白色的方块部分是 β 相(以 SnSb 为基的固溶体,硬度约为 110 HBW),白色星状或针状的部分是电子化合物,所以硬质点是由 β 相和 Cu_3Sn(或 Cu_6Sn_5)组成。化合物 Cu_3Sn 和 Cu_6Sn_5 首先从液相中析出,其密度与液相接近,可形成均匀的骨架,防止密度较小的 β 相上浮,以减少合金的密度偏析。这种合金摩擦因数小,塑性和导热性好,是优良的减摩材料,常用于制造重要的轴承,如汽轮机、发动机、压气机等巨型机器的高速轴承。常用的锡基轴承合金有 ZSnSb11Cu6 和 ZSnSb8Cu6 等。

2. 铅基轴承合金(铅基巴氏合金)

铅基轴承合金(也叫铅基巴氏合金)是以铅、锑为基体,加入锡、铜等元素组成的轴承合金。这种合金也是软基体硬质点类型的轴承合金,如图 7-13 所示,它的黑色基体组织为共晶组织(α+β),硬质点是化合物 SnSb 及 Cu_2Sn。铅基轴承合金的强度、硬度、韧性均低于锡基轴承合金,摩擦因数较大,但价格便宜,铸造性能和耐磨性较好,故常用于制造承受中、低载荷的中速轴承,如汽车、拖拉机曲轴轴承、连杆轴承及电动机轴承。在可能的情况下,应尽量用其代替锡基轴承合金。常用的牌号有 ZPbSb16Sn16Cu2。

图 7-12　锡基轴承合金(ZSnSb11Cu6)
的显微组织

图 7-13　铅基轴承合金(ZPbSb16Cu2)
的显微组织

3. 铜基轴承合金

常用的铜基轴承合金有铅青铜、锡青铜和铝青铜等。铅青铜是以铅为基本合金元素的铜基合金,常用牌号是 ZCuPb30。铅与铜在固态下互不溶解,铅青铜的硬基体是铜,软质点为铅。铅均匀分布在铜的基体上,形成了硬基体加软质点的组织。铅青铜的疲劳强度、承载能力、导热性和塑性均高于巴氏合金,且摩擦系数小,价格便宜,能在 250 ℃左右的温度下工作,故广泛用于制造高速、重载荷下工作的轴承,如航空发动机、高速柴油机轴承和其他高速重载荷轴承。

锡青铜是以锡为基本合金元素的铜基合金,常用的有 ZCuSn10P1 和 ZCuSn5Pb5Zn5。其组织为软基体加硬质点的组织,软基体由锡溶于铜中形成的固溶体组成,硬质点由铜锡形成的电子化合物及 Cu_3P 组成。由于它的组织中存在较多的缩孔,有利于储存润滑油,主要用于承受较大载荷的中等速度的轴承,如电动机、泵等的轴承。

4. 铝基轴承合金

铝基轴承合金是以铝为基体,加入锡、锑、铜等元素组成的合金,是一种新型减摩材料,其原料丰富、价格便宜、相对密度小、导热性好,高温硬度和疲劳强度高,适于制造高速、重载的内燃机轴承。铝基轴承合金膨胀系数较大,运转时容易与轴咬合。常用的铝基轴承合金有铝锑镁轴承合金和高锡铝基轴承合金两种。其中高锡铝基轴承合金应用最广,这类合金并不直接浇注成型,而是采用铝基轴承合金带与低碳钢带(08 钢)一起轧成双金属带料,然后制成轴承。高锡铝基轴承合金以铝为基体,加入质量分数约为 20% 的锡和质量分数为 1% 的铜,它的组织实际上是在硬的铝基体上分布着软的锡质点。在合金中加入铜,其溶入铝中能进一步强化基体,使轴承合金具有高的抗疲劳强度,良好的耐热、耐磨和耐蚀性。这种合金已在汽车,拖拉机、内燃机车上推广使用。

7.7 硬质合金

机械加工车削速度正在不断提高,车削刀具刃部磨损较大,失效较快,一些高速钢无法满足要求,必须要采用硬度更高的硬质合金材料作为刀具材料。硬质合金是把一些高硬度、难熔的粉末(WC,TiC 等)和胶结物质(Co,Ni 等)混合、加压、烧结成型的一种粉末冶金材料。

7.7.1 硬质合金的性能特点

硬质合金的性能特点主要有以下几个方面。

(1) 硬度高、热硬性高、耐磨性好

由于硬质合金是以高硬度、高耐磨、极为稳定的碳化物为基体,在常温下,硬度可达 86～93 HRA(相当于 69～81 HRC),热硬性可达 900～1 000 ℃。故硬质合金刀具在使用时,其切削速度、耐磨性与寿命都比高速钢刀具有显著提高,这是硬质合金最突出优点。

(2) 抗压强度高

硬质合金,抗压强度可达 6 000 MPa,高于高速钢,但抗弯强度较低(只有高速钢的 1/3～1/2 左右)。硬质合金弹性模量很高(约为高速钢的 2～3 倍),但它的韧性很差(A_K=2～4.8 J,约为淬火钢的 30%～50%)。此外,硬质合金还有良好的耐蚀性(抗大气、酸、碱等)与抗氧化性。

硬质合金主要用来制造高速切削刃具和切削硬而韧的材料的刃具。此外,它也用来制造某些冷作模具及不受冲击、振动的高耐磨零件(如磨床顶尖等)。

(3) 切削速度高、使用寿命长

用硬质合金制造的刀具与高速工具钢的刀具相比,其切削速度可提高 4～7 倍,刀具寿命可延长 5～80 倍,可切削 50HRC 左右的硬质材料。硬质合金用作模具和量具,使用寿命比工具钢高 20～150 倍。

(4) 耐蚀性(抗大气、酸、碱等)和抗氧化性良好,线膨胀系数低

硬质合金可在酸碱腐蚀和强氧化性的介质中工作,使用性能较好。

(5) 只能采用电加工或用砂轮磨削

硬质合金材料不能用一般的切削方法加工,只能采用电加工(如电火花、线切割、电解磨削等)或用砂轮磨削。硬质合金制品常用钎焊、黏结、机械夹固等方法固连在刀体或模具体上使用。

7.7.2 常用硬质合金

硬质合金是指以一种或几种难熔金属的碳化物(如碳化钨、碳化钛等)的粉末为主要成分,

加入起黏结作用的金属钴粉末,用粉末冶金的方法制得的材料。常用硬质合金见表 7-13。

表 7-13　常用硬质合金的牌号、成分和性能

类　别	牌　号	化学成分/%				力学性能(不小于)	
		WC	TiC	TaC	Co	硬度 HRA	强度 R_m/MPa
钨钴类硬质合金	YG3X	96.5	—	<0.5	3	91.5	1 079
	YG6	94.0	—	—	6	89.5	1 422
	YG6X	93.5	—	<0.5	6	91.0	1 373
	YG8	92.0	—	—	8	89.0	1 471
	YG8N	91.0	—	1	8	89.5	1 471
	YG11C	89.0	—	—	11	89.5	2 060
	YG15	85.0	—	—	15	87.0	2 060
	YG4C	96.0	—	—	4	89.5	1 422
	YG6A	92.0	—	2	6	91.5	1 373
	YG8C	92.0	—	—	8	88.0	1 716
钨钛钴类硬质合金	YT5	85.0	5	—	10	89.5	1 373
	YT14	78.0	14	—	8	90.5	1 177
	YT30	66.0	30	—	4	92.5	883
通用类硬质合金	YW1	84~85	6	3~4	6	91.5	1 177
	YW2	82~83	6	3~4	8	90.5	1 324

注:牌号后"X"表示细颗粒合金,"C"表示粗颗粒合金,无字为一般颗粒合金。

1. 硬质合金的分类

按成分和性能特点可分为钨钴类硬质合金、钨钛钴类硬质合金和钨钛钽(铌)类硬质合金(万能硬质合金)三种。GB/T 2075—2007 规定,切削加工用硬质合金按其切屑排出形式和加工对象的范围不同,分为 P,M,K,N,S,H 六个类别,根据被加工材质及适应的加工条件不同,将各大类硬质合金按用途进行分组,每组分别用不同的代号来表示,见表 7-14。

表 7-14　切削加工常用硬质合金分类及对照表

应用范围分类		对　照		性能提高方向	
代　号	被加工材料类别	用途代号	硬质合金牌号	合金性能	切削性能
P	长切削的钢铁材料	P01	YT30	耐磨性 高 韧性 高	切削速度 高 进给量 大
		P10	YT15		
		P20	YT14		
		P30	YT5		
M	介于 P 与 K 之间	M10	YW1	耐磨性 高 韧性 高	切削速度 高 进给量 大
		M20	YW2		
K	短切削的钢铁材料,有色金属及非金属材料	K01	YG3X	耐磨性 高 韧性 高	切削速度 高 进给量 大
		K10	YG6X,YG6A		
		K20	YG6,YG8N		
		K30	YG8,YG8N		

2. 硬质合金的成分和牌号表示方法

（1）钨钴类硬质合金

钨钴类硬质合金的主要化学成分是碳化钨（WC）及钴。其牌号由"YG"（"硬""钴"二字汉语拼音字母）和数字（有时后面可加上表示产品性能、添加元素或加工方法的汉语拼音字母）组成，其中数字表示的是钴的平均质量分数（用百分数表示）。如 YG6 表示钴的平均质量分数为 6%，余量为碳化钨的钨钴类硬质合金；YG6X 中的"X"表示细晶粒。

（2）钨钛钴类硬质合金

钨钛钴类硬质合金的主要化学成分是碳化钨（WC）、碳化钛（TiC）及钴。其牌号由"YT"（"硬""钛"二字汉语拼音字首）和数字（有时后面可加上表示产品性能、添加元素或加工方法的汉语拼音字母）组成，其中数字表示的是碳化钛的质量分数（用百分数表示）。如 YT5 表示碳化钛的平均质量分数为 5%，其余为碳化钨的钨钛钴类硬质合金；YT5U 中的"U"为"涂"字汉语拼音的第二个字母，表示表面涂层。

（3）通用硬质合金

通用硬质合金又称"万能硬质合金"，由碳化钨、碳化钛和碳化钽组成。其牌号由"YW"（"硬""万"二字汉语拼音字首）加数字组成，其中数字表示的是顺序号。如 YW1 表示 1 号万能硬质合金。它是以碳化钽（TaC）或碳化铌（NbC）取代 YT 类合金中的一部分 TiC。在硬度不变的条件下，取代的数量越多，合金的抗弯强度越高。它适用于切削各种钢材，特别对于不锈钢、耐热钢、高锰钢等难于加工的钢材，切削效果更好。万能硬质合金也可代替 YG 类合金加工铸铁等脆性材料，但韧性较差，效果并不比 YG 类合金好。

上述硬质合金的硬度很高、脆性大，除磨削外，不能进行一般的切削加工，故冶金厂将其制成一定规格的刀片供应。使用前再将其固紧（用焊接、黏接或机械固紧）在刀体或模具上。

本章小结

1. 有色金属及其合金是指除钢铁以外的其他金属材料，与钢铁材料相比，有着某些特殊的性能，因而成为现代机械工业不可缺少的重要材料。

2. 铝合金是应用最广的有色金属之一，它具有比强度高、耐蚀性和切削性好等优点，在航空、航天、汽车、仪表等工业中有着广泛的应用。

3. 铜合金也是应用很广的重要有色金属材料，具有良好的导电性、导热性和易于成形性及良好的耐蚀性能，在电气、轻工、建筑、国防等工业领域发挥着巨大的作用。

4. 镁合金具有密度小、阻尼减振性良好、耐蚀性好等优良性能，广泛应用于航空、化工、火箭等行业，是实用金属中最轻的金属；钛合金具有强度高、耐蚀性好、耐热性高等特点而被广泛应用于各个领域，钛合金的工艺性能差，切削加工较困难，目前在我国主要用于飞机发动机的压气机部件，其次为火箭、导弹和高速飞机的结构件，人造地球卫星、载人飞船和航天飞机也都使用钛合金板材焊接件。

5. 非铁金属的强化手段和热处理特点与钢铁材料不同，比如部分铝合金的热处理强化手段是淬火加时效处理，与钢铁材料的强化方法有着明显不同。

习 题

1. 什么是黄铜、青铜和白铜？

2. 根据铝合金的成分和生产工艺特点不同，铝合金可分为哪几类？

3. 试说明黄铜和青铜的牌号表示方法。

4. 铝合金的强化方式有哪些？

5. 铝合金的牌号如何表示？用四位字符如何表示铝合金的牌号？

6. 什么是时效？什么是人工时效？什么是自然时效？铝合金经时效处理后性能有什么变化？

7. 试述铝合金的分类及热处理特点。

8. 何谓铝合金的变质处理？变质处理的目的是什么？

9. 钛及钛合金的性能特点是什么？

10. 常用的轴承合金有哪几类？

11. 什么是硬质合金？它有哪些性能特点？常用的硬质合金有几种？

12. 硬质合金的牌号如何表示？如何选用硬质合金？

13. 指出下列牌号各代表何种金属材料？说明其数字及符号的含义。

TA3　ZL401　TC4　YW1　LF11　LD2　H90　YG8　YT15　2A11　3A21　2A50
ZL102　LC4　ZCuZn38　HPb59 - 1　QSn4 - 3　ZSnSb11Cu6　TA6　ZCuZn40Mn2

14. H68 和 H62 均为黄铜，它们在组织和性能上有没有区别？

15. 纯铝、α - Fe、纯镁三种金属哪种金属易产生塑性变形？为什么？

16. 在特殊黄铜中加入其他合金元素对其性能有哪些影响？

第8章 非金属材料

【导学】

非金属材料具有耐蚀性、绝缘性、绝热性及优良的成型性能，并且质轻价廉，在某些领域已经成为不可替代的材料。工程上使用的非金属材料主要包括有机高分子材料（如塑料、合成橡胶、合成纤维、胶黏剂、涂料等）、陶瓷材料（如陶瓷器、玻璃、水泥、耐火材料及各类新型陶瓷材料等）和复合材料三类。传统金属材料、非金属材料的界限正在逐渐淡化，而非金属材料对经济、科技、国防等事业的发展起到重要的推动作用。

【学习目标】

◆ 了解常用高分子材料的种类、性能与应用；

◆ 了解陶瓷材料的使用性能，熟悉工程陶瓷的基本性能和应用；

◆ 理解复合材料的性能、分类及应用的特点。

本章重难点

8.1 高分子材料

高分子是指那些分子量特别大的物质。人们称常见的分子为小分子，一般由几个或几十个原子组成，分子量在几十到几百之间。如水分子的分子量为 18、二氧化硫的分子量是 44。高分子则不同，它的分子量至少要大于 1 万。高分子物质的分子一般由几千、几万甚至几十万个原子组成，它的分子量也是以几万、几十万甚至亿来计算。高分子的"高"就是指它的分子量高。

高分子分为天然高分子和人工合成高分子，如天然橡胶和棉花等都属于天然高分子。人工合成高分子材料主要包括化学纤维、合成橡胶和合成树脂（塑料），称为三大合成材料，其中合成树脂的产量最大，应用最广。此外，大多数涂料和黏合剂的主要成分也是人工合成高分子。

高分子合成材料是以天然和人工合成的高分子化合物为基础的一类非金属材料。它的化学组成并不复杂，每个大分子都由一种或几种较简单的低分子化合物重复连接（聚合）而成，故又称聚合物或高聚物。这些低分子化合物称为单体，这些单体以一定方式重复连接起来，形成高分子链。高分子链的几何形态有线型结构、支链型结构和网型结构。前两种形态聚合物弹性良好，具有热塑性（在加热和溶剂作用下可熔融、溶解变软，冷却变硬，并可反复进行），易于加工成型，合成纤维、热塑性塑料属于此类。后一种是三维网状形态，具有热固性（热压成型后，再加热时不熔融和溶解），只能一次热模压成型，硫化橡胶、酚醛树脂属于此类。

人工合成高分子化合物的方法有加聚反应和缩聚反应两种。加聚反应是指一种或多种单体相互加成而连接成聚合物的反应。此类反应没有其他副产物，生成的聚合物的化学组成与单体基本相同。其中，单体为一种的叫均加聚，如乙烯加聚成聚乙烯；单体为两种或两种以上的则称为共加聚，ABS 工程塑料就是由丙烯腈（A）、丁二烯（B）和苯乙烯（S）3 种单体共聚合成的。缩聚反应是指一种或多种单体相互聚合而生成聚合物，同时析出某种低分子物质（如水、氨、醇和卤化氢等）的反应。

高聚物的物理状态随着载荷和温度的不同而不同,在低温下一般为玻璃态,中等温度为高弹态,高温下为黏流态。

高分子材料的共同缺点是易老化,就是在氧、热、紫外线、机械力、水蒸气和微生物等作用下逐渐失去弹性,出现龟裂,变硬或发黏软化,变色和失去光泽等。通常通过改变聚合物的结构、加入防老化剂(如芳香族中胺类化合物和水杨酸酯等)、表面涂层或镀金属等措施来防止老化。另外,许多难溶的高分子材料制品报废后不能有效回收,对生态环境造成破坏,如塑料制品的"白色污染"和汽车轮胎的"黑色污染"等,但是,高分子材料有其独特的优良性能,在工农业及日常生活中具有其他材料不可替代的某些作用。

8.1.1　塑　料

以合成树脂为主要成分,在一定温度和压力下可塑制成型的高分子合成材料,统称为塑料。塑料的应用量几乎占全部三大合成材料的68%,同时它也是最主要的工程结构材料。塑料中能够代替金属作为工程结构材料应用的称为工程塑料。

1. 塑料的组成

塑料一般由合成树脂和添加剂组成,它通常在加热、加压条件下塑造成一定形状的产品。合成树脂中加入添加剂后可获得改性品种。因此,塑料的性能主要取决于合成树脂本身,但添加剂也起很大作用。

(1) 合成树脂

合成树脂是塑料的主要成分,含量占40%～100%(质量分数),它决定了塑料的主要性能。合成树脂靠聚合反应获得,性能与天然树脂相似,通常为黏稠状液体或固体,无一定熔点,受热时软化或呈熔融状。

(2) 添加剂

为了改变塑料的性能(如强度、减摩性和耐热性等),常常按需要加入下列各种不同的添加剂:

① 填充剂。又称填料,含量占20%～50%(质量分数),用来改进塑料的性能或赋予新的性能(如导电性),同时节约了合成树脂,降低了成本。例如,生产中加入玻璃纤维以提高强度,加入石棉纤维以提高耐热性,加入云母以提高绝缘性,加入二硫化钼可提高自润滑性等。

② 增塑剂。用来提高塑料的可塑性和柔软性的物质,主要是一些低熔点的低分子有机化合物。常用的有邻苯二甲酸、二辛醋、邻苯二甲酸二丁酯和樟脑等。

③ 稳定剂。即防老化剂,其作用是提高树脂在受热、光和氧等作用时的稳定性。

④ 润滑剂。防止塑料在成型过程中粘在模具上,并使制品表面光洁美观,常用的有硬脂酸、盐类。

⑤ 着色剂。有机染料或无机染料,如苯胺黑、甲基红和甲基蓝等,使制品具有美丽色彩。

⑥ 固化剂(交联剂)。固化剂的作用是通过交联,使树脂具有网状结构,成为较坚硬和稳定的塑料制品。例如,在酚醛树脂中加入六亚甲基四氨,在环氧树脂中加入乙二氨和顺丁烯二酸酐等。

⑦ 阻燃剂。作用是阻止燃烧或造成自熄。比较成熟的阻燃剂有氧化锑等无机物或磷酸酯类和含溴化合物等有机物。

除上述添加剂外,还可加入催化剂、发泡剂、抗静电剂和稀释剂等。加入银和铜等粉末可制成导电塑料;加入磁粉可制成导磁塑料等。另外,把不同品种和性能的塑料熔合起来,或将不同单体通过化学共聚或接枝等方法结合起来,组成类似于塑料"合金"的改性品种。例如,ABS塑料就是苯乙烯、丁二烯、丙烯腈经接枝和混合而制成的三元复合物。

2. 塑料的分类

塑料有很多的分类方法,通常根据从事研究或工程的不同需要采用不同的分类方法。

(1) 按塑料的成型工艺分类

按塑料的成型工艺分为热塑性塑料和热固性塑料两大类。

① 热塑性塑料为线型结构分子链,加热时软化,可塑造成型,冷却后则变硬。此过程可反复进行。它们的优点是加工成型简便,力学性能好,可反复成型、再生使用,缺点是耐热性和刚性比较差。常用热塑性塑料的主要特性及应用见表8-1。

表8-1 常用热塑性塑料的主要特性及应用举例

名称(代号)	主要性能特点	应用举例
聚氯乙烯(PVC)	耐蚀、绝缘性好。硬质聚氯乙烯强度较高;软质聚氯乙烯伸长率较大;泡沫聚氯乙烯质轻、隔热、隔音、防震	硬质聚氯乙烯:泵、阀、输油管 软质聚氯乙烯:电线、电缆包皮 泡沫聚氯乙烯:衬垫、包装材料
聚乙烯(PE)	耐蚀、绝缘性好。高压聚乙烯柔软性、透明性好;低压聚乙烯强度高,耐磨。	高压聚乙烯:薄膜、软管、管道、塑料瓶 低压聚乙烯:承受小载荷的轴承、齿轮、塑料板和塑料绳等
聚丙烯(PP)	质轻、耐蚀、高频绝缘性好,但不耐磨	一般机械零件:齿轮、管道和接头等 耐蚀件:泵叶轮、化工管道和容器等 绝缘件:电视机、电扇、电机罩等
聚酰胺(尼龙)(PA)	韧性、耐磨性、耐油、耐水性好,但吸水性高,成型收缩率大	耐磨传动件:轴承、齿轮、凸轮轴和涡轮等
聚甲醛(POM)	优良的综合力学性能,尺寸稳定性高,耐疲劳、耐磨、耐蚀性好,易燃	减摩、耐磨件:无润滑轴承、齿轮和凸轮轴等
苯乙烯-丁二烯-丙烯腈共聚体(ABS)	坚韧、质硬、刚性好,成型性、耐热性、耐蚀性、尺寸稳定性好	一般机械减摩、耐磨件:齿轮、汽车车身、冰箱内衬、仪表盘,电视机、电扇、电机壳体等
聚砜(PSF)	耐热性、抗蠕变性突出,绝缘性、韧性好,但加工成型性不好	耐蚀、减震、耐磨、绝缘零件:齿轮、凸轮、仪表外壳和接触器等
聚甲基丙烯酸酯(有机玻璃)(PMMA)	透光性好,抗老化,易成型加工,但表面硬度低,易擦伤	显示器屏幕,汽车风挡和光学镜片等
聚四氟乙烯(塑料王)(F-4)	耐高低温、耐蚀性、绝缘性好,自润滑性好,但力学性能和加工性能差	热交换器、化工零件、绝缘零件
聚碳酸酯(PC)	透明度高,耐冲击性、韧性好,硬度高,抗蠕变,耐热、耐寒,俗称"透明金属"	受冲击零件,如飞机座舱罩、面盔、防弹玻璃,高压绝缘零件
氯化聚醚(CPT)	耐蚀性,力学性能好,绝缘性、韧性好,加工成型性好,但耐低温性较差	减摩、耐磨件、精密机械零件,化工设备衬里和涂层等

② 热固性塑料为密网型结构分子链,其形成是固化反应的结果,初始加热时软化,可塑造成型,但固化之后再加热将不再软化,也不溶于溶剂。它们的优点是耐热性高,受压不易变形,

缺点是力学性能不好,但可通过加入填料来改善。常用热固性塑料的主要特性及应用见表 8 - 2。

表 8 - 2　常用热固性塑料的主要特性及应用举例

名称(代号)	主要性能特点	应用举例
聚氨脂塑料(PUR)	耐磨性优,韧性好,耐氧、臭氧、抗辐射及许多化学药品,软质泡沫塑料吸音和减震好,硬质泡沫隔热性好	密封件,传送带,隔热、隔音及防震材料,电气绝缘件,实心轮胎,汽车零件,电线电缆护套
环氧塑料(EP)	强度高,韧性较好,性能稳定,耐热、耐蚀、绝缘性好,但有毒性	塑料模具、精密量具和灌封电子元件等
酚醛塑料(PF)	强度、硬度高,耐热、耐蚀、绝缘性好,但质较脆,加工性差	一般结构零件,水润滑轴承和电绝缘件等
有机硅塑料	绝缘性好,耐热性、防潮性好,耐辐射、耐臭氧、耐低温,但价格较高	高频绝缘件,电机、电器绝缘件,电气、电子元件及线圈的灌注与固定
聚对-羟基苯甲酸脂塑料	为新型耐热性热固性工程材料,耐热性突出、耐磨性、自润滑性、电绝缘性优	耐磨、耐蚀及尺寸稳定的自润滑轴承,高压密封圈,发动机零件,电子元器件,特殊用途的纤维和薄膜等

(2) 按塑料的使用性分类

按塑料的使用性分为通用塑料、工程塑料和耐热塑料三类:

① 通用塑料是指应用范围广、生产量大、价格低廉的塑料品种,主要有聚乙烯、聚氯乙烯、聚苯乙烯、聚丙烯、酚醛塑料和氨基塑料等,它们约占塑料总产量的 75% 以上,是普通工业产品中应用最广泛的通用材料。

② 工程塑料是指综合工程性能,如力学性能、耐热耐寒性能和耐蚀性等良好的用于制作工程结构、机器零件、工业容器和设备的各种塑料。主要有聚甲醛、聚酰胺(尼龙)、聚碳酸酯和 ABS 等几种。目前,工程塑料发展十分迅速。

③ 耐热塑料是指能在较高温度下工作的各种塑料。例如,聚四氟乙烯(F - 4)、聚三氟氯乙烯、有机硅树脂和环氧树脂等。这些塑料的工作温度可达 $100 \sim 200 ℃$。

随着塑料性能的改善和提高,新塑料品种的不断出现,通用塑料、工程塑料和耐热塑料之间也就没有明显的界线了。

3. 工程塑料的特性

工程塑料与金属相比,有以下特性:

① 密度小。密度一般为 $0.85 \sim 2.22 \ g/cm^3$,泡沫塑料密度低达 $0.02 \sim 0.2 \ g/cm^3$。

② 比强度高。由于密度小,比强度高于金属材料。例如,玻璃纤维增强环氧塑料的比强度是钢的两倍左右。

③ 良好的抗腐蚀性。可以耐酸、碱、油和水等的腐蚀。

④ 优良的电绝缘性。在电线电缆、电器工具、壳体和支架等方面广泛应用。

⑤ 耐磨、减摩、自润滑性好。制成的零件可在液体、半干和干摩擦状况下有效工作,可用来制造轴承、轴瓦、齿轮和凸轮等。

⑥ 工艺性好,易热压成型。部分热固性塑料还具有较好的切削加工性。

此外,工程塑料还有减震、隔音、防潮和易黏结等性能。

塑料的弱点是耐热性差,一般塑料不宜在 60~100 ℃以上工作,且易发生蠕变,导热性差,易老化。目前,耐热塑料发展很快,有普及的趋势,其耐热温度很高,可超过 100~200 ℃。

4. 塑料的成型工艺

塑料制品的生产主要由成型、机械加工、修配和装配等过程组成。其中,成型是塑料制品生产最重要的基本工序。塑料加工的成型工艺很多,可在液态或熔融态下喷丝成纤维或浇注成零件,也可在塑性状态吹塑、注射、模压、挤压成型。

(1)模压成型

将配制好的塑料颗粒注入加热至一定温度的模具模腔内,加压成型后冷却固化,这种工艺主要用于热固性塑料,目前也用于压制热塑性塑料。

(2)挤压成型

挤压成型也称压注成型。把塑料放在加料室内加热呈黏流态,在活塞压力下挤入模腔成型(见图 8-1)。这种制品尺寸、形状精度较高。

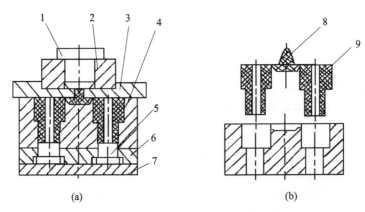

1—柱塞;2—加料腔;3—上模座;4—凹模;5—凸模;6—凸模固定板;7—下模座;8—料头;9—制品

图 8-1 塑料的压注成型

(3)挤出成型(亦称挤塑成型)

由加料斗进入料筒的塑料加热呈黏流态,经螺旋压力输送机从口模连续挤出塑料型材或制品(见图 8-2),是热塑性塑料成型中变化最多、用途最广的一种加工方法。

(4)注射成型

将塑料放入专用注塑机的加料斗,加热呈糊状,再通过加压机构使糊状塑料从料斗末端的喷嘴注入闭合的模腔内,冷却后脱模,取出制品(见图 8-3)。注射法生产率高,易自动化,可生产复杂、精密和嵌金属的制品。注塑制品品种繁多,约占热塑性塑料制品的 20%~30%。

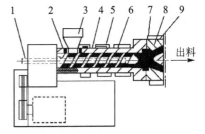

1—螺杆冷却水入口;2—料斗冷却区;3—料斗;4—机筒;5—机筒加热器;6—螺杆;7—多孔板;8—挤出模;9—机头加热器

图 8-2 塑料的挤出成型

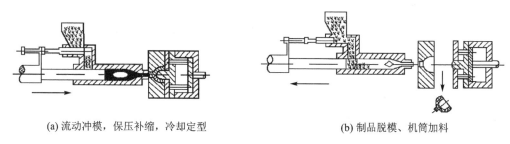

(a) 流动冲模，保压补缩，冷却定型　　　　　(b) 制品脱模、机筒加料

图 8 - 3　塑料的注射成型

（5）吹塑成型

把熔融状态的塑料坯料置于模具内，用压缩空气将坯料吹胀，使之紧贴模具内腔成型（见图 8 - 4）。这种方法用于制造中空制品和薄膜。

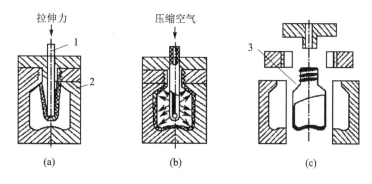

1—吹管（兼作拉伸芯棒）；2—吹塑模；3—制品

图 8 - 4　塑料的吹塑成型

（6）切削加工

塑料也可以进行车、刨、钻、铰、镗、攻螺纹、锯和锉等切削加工，以满足结构和精度要求。由于塑料导热性差，弹性大，因此切削用量应小，刀具刃口要锋利，切削速度宜高，进给量宜小。

（7）焊　接

用热熔的方法使两塑料件对接面加热熔化，加压冷却后即焊接成一体。或在两对接面涂以适当溶剂，使之溶胀、软化、加压，从而实现连接。

8.1.2　合成橡胶

1. 橡胶的特性

橡胶也是一种高分子材料，在常温下处于高弹性状态，弹性变形量很大，可达 100%～1 000%。在高弹性变形时，弹性模量很低，只有 1 MPa 左右，具有优良的伸缩性和积贮能量的能力，并具有良好的耐磨、隔音、阻尼性和绝缘性。橡胶的缺点是受氧化、光照射易老化和失去弹性。大部分橡胶不耐酸、碱、油及有机溶剂。

2. 橡胶的分类

橡胶分为天然橡胶和合成橡胶。

（1）天然橡胶

天然橡胶是橡树乳经凝固、干燥和加压等工序后制成片状生胶，再经硫化后制成，其代号为 NR。天然橡胶是良好的绝缘体,耐碱,但耐油、耐溶性差,不耐高温,在－70 ℃以下失去弹性,主要用于制造轮胎、胶带、胶管、密封垫以及胶鞋等日常生活用品和医疗卫生制品。

（2）合成橡胶

由于天然橡胶的数量、性能远不能满足工业需要,因此发展了以石油和天然气为主要原料的合成橡胶。早在 1914 年,就生产出了合成橡胶。合成橡胶多以烯烃,特别是丁二烯为主要单体聚合而成。目前,合成橡胶在各行各业得到了广泛的应用,尤其是汽车工业的重要原料。

3．橡胶制品的种类、性能和用途

常用合成橡胶的种类、性能和用途,见表 8－3。

表 8－3　常用合成橡胶的种类、性能和用途

类　别	名称（代号）	主要原料	特　性	用　途
通用橡胶	丁苯橡胶（SBR）	丁二烯苯乙烯	耐磨、耐候、耐热、耐老化、耐油性好,但弹性、耐寒性、加工性差	产量和用量最大的合成橡胶,多用于制造轮胎、通用橡胶制品
	顺丁橡胶（BR）	丁二烯	弹性与耐磨性优,耐低温性、耐热、耐老化性好,但抗拉强度较低,加工性能差	主要用于制造轮胎,也用于制造胶带和胶管等
	氯丁橡胶（CR）	2－氯－1　3 丁二烯	抗拉强度高、耐老化性、耐候性、耐热性、耐油性良好,但密度大,相对成本高,电绝缘性、耐寒性较差,难加工	用于制造轮胎胎侧,耐热运输带,电线电缆外皮,汽车门窗嵌条等
	异戊橡胶（合成天然胶）（IR）	异戊二烯	综合性能最好,力学性能、电绝缘性、耐水性、耐老化性均优于天然橡胶,但强度硬度略差,成本较高	与天然橡胶相似,用于制造轮胎的胎面胶、胎体胶、胎侧胶,也可制作胶带,胶管和胶鞋等
	丁基橡胶（IIR）	异丁烯异戊二烯	气密性、化学稳定性优,耐热性、耐老化性、耐候性、绝缘性好,但加工性不好,耐油、耐溶剂性差	主要用于制造充气轮胎的内胎,电线电缆绝缘材料等
	乙丙橡胶（EPDM）	乙烯丙烯	耐老化性、耐候性、耐蚀性优,弹性好,但加工性差	制造耐热运输带、蒸汽胶管、耐腐蚀密封件以及垫片、密封条和散热器胶管等汽车零件
特种橡胶	聚氨酯橡胶（PUR）	聚酯、聚醚二异氰酸酯	强度高,耐磨性优,弹性、耐老化性、气密性、耐油性好,但耐水性差	制造胶带、耐油胶管、胶辊及耐磨的工业制品
	硅橡胶（SIR）	硅氧烷	耐高低温性优、耐臭氧老化、耐热氧化、耐气候老化、绝缘、稳定性好,但强度、耐磨性较低,价格高	主要用于工业和航空业的密封、减震及绝缘材料等
	氟橡胶（EPM）	含氟单体	耐热氧老化性能极好,耐高温、耐腐蚀、耐油性优,但耐寒性、加工性差,价格高	多用于国防部门制作各种密封材料

4．橡胶制品的加工

橡胶制品一般经过塑炼、混炼、成型和硫化几个工艺过程加工而成。

塑炼是在高温下通过氧化作用或在较低温度下由机械作用而使橡胶分子裂解以减小分子量,降低弹性,提高橡胶塑性的过程。通常在炼胶机上进行。

混炼是将各种配合剂（塑炼胶、防老剂、填料、软化剂、硫化促进剂）按顺序均匀分散到橡胶中的过程,在炼胶机上进行。混炼除了要严格控制温度和时间外,还要注意加料顺序。混合

越均匀,制品质量越好。

成型是将混炼好的胶模压、挤压成型或涂到织物上,形成产品形状。

硫化是在橡胶中加入硫化剂(常用硫磺)和其他配料后加热、加压,使线型结构分子相互交联为网状结构,强度、稳定性提高,弹性增强,塑性降低,并具有不溶、不融特性。这是橡胶加工中最重要的工序。

5. 橡胶制品的维护

橡胶制品应注意使用和维护,尽量避免氧化、光照、高温和低温;不工作时应处于松弛状态,不与酸、碱、油类及有机溶剂接触。

8.1.3　胶黏剂

胶黏剂是一种以富有黏性的物质为基料,加入各种配合剂,能将同种或不同种材料粘在一起,使胶接面具有足够强度的物质。

1. 胶黏剂的组成和功用

天然胶黏剂有骨胶、虫胶、桃胶和树脂等。目前大量使用人工合成树脂胶黏剂,它由粘料(一般是高聚物,如酚醛树脂、环氧树脂和丁腈橡胶等)、固化剂、改性剂(填料、增韧剂、增塑剂和稀释剂等)按不同配方组成。

胶接可以部分代替铆接、焊接和螺纹连接,可以接合无法焊接的金属,还可使金属与橡胶、塑料和陶瓷等非金属材料黏合,特种胶黏剂还有密封、导电、耐高低温和导磁等特殊性能。胶黏工艺在工业生产、零件修理、堵漏和密封等方面,使用越来越广泛。

2. 胶黏剂的分类、代号及应用

胶黏剂主要按黏料分类,也可按胶黏剂的物理形态、硬化方法、被粘物材质和应用性能分类。

(1) 按胶黏剂主要黏料属性分类

胶黏剂按黏料属性可分为 7 大类和若干小类,见表 8 - 4。

表 8 - 4　常用胶黏剂的种类

序　号	大类(代号)	小类、组别(代号)
1	动物胶(100)	血液胶(110)、骨胶(121)、皮胶(122)
2	植物胶(200)	羧甲基纤维素(211)、淀粉(221)、天然树脂类(230)、天然橡胶类(250)等
3	无机物及矿物胶(300)	硅酸钠(311)、磷酸盐(313)、金属氧化物(315)、石油树脂(321)、石油沥青(322)等
4	合成弹性体(400)	丁苯橡胶(412)、丁腈橡胶(413)、丁基橡胶(424)、氯丁橡胶(431)、硅橡胶(441)、聚硫(474)、丙烯酸酯橡胶(481)等
5	合成热塑性材料(500)	聚乙酸乙烯酯(511)、聚乙烯缩醛(515)、聚苯乙烯类(520)、丙烯酸酯聚合物(531)、氰基丙烯酸酯(534)、聚氨酯类(550)、聚酰胺类(570)、聚砜(582)
6	合成热固性材料(600)	环氧树脂类(620)、有机硅树脂类(640)、聚氨酯类(650)、酚醛树脂类(680)、杂环聚合物(690)
7	热固性、热塑性材料与弹性体复合(700)	酚醛-丁腈型(711)、酚醛-氯丁型(712)、酚醛环氧型(713)、酚醛-缩醛型(714)、环氧-聚砜型(723)、环氧-聚酰胺型(724)、其他复合型结构胶黏剂(730)

（2）按胶黏剂物理形态分类

胶黏剂按物理形态可分为 7 类(括号内是各类的代号)：无机溶剂液体(1)，有机溶剂液体(2)，水基液体(3)，膏、糊状(4)，粉、粒、块状(5)，片、膜、网、带状(6)，条、棒状(7)。

（3）按胶黏剂硬化方法分类

胶黏剂按硬化方法可分为 11 类(括号内是各类的代号)：低温硬化(a)，常温硬化(b)，加温硬化(c)，适合多种温度区域硬化(d)，与水反应固化(e)，厌氧固化(f)，辐射硬化(g)，热熔冷硬化(h)，压敏粘接(i)，混凝或凝聚(j)，其他(k)。

（4）按被黏物材质分类

胶黏剂按被黏物材质可分为 22 类(括号内是各类的代号)：多类材料(A)，木材(B)，金属及合金(G)，合成橡胶(N)，硬质塑料(P)等。

（5）按应用性能分类

① 结构胶。胶接强度较高，用于受力较大的结构件胶接。

② 非结构胶。胶接强度较低，用于非受力部位或构件。

③ 密封胶。起密封作用。

④ 浸渗胶。渗透性好，能浸渗铸件等，堵塞微孔、砂眼。

⑤ 功能胶。具有特殊功能，如导电、导磁、导热、耐超低温、应变及点焊胶接等，并具有特殊的固化反应，如厌氧性、热熔性、光敏性和压敏性等。

胶黏剂的代号按 GB/T 13553—1996 的规定表示，如图 8-5 所示。

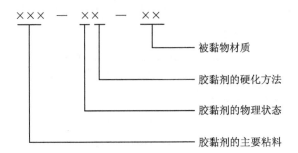

图 8-5　胶黏剂的代号

其中第一段用 3 位数字分别代表胶黏剂主要黏料的大类、小类和组别；第二段的左边数字代表胶黏剂的物理形态，右边小写字母代表胶黏剂的硬化方法；第三段两位大写字母代表被黏物材质。例如，620-4b-P 表示环氧树脂膏状胶，常温硬化，被黏材料可以是硬塑料。

8.2　陶　瓷

传统意义上的陶瓷是指陶器和瓷器，但也包括玻璃、水泥、砖瓦、耐火材料、搪瓷、石膏和石灰等人造无机金属材料，它们来源于共同的原料——天然硅酸盐材料，即含二氧化硅的化合物，如黏土、石灰石、石英、长石和砂子等。由于近年来陶瓷材料发展迅速，许多特种陶瓷(新型陶瓷)的成分远远超出硅酸盐的范畴，主要为高熔点的氧化物、碳化物、氮化物和硅化物等的烧结材料，陶瓷的性能正发生着重大的突破，陶瓷的应用已渗透到各类工业、各种工程和各个技术领域。近年来,还发展了用陶瓷生产方法制取的金属与碳化物或其他化合物组成的金属陶瓷。现代陶瓷已经同金属、高分子化合物一起成为工程中的三大支柱性材料。

8.2.1　陶瓷的分类

陶瓷材料种类繁多,工业陶瓷按原料来源不同可分为普通陶瓷、特殊陶瓷两大类。

1. 普通陶瓷

普通陶瓷也叫传统陶瓷,是以天然硅酸盐矿物(黏土、长石、石英)经粉碎、压制成型、烧结而成的制品。它产量大,应用广,大量用于日用陶瓷、瓷器、建筑材料、电绝缘材料、耐蚀性要求不高的化工容器、管道,以及对力学性能要求不高的耐磨件等。

2. 特殊陶瓷

特殊陶瓷也称为现代陶瓷,采用高纯度人工合成材料烧结而成,是具有特殊物理、化学和力学性能的陶瓷。陶瓷按性能特点和应用,可分为电容器陶瓷、光电陶瓷、高温陶瓷、磁性陶瓷和压电陶瓷等。

8.2.2　陶瓷的组织结构

陶瓷是经高温烧结形成的致密固体物质,组织结构比金属复杂,有晶相、气相和玻璃相。各相的数量、形状、分布不同,陶瓷的性能不同。

1. 晶　相

晶相是陶瓷的主要组成相,决定陶瓷的主要性能,组成陶瓷晶相的晶体通常有硅酸盐、氧化物和非氧化物等,它们的结合键为离子键或共价键。其中非氧化物是指不含氧的金属碳化物、氮化物、硼化物和硅化物。陶瓷一般也是多晶体,细化晶粒可改善其性能。

2. 玻璃相

玻璃相是陶瓷烧结时各组分通过物理化学作用而形成的非晶态物质,熔点较低,结构疏松,使陶瓷耐热性和电绝缘性降低,因此常将含量控制在 20%～40%(体积比)内,它的主要作用是黏结分散的晶体,抑制晶粒长大并填充气孔,降低烧成温度,以及获得一定程度的玻璃特性,如透光性等。

3. 气　相

气相是陶瓷中存在的气孔,占陶瓷体积的 5%～10%,分布在玻璃相、晶界、晶内,使组织致密性下降,强度和抗电击穿能力降低,材料脆性增加。因此应力求降低气孔大小、数量,并使其分布均匀。

8.2.3　陶瓷的性能

陶瓷的种类繁多,不同的陶瓷,性能差异很大,同一类陶瓷受许多因素的影响,性能波动范围很大,但是它们还是存在以下一些共同特性。

1. 力学性能

弹性模量比金属高,硬度几乎是各类材料中最高的,抗压强度高,但脆性大,抗拉强度低,塑性和韧性也很小。

2. 热性能

熔点高(2 000 ℃以上),抗蠕变能力强,热膨胀系数和导热系数小,1 000 ℃以上仍能保持室温性能。

3．电性能

一般是优良绝缘体，个别特殊陶瓷具有导电性和导磁性，属新型功能材料。

4．化学性能

非常稳定，耐酸、碱和盐等的腐蚀，不老化、不氧化。

8.2.4　常用陶瓷材料

1．普通陶瓷

普通陶瓷大致包括日用和工业用两类。

日用陶瓷一般用作瓷器，要求具有优良的白度、光泽度、透光度、热稳定性和机械强度。普通陶瓷按采用的瓷质可分为长石质瓷、绢云母质瓷、骨质(鳞石灰)瓷和日用滑石质瓷四类。长石质瓷是目前国内外普遍采用的，可做日用瓷和一般工业瓷制品；绢云母质瓷是我国的传统日用瓷；骨质瓷是较为少用的高级日用瓷；日用滑石质瓷是新型日用瓷。

普通工业陶瓷主要为炻瓷和精陶。按用途分有建筑瓷、卫生瓷、电瓷、化学瓷和化工瓷等。建筑卫生瓷一般用来做建筑装饰、卫生洁具，尺寸较大，要求强度和热稳定性好；电工陶瓷主要用于制作隔电、机械支持及连接用的绝缘器件，要求机械强度高，介电性能和热稳定性好；化学化工陶瓷是化学、化工、制药和食品等工业和实验室中的重要材料，用于制作器皿、耐蚀容器、管道和设备等，要求耐各种化学介质的能力强。

2．特殊陶瓷

（1）高温陶瓷

高温陶瓷主要一类是氧化铝陶瓷，被称作刚玉瓷，1 200 ℃时硬度为 80 HRA，且强度高，绝缘性、耐蚀性好，广泛用于制作刀具、内燃机火花塞、坩埚、热电偶绝缘套、导弹天线和瞄准仪等。另一类是非氧化物陶瓷，主要如碳化硅陶瓷。非氧化物陶瓷高温强度很高，硬度接近金刚石，耐磨性好，但脆性很大。其中碳化物和硼化物的抗氧化温度为 900～1 000 ℃；氮化物的略低些；硅化物的为 1 300～1 700 ℃。高温陶瓷常用作耐热元件、耐磨元件和砂轮磨料等。

（2）金属陶瓷

金属陶瓷是金属与陶瓷组成的非均匀复合材料，具有高强度、高韧性、耐高温、耐腐蚀的特点。金属陶瓷作为工具材料和耐高温、耐热、耐蚀材料，广泛用于机床刀具(如硬质合金)、航空涡轮喷气发动机和汽车发动机等方面。

金属陶瓷有氧化物基金属陶瓷和碳化物基金属陶瓷。氧化物基金属陶瓷应用最多的是氧化铝基金属陶瓷，目前主要用作工具材料，特点是红硬性高(达 1 200 ℃)，抗氧化性好，高温强度高，与被加工金属材料的黏着倾向小，可提高加工精度和降低表面粗糙度，适于高速切削、大管件的加工、大件的快速加工和精度要求较高的加工等。

碳化物基金属陶瓷是应用最广的非氧化物基金属陶瓷，用作工具材料和耐热材料。作为工具材料使用的碳化物基金属陶瓷常被称为硬质合金。

作高温结构材料使用的金属陶瓷实际应用最多的是碳化钛。它的熔点高，抗氧化能力强，硬度高，强度大，最可贵的是它的比重小，性能比较全面。可用作涡轮喷气发动机燃烧室、叶片、涡轮盘，以及航空、航天装置中的耐热件。

（3）敏感陶瓷

它是采用粉末冶金方法制成的精细陶瓷，是当今新材料技术高速发展的产物，有半导体陶瓷（如氧化锡陶瓷）、介电陶瓷和压电陶瓷（如铁电陶瓷 $BaTiO_3$）、光学陶瓷和磁性陶瓷（如 $MgFe_2O_2$）等。用这些材料制成敏感元件或传感器，实现对光、电、磁、声和温度等信息的检测和传递，广泛应用于耐高温光学仪器，电子、电磁线路，超声波、声呐、声谱仪、激光、光导纤维、光储存材料，磁性记录元件，温度、压力传感，通信、医疗、摄影、计算机和交通等领域。

8.3　复合材料

随着现代机械、电子、化工和国防等工业的发展及航天、信息、能源、激光和自动化等高科技的进步，对材料性能的要求越来越高，单一材料已无法满足工业生产的全面需要。在某些构件上，甚至要求材料具有相互矛盾的性能，如既要求导电又要求绝缘，既要求耐高温又要求耐低温等，这对单一的金属、非金属材料来说是根本不可能的。另一方面，自然资源（如木材）日益贫乏，需要有替代的新材料。因此，人工复合材料以其无比的优越性得到迅猛发展。

复合材料是由两种或两种以上物理和化学性质不同的材料经人工合成的多相固体材料。其中一种组成物为基体，是连续相，起黏合作用；另一种为增强材料，是分散相，可增加强度和韧性。

复合材料的最大优越性是它的性能比其组成材料好得多。

第一，复合材料可改善或克服组成材料的弱点，充分发挥它们的优点。例如，玻璃和树脂的韧性和强度都不高，但是它们组成的复合材料却有很高的韧性和强度，并且质量很轻。

第二，复合材料可按照构件的结构和受力要求给出预定的、分布合理的配套性能，进行材料的最佳设计。例如，用缠绕法制造容器或发动机壳体，使玻璃纤维的方向与主应力的方向一致时，可将这个方向上的强度提高到树脂的 20 倍以上，最大限度地发挥材料的潜力，并减轻构件质量。

第三，复合材料可创造单一材料不易具备的性能或功能，或在同一时间里发挥不同功能的作用。例如，用黄铜片和铁片组成的双金属片复合材料，就具有可控制开关的作用。

总之，复合材料已成为挖掘材料潜能，研制、开发新材料的有效途径。

8.3.1　复合材料的分类

复合材料可以由金属、高分子材料和陶瓷中的两种或两种以上任意人工合成，因此复合范围很广，种类繁多。

① 按基体材料的不同，可分为金属基复合材料（如铝基复合材料、铜基复合材料和镁基复合材料等）、非金属基复合材料两大类。目前应用较多的是以高分子材料为基体的非金属基复合材料。

② 按复合结构和增强材料形态，可分为层叠复合材料（如胶合板）、连续纤维复合材料（如玻璃钢等）、颗粒复合材料（如金属陶瓷等）、短切纤维复合材料，结构示意如图 8 - 6 所示。

③ 按材料作用分类，可分为用于制造受力构件的结构复合材料，具有各种特殊性能（如阻尼、导电、导磁、换能、摩擦和屏蔽等）的功能复合材料。另外还有同质复合材料（如碳/碳复合材料）与异质复合材料之分。

  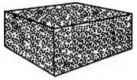 

(a) 层叠复合　　　　(b) 连续纤维复合　　　　(c) 颗粒复合　　　　(d) 短切纤维复合

图 8 - 6　复合材料结构示意图

8.3.2　复合材料的性能特点

复合材料的出现是现代材料技术的一个突破,它综合了各种材料如纤维、树脂、橡胶、金属和陶瓷等的优点,按需要设计、复合成综合性能优异的新型材料。复合材料与单一材料比较,具有以下一些优点。

1. 比强度和比模量高

如玻璃钢比强度可达 530 MPa/(g·cm⁻³);又如用高强度、高模量的硼纤维、碳纤维增强铝基、镁基复合材料,既保留了铝、镁合金的轻质、导热、导电性,又充分发挥增强纤维的高强度、高模量性能,获得高比强度、高模量、导热、导电、热膨胀系数小的金属基复合材料,在航天飞机和人造卫星上的应用取得巨大成功。各类材料的强度性能比较见表 8 - 5。

表 8 - 5　各类材料的强度性能比较

材　料	密度 ρ /(g·cm⁻³)	抗拉强度 R_m /MPa	弹性模量 E /GPa	比强度(R_m/ρ) /[MPa/(g·cm⁻³)]	比模量(E/ρ) /[GPa/(g·cm⁻³)]
钢	7.8	1 010	206	129	26
铝	2.8	460	74	165	26
玻璃钢	2.0	1 040	39	520	20
碳纤维/环氧树脂	1.45	1 472	137	1 015	95
硼纤维/环氧树脂	2.1	1 344	206	640	98
硼纤维/铝	2.65	981	196	370	74

2. 良好的抗疲劳和破断安全性

复合材料中的纤维相缺陷少,抗疲劳能力高。基体塑性和韧性好,能消除或降低应力集中,不易产生微裂纹。一旦产生裂纹,基体的塑性变形和大量纤维相的存在,会使裂纹钝化,使裂纹的扩展经历非常曲折、路径非常复杂,从而阻止裂纹的迅速扩展。因此,复合材料的疲劳强度高。检测试验表明,碳纤维复合材料的疲劳极限可达抗拉强度的 70%～80%,而大多数金属的疲劳极限只是抗拉强度的 30%～50%。纤维增强复合材料中,平均每平方厘米面积上有几千到几万根的纤维,当少数纤维断裂后,载荷会重新分配到其他未破断的纤维上,使构件不至于发生突然破坏,故破断安全性好。

3. 阻尼大,减振性好

复合材料界面具有吸振能力,使材料振动阻尼很高,可使产生振动的振幅很快衰减下去。由于复合材料比模量高,故具有高的自振频率,可避免在工作状态下产生共振。例如,尺寸形状相同的梁,同时起振时,金属梁需要 9 s 才能停止振动,而碳纤维复合材料梁只需 2.5 s 即可停止振动。

4. 高温性能好,抗蠕变能力强

一般铝合金在 400~500 ℃时,弹性模量急剧下降,强度也下降,而碳或硼纤维增强的铝复合材料,在上述温度时,其弹性模量和强度基本不变。例如,欧洲动力公司推出的碳纤维增强碳化硅基体陶瓷基复合材料,用于航天飞机高温区,在 1 700 ℃时仍能保持 20 ℃时的抗拉强度,并且具有较好的抗压性能,较高的层间抗剪强度。

5. 化学稳定性好,耐腐蚀

复合材料可优选配料,采用整体成型,加工工艺性好,有些复合材料还有良好的减摩性、电绝缘性、光学和磁学特性等。金属基复合材料还具有导热、导电性能,尺寸稳定、气密性好。

8.3.3　复合材料的制造方法

制造复合材料的目的是获得最佳的强度、刚度和韧性等力学性能。以制造最常用的纤维增强复合材料为例,应当把握以下 5 项原则:

① 纤维是材料的主要承载部分,应该具有最高的强度和刚度。

② 基体起黏结纤维的作用,首先,它必须对纤维有润湿性,以便与纤维有效结合并保持复合结构;其次,它应当具有一定的塑性和韧性,以控制裂纹和置偏;最后,它应能保护纤维表面。

③ 纤维与基体之间应该有高的但适当的结合强度。

④ 纤维必须有合理的含量、尺寸和分布。

⑤ 纤维与基体的热膨胀性能应有较好的协调与配合。

复合材料制造方法分纤维制取和复合成型两大步骤:

① 纤维的制取,用熔体抽丝法、热分解法、气相沉淀法、拔丝法,可分别制出玻璃纤维、碳纤维、硼纤维和金属纤维等;

② 纤维与树脂复合成型,可用手糊成型、压制成型、缠绕成型或喷射成型。

8.3.4　常用复合材料

由于复合材料的优异性能和特点,在航空、汽车、轮船、压力容器、管道、传动零件及生活用品各方面得到广泛应用。

1. 纤维增强复合材料

(1) 玻璃纤维增强复合材料(俗称玻璃钢)

玻璃钢按黏结剂不同,分为热塑性玻璃钢和热固性玻璃钢。

① 热塑性玻璃钢:以玻璃纤维为增强剂,热塑性树脂为黏结剂。与热塑性塑料相比,当基体材料相同时,强度和疲劳强度提高 2~3 倍,冲击韧性提高 2~4 倍,抗蠕变能力提高 2~5 倍,强度超过某些金属。这种玻璃钢可用于制造轴承、齿轮、仪表盘和收音机壳体等。

② 热固性玻璃钢:以玻璃纤维为增强剂,热固性树脂为黏结剂,其密度小,耐蚀性、绝缘性、成型性好,比强度高于铜合金和铝合金,甚至高于某些合金钢,但刚度差,耐热性不高(低于200 ℃),易老化和蠕变。主要用来制造要求自重轻的受力件,如汽车车身、直升机旋翼、氧气瓶、轻型船体、耐海水腐蚀件、石油化工管道和阀门等。

（2）碳纤维增强复合材料

碳纤维增强复合材料与玻璃钢相比,其抗拉强度高,弹性模量是钢的 4～6 倍;玻璃钢在 300 ℃以上,强度会逐渐下降,而碳纤维的高温强度好;玻璃钢在潮湿环境中强度会损失 15% 以上,而碳纤维的强度不受潮湿影响。此外,碳纤维复合材料还具有优良的减摩性、耐蚀性、导热性和较高的疲劳强度。碳纤维复合材料适于制作齿轮,高级轴承,活塞,密封环,化工零件和容器,飞机涡轮叶片,航天飞行器外形材料,天线构架,卫星、火箭机架,发动机壳体和导弹鼻锥等。

2. 层叠复合材料

层叠复合材料由两层或两层以上不同材料复合而成。用层叠法增强的复合材料可使强度、刚度、耐磨、耐蚀、绝热、隔声和减轻自重等性能分别得到改善。常见的有双层金属复合材料、塑料-金属多层复合材料和夹层结构复合材料等。例如,SF 型三层复合材料就是以钢为基体,烧结铜网或铜球为中间层,塑料为表面层的自润滑复合材料。这种材料力学性能取决于钢基体,摩擦、磨损性能取决于塑料,中间层主要起黏结作用。这种复合材料比单一塑料提高承载能力 20 倍,导热系数提高 50 倍,热膨胀系数下降 75%,改善了尺寸稳定性,可制作高应力、高温(270 ℃)、低温(-195 ℃)和无润滑条件下的轴承。

夹层结构复合材料是由两层薄而强的面板(或称蒙皮)中间夹着一层软而弱的芯子组成。面板与芯子用胶接或焊接的方法连在一起。夹层结构密度小,可减轻构件自重,有较高刚度和抗压稳定性,可绝热、隔声、绝缘,已用于飞机机翼和火车车厢等。

3. 颗粒复合材料

颗粒复合材料是由一种或多种材料的颗粒均匀分散在基体材料内所组成的。金属陶瓷也是颗粒复合材料,它是将金属的热稳定性好、塑性好、高温易氧化和蠕变等性能,与陶瓷的脆性大、热稳定性差、耐高温和耐腐蚀等性能进行互补,将陶瓷微粒分散在金属基体中,使两者复合为一体。例如,WC 硬质合金刀具就是一种金属陶瓷。

本章小结

1. 机械工程上常用的材料,除了金属材料以外,还有非金属材料,主要包括高分子材料、复合材料及陶瓷材料。这类材料发展迅速,越来越多地应用到国防、航空航天等各个领域。

2. 高分子材料是以天然和人工合成的高分子化合物为基础的一类非金属材料。主要包括塑料、橡胶等两大类材料,它在抗腐蚀性、绝缘性、耐候性、耐蚀性及力学性能等方面有着优良的特性,在航天、汽车、电子工业中有着广泛的应用。

3. 新型陶瓷主要为高熔点的氧化物、碳化物等的烧结材料,陶瓷具有高强度、高韧性、耐高温、耐腐蚀等多种优良的性能,广泛应用于耐热元件、耐磨元件及机床刀具中。

4. 复合材料是由两种或两种以上物理和化学性质不同的材料经人工合成的多相固体材料,具有比强度和比模量高、抗疲劳性能好、减振性好、高温性能好等特点,日益被人们认识和应用,在航空、机械、电子、国防等工业领域发挥着巨大的作用,已经成为不可替代的结构材料。

习　题

1. 高分子化合物结构的特点与其性能有什么关系？
2. 何谓热固性塑料和热塑性塑料？举例说明其用途。
3. 塑料由哪几部分组成？一般有哪些特性？
4. 常用塑料的加工方法有哪几种？
5. 选用塑料时应考虑哪些因素？
6. 天然橡胶与合成橡胶各有何特性？在应用上有何区别？
7. 什么是橡胶的硫化？硫化的作用是什么？
8. 试举出几种常用胶黏剂及其适宜黏结的材料。
9. 陶瓷材料具有哪些特性？
10. 特种陶瓷和金属陶瓷在成分上有何区别？金属陶瓷可望在工业上的应用有哪些？
11. 什么叫复合材料？它有什么特点？
12. 举例说明玻璃钢材料的用途。
13. 陶瓷材料的最大缺点是什么？现在有哪些技术可以克服？
14. 试分析橡胶老化的原因，并提出防止橡胶老化的措施。
15. 复合材料在航空航天领域主要有哪些应用？

第 9 章　新材料简介

【导学】

新材料泛指先进材料,是指近期研究成功、采用高效技术制取、具有优异性能和特殊功能的材料,是各国基于物理、化学等基础科学理论,结合电子、化工、冶金等技术而取得的最新材料科技成就。现代科学技术向纵深发展更紧密依赖于新材料的研发,每一种新材料的突破或者获得的重要成果都标志着一项新技术的诞生,甚至可以引领某个领域的技术或者产业的革命。

【学习目标】

◆ 了解形状记忆合金的发展现状与应用;

◆ 理解纳米材料、超导材料的内涵及效应机理;

◆ 了解非态晶合金、贮氢合金等新材料的应用。

本章重难点

9.1　贮氢合金

许多金属(或合金)可固溶氢气形成含氢的固溶体(MHx),固溶体的溶解度与其平衡氢压 p_{H2} 的平方根成正比。在一定温度和压力条件下,固溶相(MHx)与氢反应生成金属氢化物,贮氢合金正是靠其与氢起化学反应生成金属氢化物来贮氢的。金属与氢的反应是一个可逆过程。正向反应,吸氢、放热;逆向反应,释氢、吸热。改变温度与压力条件,可使反应按正向、逆向反复进行,实现材料的吸释氢功能。

9.1.1　贮氢合金分类

贮氢材料按结构分为两种类型。一类是 Ⅰ 和 Ⅱ 主族元素与氢作用,生成的 NaCl 型氢化物(离子型氢化物)。这类化合物中,氢以负离子态嵌入金属离子间。另一类是 Ⅲ 和 Ⅳ 族过渡金属及 Pb 与氢结合,生成的金属型氢化物。其中,氢以正离子态固溶于金属晶格的间隙中。

作为实用的贮氢材料,应具备如下条件:

① 单位质量或单位体积贮氢量大。

② 金属氢化物的生成热要适当,如果生成热太高,生成的金属氢化物过于稳定,释氢时就需要较高温度;反之,如果用作热贮藏,则希望生成热高。

③ 平衡氢压适当。最好在室温附近只有几个大气压,便于贮氢和释放氢气。

④ 吸氢、释氢速度快。

⑤ 传热性能好。

⑥ 对氧、水和二氧化碳等杂质敏感性小,反复吸氢、释氢时,材料性能不致恶化。

⑦ 在贮存与运输中性能可靠、安全、无害。

⑧ 化学性质稳定,经久耐用。

⑨ 价格便宜。

能够基本满足上述要求的贮氢合金主要有以下几类。

1. 镁系贮氢合金

这是最早研究的贮氢材料。镁与镁基合金贮氢量大（MgH_2 约 7.6%）、质量轻、资源丰富、价格低廉。主要缺点是分解温度过高（250 ℃），吸放氢速度慢，实用性不好。

2. 钛系贮氢合金

（1）钛铁系合金

钛和铁可形成 TiFe 和 $TiFe_2$ 两种稳定的金属间化合物。$TiFe_2$ 基本上不与氢反应，TiFe 可在室温与氢反应生成 $TiFeH_{1.04}$ 和 $TiFeH_{1.95}$ 两种氢化物。TiFe 合金价格便宜，在不到 1 MPa 压力的室温下即可释氢。但是它活化困难，抗杂质气体中毒能力差，且在反复吸释氢后性能下降。如果以过渡金属（M）Co，Cr，Cu，Mn，Mo，Ni，Nb 和 V 等置换部分铁，形成 $TiFe_{1-x}Mx$ 合金，则可使 TiFe 合金的贮氢特性大为改善。

（2）钛锰系合金

钛锰系二元合金中 $TiMn_{1.5}$ 贮氢性能最好，在室温下即可活化，这种合金吸氢量较大。若提高 Ti 含量，吸氢量增大，但形成稳定的 Ti 氢化物，使室温释氢能力下降。

3. 稀土系贮氢合金

稀土系贮氢合金的典型代表是 $LaNi_5$。其优点是室温即可活化，吸氢放氢容易，平衡压力低，滞后小，抗杂质等；缺点是成本高，大规模应用受到限制。

除以上几类典型贮氢合金外，非晶态贮氢合金与相同组分晶态贮氢合金在相同温度和压力下有更大的贮氢量，同时具有较高的耐磨性，吸氢后体积膨胀小，几百次吸、放氢后也不破碎等优点，因而其应用前景乐观。另外，可用于核反应堆中的金属氢化物及非晶态贮氢合金、复合贮氢材料已引起人们极大关注。

9.1.2　贮氢合金的应用

1. 作为贮运氢气的容器

用贮氢合金作贮氢容器具有质量轻，体积小的优点。其次，用贮氢合金贮氢，无需高压及贮存液氢的极低温设备和绝热措施，节省能量，安全可靠。贮运氢的贮氢合金装置有固定式和移动式两类。固定式主要用于大规模贮存氢气，而移动式贮氢装置主要作为车辆燃料箱等。贮氢装置的结构有多种，由于金属与氢的反应存在热效应，所以贮氢装置一般为热交换器结构，其中贮氢材料多与其他材料复合，形成复合贮氢材料。

2. 氢能汽车

氢燃料汽车已走入人们的生活，2023 年 5 月，我国氢燃料汽车产销量分别达 1 000 辆和 400 辆；6 月 5 日，60 辆氢能大巴车在深圳市投放使用。贮氢合金作为车辆氢燃料电池的氢贮存器，当前的主要问题是贮氢材料的质量比汽油箱质量大得多，影响汽车速度。但氢的热效率高于汽油，而且无燃烧污染，使氢能汽车的前景十分美好。

3. 分离、回收氢

为了有效分离和回收工业废气中的氢气，可以使废气流过装有贮氢合金的分离床，只要废气中氢分压高于合金-氢系平衡压，氢就被贮氢合金吸收，形成金属氢化物杂质排出；加热金属氧化物，即可释放出氢气。例如，生产中用一种由 $LaNi_5$ 与不吸氢的金属粉及黏结材料混合压制烧结成的多孔颗粒作为吸氢材料，分离出合成氨生产中所需的氢气。

4. 制取高纯度氢气

如含有杂质的氢气与贮氢合金接触,氢被吸收,杂质则被吸附于合金表面;除去杂质后,再使氢化物释氢,则得到的是高纯度氢气。利用贮氢合金对氢的选择性吸收特性,可制备99.999%以上的高纯氢。在这方面,$TiMn_{1.5}$ 及稀土系贮氢合金应用效果较好。

5. 氢气静压机

改变金属氢化物温度时,其氢分解压也随之变化,由此可实现热能与机械能之间的转换,这种通过平衡氢压的变化而产生高压氢气的贮氢金属装置,称为氢气静压机。

6. 氢化物电极

由于 $LaNi_5$ 基多元合金在循环寿命方面的突破,用金属氢化物电极代替 Ni－Cd 电池中的负极组成的 Ni/MH 电池开始进入实用化阶段。

除上面介绍的几个方面外,贮氢合金在热能的贮存与运输、金属氢化物热泵、空调与制冷、均衡电场负荷方面都有广阔的应用前景,但是,贮氢合金在应用时存在贮氢能力低、对气体杂质的高度敏感性、初始活化困难、氢化物在空气中自燃、反复吸释氢时氢化物产生歧化等问题。随着新型贮氢材料,如非晶态合金、过渡金属铬合物及一些非金属材料等的开发和成熟,上述问题相信能够得到解决。

9.2　形状记忆合金

人们发现,原来弯曲的 Ti－Ni 合金丝被拉直后,当温度升高到一定值时,它又恢复到原来的弯曲形状,人们把这种现象称为形状记忆效应,具有形状记忆效应的金属称为形状记忆合金。形状记忆合金种类很多,可以分为镍-钛系、铜系、铁系合金 3 大类。近年发现一些聚合物和陶瓷材料也具有形状记忆功能,目前已实用化的形状记忆材料只有 Ti－Ni 合金和铜系形状记忆合金。形状记忆材料主要应用在以下几个方面。

1. 工程应用

应用于工程上的形状记忆材料主要用作各种结构件,如紧固件、连接件和密封垫等。另外,也应用在一些与温度有关的传感器和自动控制件。在制作紧固件、连接件时,形状记忆合金较其他材料有许多优势:

① 夹紧力大,接触密封可靠,避免了由于焊接而产生的冶金缺陷;

② 适于不易焊接的接头;

③ 金属与塑料等不同材料可以通过这种连接件连成一体;

④ 对安装技术要求不高。

把形状记忆合金制成的弹簧与普通弹簧安装在一起,可以制成自控元件,它对温度比双金属片敏感得多,可代替双金属片用于控制装置和报警装置中,如图 9－1 所示,在高温和低温时,形状记忆

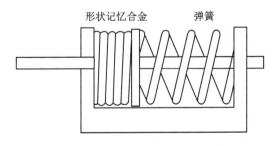

图 9－1　自控元件原理

合金弹簧由于发生相变,母相与马氏体强度不同,使元件向左、右不同方向运动。这种构件可以用于暖气阀门、温室门窗自动开启的控制,描笔式记录器的驱动,温度的检测、驱动。

2. 医学应用

医学上将 Ti–Ni 形状记忆合金埋入人体作为移植材料,这种材料对生物体有较好的相容性。在生物体内部作固定折断骨架的销、进行内固定接骨的接骨板,由于体内温度使 Ti–Ni 合金发生相变,形状改变,不但能将两段骨固定住,而且能在相变过程中产生压力,迫使断骨很快愈合。另外,假肢的连接、矫正脊柱弯曲的矫正板都是利用形状记忆合金治疗的实例。

关于形状记忆合金的伪弹性,在医疗方面最典型的应用是牙齿矫正线,依靠固定在牙齿托架上金属线(Ti–Ni 合金线)的弹力来矫正排列不整齐的牙齿,这种方法已大量应用于临床。眼镜片固定丝也是伪弹性应用的一个例子。

3. 智能应用

形状记忆合金是一种集感知和驱动双重功能为一体的新型材料,因而可广泛应用于各种自调节和控制装置,如各种智能、仿生机械。形状记忆薄膜和细丝可能成为未来机械手和机器人的理想材料。

近年来,日本研制出一种形状记忆塑料——苯乙烯和丁二烯聚合物。当加热至 600 ℃时,丁二烯部分开始软化,而苯乙烯仍保持坚硬,以此来保持形状记忆功能。日本几家汽车公司甚至设想把形状记忆塑料制成汽车的保险杠和易撞伤部位,一旦汽车撞瘪,只要稍微加热(如用电吹风),就会恢复原形。

9.3　超导材料

超导材料是指在一定的温度下电阻为零,内部失去磁通成为完全抗磁性的材料,也称为超导体。超导现象是荷兰的物理学家 K·昂纳斯于 1911 年发现的,他在检测水银低温电阻时发现,将水银冷却到约 4.2 K 时,电阻突然下降到无法测量的程度,电阻值转变前后的变化幅度超过 104 倍。他认为,电阻的消失意味着物质已转变为某一种新的状态,他把这种电阻突然“消失”的现象称为超导性。现已发现数十种金属和近 4 000 种合金和化合物都具有超导性。

9.3.1　超导现象产生的原理

在金属中,都存在大量的自由电子,而在某些金属中,电子之间的排斥力大于吸引力就不会出现超导性。在超导体中的电子之间有一种强相互吸引作用而形成了“电子对”。这种“电子对”的电子不能单独活动,只能成对游动。从电子-声子的相互作用原理出发,则要求电子-声子的相互作用足够强,以使吸引力大于库仑排斥力,从而产生净吸引,这是产生超导性的必要条件。任何一种金属的电导率是受电子-声子的相互作用所支配的。在周期表中,大部分的良导体,如 Cu,Ag,Au 等都不是超导体。Al 虽然是超导体,但临界温度 T_c(超导体从具有一定电阻的正常态,转变为电阻为零的超导态时的温度)很低。但在常温下导电能力差的金属,如 Nb 和 Pb 却是较好的超导体。

在超导体中能否促成电子的成对组合,直接依赖于温度的变化。

9.3.2　超导材料的分类

按化学成分可将超导材料分为超导合金、超导陶瓷和超导聚合物等;按超导材料的 T_c(临界温度)和 H_C(临界磁场)值的大小可分为Ⅰ类超导体和Ⅱ类超导体。

1. Ⅰ类超导体(软超导体)

Ⅰ类超导体的基本特征是:具有较低的 H_C 和 T_C 值,一般 H_C 只有几百高斯,而 T_C 只有几开尔文,纯 Pb,Sn,Hg 属于此类。如果把这种超导体冷却到它的 T_C 以下,即呈现出超导性;当超过 T_C 时,即从超导态转变到正常态。如果施加一个递增的外磁场(H)达到 H_C 时,则超导体内由于"持续电流"所产生的磁化强度突然下降到零,原来被排出体外的磁通线重新侵入超导体内,超导体的电阻全部恢复,此时超导体从超导态重新转变到正常态。

2. Ⅱ类超导体

Ⅱ类超导体可分为理想的Ⅱ类超导体和非理想的Ⅱ类超导体。

(1)理想的Ⅱ类超导体

比较典型的Ⅱ类超导体是经过充分退火的金属铌和钒。这种超导体的主要特点是具有两个临界磁场的特性,即下临界磁场(H_{C1})和上临界磁场(H_{C2})。当外磁场超过 H_{C1} 时,磁通线将慢慢侵入超导体内部,此时在超导体内部超导相和正常相(磁通线侵入的部分)共存,这种现象叫做"混合态"。这种"混合态"的导体已不再具有完全抗磁性的特征,但还保持其超导性。这是Ⅱ类超导体与Ⅰ类超导体的根本的区别。当外磁场达到 H_{C2} 时,则磁化强度为零,超导体完全恢复到正常态。

此外,Ⅱ类超导体的临界电流也与Ⅰ类超导体不同。但外磁场为零时,临界电流(I_C)和Ⅰ类超导体一样正比于 H_C。如果施加一个外磁场时,临界电流值随着磁场的提高而迅速降低,当磁场达到 H_{C2} 时,I_C 值下降到零。Ⅱ类理想超导体的上临界磁场值与Ⅰ类超导体的临界磁场值相差不多。

(2)非理想的Ⅱ类超导体

在实际应用中,要求超导体不仅要具有高的磁场、高的临界温度,而且还应该具有高的负载电流能力。虽然Ⅰ类超导体和理想的Ⅱ类超导体的磁化过程都是可逆的,但它们的 T_C 和 H_{C2} 值均较低。为了提高导体的 T_C 和 H_{C2} 值和负载电流能力,在超导材料中加入其他元素使之形成合金或化合物,再进行适宜的压力加工和热处理,使材料中产生位错网、晶格缺陷以及沉淀物等非均质相。事实证明,导体的负载电流能力对材料内部结构十分敏感,人们正是利用这种特性来提高超导体的临界电流值的。通常把具有这种特性的超导体叫做非理想的Ⅱ类超导体。

9.3.3 超导材料的应用

1. 在电力系统的应用

超导电力储存是效率最高的储存方式,利用超导输电可大大降低输电损耗。利用超导体制造的超导电机(电动机、发动机)、变压器、断路器和整流器等电力设备,广泛地被用于国民经济的各个领域中。

2. 在交通运输方面的应用

超导磁悬浮列车是利用超导材料的抗磁性,在车底部安装许多小型的超导磁体,在轨道的两旁埋设一系列闭合的铝环,由于磁体的磁力线不能穿过超导体,磁体和超导体之间会产生排斥力,使超导体悬浮在磁体上方,列车的运行速度越快,浮力越大。

3. 在其他方面的应用

用超导线圈可以储存电磁能,因为超导材料的电阻非常小,所以在很细的超导线中能通过极大的电流,它可以通过的电流是同样直径的铜导线的几百倍以上。用超导导线做成的线圈可以产生很高的磁场强度。此外,超导材料还具有体积小、质量轻、均匀度高、稳定性好、高梯度以及易于启动和能长期运转等优点,广泛用于高能物理研究(粒子加速器、气泡室)、固体物理研究(如绝热去磁和输运现象)、磁力选矿、污水净化以及人体磁核共振成像装置及超弱电应用等。

9.4　非晶态合金

如果以极高的速度将熔融状态的合金冷却,凝固后的合金结构呈玻璃态,这样得到的合金称非晶态合金,俗称"金属玻璃"。

非晶态合金与普通金属相比,成分基本相同,但结构不同,使两者在性能上呈现差异。由于非晶态合金具有许多优良的性能,如高强度、良好的软磁性及耐腐蚀性能等,使它很快进入应用领域,尤其是作为软磁材料,有着相当广泛的应用前景,下面结合非晶态材料的性能特点,介绍一下其主要应用。

1. 力学性能

非晶态材料具有极高的强度和硬度,其强度远超过晶态的高强度钢,材料的强度利用率也大大高于晶态金属。此外,非晶态材料的疲劳强度亦很高,钴基非晶态合金可达 1 200 MPa。非晶态合金的伸长率一般较低,但其韧性很好,压缩变形时,压缩率可达 40%,轧制下可达50% 以上而不产生裂纹,弯曲时可以弯至很小曲率半径而不折断。非晶态合金变形和断裂的主要特征是不均匀变形,变形集中在局部的滑移带内,使得在拉伸时由于局部变形量过大而断裂,所以伸长率很低。

由于非晶态合金的高强度、高硬度和高韧性,因此可以用来制作轮胎、传送带、水泥制品及高压管道的增强纤维。用非晶态合金制成的刀具,如保安刀片,已投入市场。另一方面,利用非晶态合金的力学性能随电学量或磁学量的变化,可制作各种元器件,如用铁基或镍基非晶态合金可制作压力传感器的敏感元件。

另外,非晶态合金制备简单,由液相一次成形,避免了普通金属材料生产过程中的铸、锻、压和拉等复杂工序,且原材料本身并不昂贵,生产过程中的边角废料也可全部收回,所以生产成本可望大大降低。但非晶态合金的比强度及弹性模量与其他材料相比还不够理想,产品形状的局限性也较大。

2. 软磁特性

非晶态合金由于是无序结构,不存在磁晶各向异性,因而易于磁化,而且没有位错和晶界等晶体缺陷,故磁导率、饱和磁感应强度高,矫顽力低、损耗小,是比较理想的软磁材料。目前比较成熟的非晶态软磁合金主要有铁基、铁-镍基和钴基三大类。主要作为变压器材料、磁头材料、磁屏蔽材料、磁致伸缩材料及磁泡材料等。

3. 耐蚀性能

非晶态合金由于生产过程中的快冷,导致扩散来不及进行,所以不存在二相,其组织均匀,无序结构中不存在晶界和位错等缺陷,非晶态合金本身活性很高,能够在表面迅速形成均匀的钝化膜,阻止内部进一步腐蚀。由于以上原因,非晶态合金的耐蚀性优于不锈钢。

在耐蚀方面应用较多的是铁基、镍基、钴基非晶态合金,其中大都含有铬,如 $Fe_{70}Cr_{10}P_{13}C_7$ 和 $NiCrP_{13}B_7$ 等,主要用于制造耐腐蚀管道、电池的电极、海底电缆屏蔽、磁分离介质及化工用的催化剂、污水处理系统中的零件等。

4. 高的电阻率

非晶态材料在室温下电阻率比一般晶态合金高 2～3 倍,而且电阻率与温度之间的关系也与晶态合金不同,变化比较复杂,多数非晶态合金具有负的电阻温度系数。

5. 超导电性

人们很早就发现非晶态金属及其合金具有超导电性。1975 年以后,用液体急冷法制备了多种具有超导电性的非晶态合金,为超导材料的研究开辟了新的领域。非晶态超导材料良好的韧性及加工性能使其拥有足够的发展空间。

非晶态合金还具有良好的催化特性,如用 $Fe_{20}Ni_{60}B_{20}$ 作为 CO 氢化反应的催化剂。非晶态这种大有前途的新材料也有不如人意之处,其缺点主要表现在两方面,一是由于采用急冷法制备材料,使其厚度受到限制;二是热力学性质不稳定,受热有晶化倾向。

9.5　纳米材料

纳米(nanometer)实际上是一个长度单位,简写为 nm。$1 \text{ nm}=10^{-3} \mu m=10^{-6} mm=10^{-9} m$。

由此可知,纳米是一个极小的尺寸,但它又代表人们认识上的一个新的层次,从微米进入到纳米,数量级的不同产生了质的飞跃。纳米不仅是一个空间尺度上的概念,而且是一种新的思维方式,就是在纳米尺寸范围内认识和改造自然,通过直接操纵和安排原子、分子而创造新物质。它使生产过程越来越细,以至于在纳米尺度上直接由原子、分子的排布制造具有特定功能的产品。

人们把组成相或晶粒结构控制在 100 纳米(nm)以下尺寸的材料称为纳米材料。纳米材料是纳米科技的重要组成部分,我国已把纳米材料的研究列入国家重大基础研究和应用研究项目。

纳米材料分为两个层次,即纳米超微粒子与纳米固体材料。纳米超微粒子指的是粒子尺寸为 1～100 nm 的超微粒子;纳米固体是指由纳米超微粒子制成的固体材料。目前人们已经能够制备多种纳米结构材料。

9.5.1　纳米材料的结构和优异性能

纳米材料的特性是由所组成的微粒尺寸、相组成和界面这 3 个方面的相互作用来决定的。一般称直径小于 1 nm 的粒子为原子簇。含有千百万个原子的超微粒子通常称为纳米粒子,它的尺度大于原子簇,小于通常的微粉,一般在 1～100 nm 之间,它是一般显微镜看不见的粒子。当把宏观大块物体细分成超微粒子后,在一定的尺寸下,它显示出许多奇异的特性,即它的力、电、热、光、磁、化学性质与传统固体相比有显著不同。“超微”的含义并非单纯的尺寸微小,它具有特定的含义:从功能材料的角度出发,当固体颗粒尺寸逐渐减小时,量变到一定程度发生质变,即物理化学性质发生突变。如果颗粒尺寸小于光波波长,则金、银、铜和锡等金属微粒均失去原有的光泽而呈黑色,这是由于光吸收引起的。磁性超微颗粒在尺寸小到一定范围时,会失去铁磁性,而表现出顺磁性,也称为超顺磁。总之,当颗粒尺寸减小到一定临界尺寸时,在光、电、磁、热及催化等性质上呈现出与大块物质的明显差异。这时,可以说颗粒尺寸进入超微粒的范畴了。"超"的含义是表明它与大块物质相比较具有显著不同的性质。

1. 纳米材料的结构

合成纳米结构材料具有以下结构特点:

① 原子畴(晶粒或相)尺寸小于 100 nm;

② 很大比例的原子处于晶界环境;

③ 各畴之间存在相互作用。

纳米材料的结构一般分为两种,即纳米粒子的结构和纳米块体材料的结构。纳米块体材料又可分为纳米粒子压制而成的三维材料、涂层,非晶态固体经过高温烧结而形成的纳米晶粒组成的材料,金属形变造成的晶粒碎化而形成的纳米晶材料,还有用球磨法制成的纳米金属间化合物或合金。

纳米粒子是由单晶或多晶组成的。不同的制备工艺可以制造出不同形状的纳米粒子。

2. 特殊的力学性质

纳米材料的尺寸被限制在 100 nm 以下,这是一个由各种限域效应引起的各种特性开始有相当大的改变的尺寸范围。当材料或那些特性产生机制被限制在小于某些临界长度尺寸的空间之内时,特性就会改变。

陶瓷材料在通常情况下呈现脆性,而由纳米超微粒制成的纳米陶瓷材料却具有良好的韧性,这是由于纳米超微粒制成的固体材料具有大的界面,界面原子排列相当混乱,原子在外力变形条件下自己容易迁移,因此表现出甚佳的韧性与一定的延展性,使陶瓷材料具有新奇的力学性能。这就是目前一些展销会上推出的所谓"摔不碎的陶瓷碗"。人的牙齿之所以有很高的强度,是因为它是由磷酸钙等纳米材料构成的。纳米金属固体的硬度要比传统的粗晶材料硬 $3 \sim 5$ 倍,至于金属–陶瓷复合材料,则可在更大的范围内改变材料的力学性质。

3. 特殊的热学性质

纳米材料的另一种特性是相的稳定性。例如,被小尺寸限制的金属原子簇熔点的温度被大大降低到同种固体材料的熔点之下。在粗晶粒尺寸时,固体物质具有其固定的熔点,超微化后,则熔点降低。如块状的金的熔点为 1 064 ℃,当颗粒尺寸减到 10 nm 时,则降低为 1 037 ℃,降低 27 ℃,2 nm 时变为 327 ℃;银的常规熔点为 690 ℃,而超细银熔点变为 100 ℃,因此用银超细粉制成的导电浆料可在低温下烧结,元件基片不必采用耐高温的陶瓷,可用塑料替代。采用超细银浆料制成的膜均匀、覆盖面积大,既省料,质量又好。超微粒的熔点下降,可以使粉末冶金工艺得到改善。例如,在钨颗粒中加入 0.1%～0.5% 质量比的纳米 Ni 粉,烧结温度可从 1 300 ℃ 降为 1 200～1 300 ℃。

4. 特殊的光学性质

所有的金属超微粒子实际上均为黑色,尺寸越小,色彩越黑。银白色的铂(白金)变为铂黑,铬变为铬黑,镍变为镍黑等。这表明金属超微粒对光的反射率很低,一般低于 1%。大约有几纳米的厚度即可消光,利用此特性可制作高效光热、光电转换材料,可高效地将太阳能转化为热能、电能。此外也可作为红外敏感元件和红外隐身材料等。

5. 特殊的磁性

人们发现鸽子、蝴蝶和蜜蜂等生物体中存在超微磁性颗粒,使它们在地磁场中能辨别方向,具有回归本领。这些生物体内的磁颗粒是大小为 20 nm 的磁性氧化物,小尺寸超微粒子的磁性比大块材料强许多倍,20 nm 的纯铁粒子的矫顽力是大块铁的 1 000 倍,但当尺寸再减小时(到 6 nm),其矫顽力反而又下降到零,表现出所谓超顺磁性。利用超微粒子具有高矫顽力的性质,已做成高储存密度的磁记录粉,用于磁带、磁盘、磁卡及磁性钥匙等,利用超顺磁,可研制出应用广泛的磁流体,用于密封等。

6. 纳米固体材料的力学性能

由于合成纳米材料时可以使应力得到特殊的分布,所以纳米材料具有很好的力学性能。

① 强度。由于纳米相金属晶粒的减小而引起的力学性能的显著变化,大大地增强了纳米金属的强度。

② 硬度。最小晶粒尺寸(6 nm)的样品比粗晶粒样品(50 μm)的硬度可以增加 500%。例如,具有 5~10 nm 晶粒尺寸的纳米钯样品比粗晶粒(100 μm)的样品的硬度增加了 4 倍,屈服应力也有相应的增加。

③ 韧性。韧性增加的趋势是超细晶粒陶瓷的固有特性。通过对小晶粒尺寸样品(如 TiO_2 是 12 nm,ZnO 是 7 nm)的研究,表明了纳米相陶瓷的韧性行为,以及在较小的晶粒尺寸的陶瓷中存在着相当大的高温增韧的潜力。

④ 塑性。在各种类型的纳米材料中,增强的形变及超塑性形变都可能发生,甚至对于相当脆的材料和难于形变的材料都可能引起大的形变或实现一次加工成形。纳米相陶瓷可以实现一次成形塑性形变。例如,在 900 ℃已把纳米 TiO_2 形变到所希望的形状,且表面光滑,并发现断裂韧性增加了 50%。

7. 纳米材料的稳定性

纳米材料中的窄的粒子分布、等轴晶粒、低能晶界结构说明由团簇、纳米离子组装的纳米材料对于晶粒生长有一种固有的稳定性,同时这种稳定性由于三叉晶界的存在而增大。

8. 纳米材料的化学性能

通过对纳米材料比表面积的控制,可以使纳米材料最大限度地增大空隙率,或者反过来消除空隙率,使材料完全致密化。另外,由于可以控制成分,纳米材料具有相当好的化学活性。纳米材料的特殊效应还表现在导电性和声学性质等方面。

9.5.2 纳米材料的制备

纳米材料的制备有各种不同的方法。这些方法包括物理方法、化学方法和机械力学方法等,借助于特殊的工艺,制备纳米材料一般按以下步骤进行:

① 在纳米尺寸状态中的原子簇有成千上万个原子,可使用物理方法或化学方法来制备这些原子簇,再把其组装成材料。

② 纳米结构材料中相的组成是非常重要的。因为相永远是传统材料的性能表现,在合成单相纳米结构材料时,纳米材料的相的纯度是很重要的。例如,制备一种氧化物或一种金属,这意味着要控制掺杂的不纯度、化学计量和组成相等诸因素,在成分控制的同时,至少有一维的长度大小必须保持在 100 nm 以内,这常常会使制备工艺变得更加复杂。

③ 控制组成相之间形成的界面性质,亦即交叉界面相互作用的性质。当然,在成分相同但有不同取向的晶粒之间,也存在这些晶界,包括多相界面和自由表面。与传统材料相比较,纳米结构材料中存在的界面数目是很大的,因此对于界面形成的控制很重要。物理方法分为

电阻加热惰性气体蒸发法、氧电弧等离子体法、超声速膨胀法、激光蒸发法和有机化合物激光分解法。

化学方法可以合成具有所需性质的纳米粒子,可以在分子水平上进行物质控制。可以用分子合成化学来制备新初始组分。实践中用水溶液法或有机溶液法制备金属与金属间化合物。

溶胶-凝胶方法具有灵活多样性,被称为变色龙技术,以前主要用于陶瓷和玻璃的制备,现在这种技术是制造纳米结构材料的特殊工艺。

在矿物加工、陶瓷工艺和粉末冶金工业中所使用的球磨法,目前也用于纳米材料的制造。球磨工艺的主要目的包括减少粒子尺寸、固态合金化、混合或融合以及改变粒子的形状。

球磨法的工艺大部分是用于有限制的或相对硬的、脆性的材料,这些材料在球磨过程中断裂、形变和冷焊。具体应用的球磨方法包括滚转、摩擦磨、振动磨和平面磨等。目前国内市场上已有各种行星磨、分子磨和高能球磨机等产品。

9.5.3 石墨烯材料简介

石墨烯是一种纳米材料,它是从石墨材料中剥离出来、由碳原子组成的只有一层原子厚度的二维晶体。2004 年,英国曼彻斯特大学物理学家安德烈·盖姆和康斯坦丁·诺沃肖洛夫,成功从石墨中分离出石墨烯,证实石墨烯可以单独存在,两人也因此共同获得 2010 年诺贝尔物理学奖。

石墨烯既是最薄的材料,也是最强韧的材料,断裂强度比最好的钢材还要高 200 倍。同时它又有很好的弹性,拉伸幅度能达到自身尺寸的 20%。它是目前自然界最薄、强度最高的材料,如果用一块面积 1 m^2 的石墨烯做成吊床,本身重量不足 1 mg 便可以承受一只 1 kg 的猫的重量。

石墨烯目前最有潜力的应用是成为硅的替代品,制造超微型晶体管,用来生产未来的超级计算机。用石墨烯取代硅,计算机处理器的运行速度将会加快数百倍。

另外,石墨烯几乎是完全透明的,只吸收 2.3% 的光。另一方面,它非常致密,即使是最小的气体原子(氦原子)也无法穿透。这些特征使得它非常适合作为透明电子产品的原料,如透明的触摸显示屏、发光板和太阳能电池板。

作为目前发现的最薄、强度最大、导电导热性能最强的一种新型纳米材料,石墨烯被称为"黑金",是"新材料之王",科学家甚至预言石墨烯将"彻底改变 21 世纪",极有可能掀起一场席卷全球的颠覆性新技术新产业革命。

9.5.4 石墨烯材料的制备

石墨烯的合成方法主要有两种:机械方法和化学方法。机械方法包括微机械分离法、取向附生法和加热 SiC 的方法 ;化学方法是化学还原法与化学解离法。

1. 微机械分离法

最普通的是微机械分离法,直接将石墨烯薄片从较大的晶体上剪裁下来。2004 年诺沃肖洛夫等用这种方法制备出了单层石墨烯,并可以在外界环境下稳定存在。典型制备方法是用另外一种材料膨化或者引入缺陷的热解石墨进行摩擦,体相石墨的表面会产生絮片状的晶体,在这些絮片状的晶体中含有单层的石墨烯。但缺点是此法是利用摩擦石墨表面获得的薄片来筛选出单层的石墨烯薄片,其尺寸不易控制,无法可靠地制造长度可供应用的石墨薄片样本。

2. 取向附生法

取向附生法是利用生长基质原子结构"种"出石墨烯,首先让碳原子在 1 150 ℃下渗入钌,然后冷却,冷却到 850 ℃后,之前吸收的大量碳原子就会浮到钌表面,镜片形状的单层的碳原子"孤岛"布满了整个基质表面,最终它们可长成完整的一层石墨烯。第一层覆盖 80 ％后,第二层开始生长。底层的石墨烯会与钌产生强烈的交互作用,而第二层后就几乎与钌完全分离,只剩下弱电耦合,得到的单层石墨烯薄片表现令人满意。但采用这种方法生产的石墨烯薄片往往厚度不均匀,且石墨烯和基质之间的黏合会影响碳层的特性。另外 Peter W. Sutter 等使用的基质是稀有金属钌。

3. 加热 SiC 法

加热 SiC 法是通过加热单晶 6H-SiC 脱除 Si,在单晶(0001)面上分解出石墨烯片层。具体过程是:将经氧气或氢气刻蚀处理得到的样品在高真空下通过电子轰击加热,除去氧化物,用俄歇电子能谱确定表面的氧化物完全被移除后,将样品加热使之温度升高至 1 250～1 450 ℃后恒温 1～20 min,从而形成极薄的石墨层。经过几年的探索,Berger 等人已经能可控地制备出单层或是多层石墨烯。其厚度由加热温度决定,制备大面积具有单一厚度的石墨烯比较困难。

包信和等开发了一条以商品化碳化硅颗粒为原料,通过高温裂解规模制备高品质无支持(free standing)石墨烯材料的新途径。通过对原料碳化硅粒子、裂解温度、速率以及气氛的控制,可以实现对石墨烯结构和尺寸的调控。这是一种非常新颖、对实现石墨烯的实际应用非常重要的制备方法。

4. 化学还原法

化学还原法是将氧化石墨与水以 1 mg/ml 的比例混合,用超声波振荡至溶液清晰无颗粒状物质,加入适量肼在 100 ℃回流 24 h,产生黑色颗粒状沉淀,过滤、烘干即得石墨烯。

5. 化学解离法

化学解离法是将氧化石墨通过热还原的方法制备石墨烯的方法,氧化石墨层间的含氧官能团在一定温度下发生反应,迅速放出气体,使得氧化石墨层被还原的同时解离开,得到石墨烯。

该方法是将一种或多种气态物质导入到一个反应腔内发生化学反应,生成一种新的材料沉积在衬底表面。具体方法是将含碳原子的气体有机物如甲烷(CH_4)、乙炔(C_2H_2)等在镍或铜等金属基体上高温分解,脱出氢原子的碳原子会沉积吸附在金属表面连续生长成石墨烯。这是一种重要的制备石墨烯的方法,天津大学运用低温化学解离氧化石墨的方法制备了高质量的石墨烯。

9.5.5 石墨烯材料的应用

石墨烯材料具有良好的导电、导热和机械性能,使得它的应用非常广泛,如在塑料里掺入百分之一的石墨烯,就能使塑料具备良好的导电性;加入质量分数为千分之一的石墨烯,能使塑料的抗热性能提高 30 ℃。应用石墨烯材料可以研制出薄、轻、拉伸性好和超强韧新型材料,用于汽车、飞机和卫星的制造。另一方面,新能源电池也是石墨烯最早商用的一大重要领域。之前美国麻省理工学院已成功研制出表面附有石墨烯纳米涂层的柔性光伏电池板,可极大降低透明可变形太阳能电池的制造成本,这种电池有可能在夜视镜、相机等小型数码设备中应用。同时石墨烯超级电池的成功研发,也解决了新能源汽车电池的容量不足以及充电时间长的问题,加速了新能源电池产业的发展。这一系列的研究成果为石墨烯在新能源电池行业的应用铺就了道路。

由于高导电性、高强度、超轻薄等特性,石墨烯在航天军工领域的应用优势也是极为突出的。前不久美国 NASA 开发出应用于航天领域的石墨烯传感器,就能很好地对地球高空大气层的微量元素、航天器上的结构性缺陷等进行检测。而石墨烯在超轻型飞机材料等潜在应用上也将发挥更重要的作用。

本章小结

1. 工程上常用的材料,除了传统的金属、非金属材料外,还包括许多新型材料,如记忆合金、贮氢合金、超导材料、纳米材料、非晶态合金等,它们也在许多领域发挥着重要的作用。

2. 具有形状记忆效应的金属称为形状记忆合金,它在机电工程、医学工程、智能工程上得到了较为广泛的应用,了解其制备及发展等相关知识,为深入理解其应用有着重要的意义。

3. 组成相或晶粒结构控制在 100 nm 以下长度尺寸的材料称为纳米材料。纳米材料是纳米科技的重要组成部分,其具有优良的力学、热学、光学、磁学性能,为深入研究该材料提供了广泛的想象空间。

4. 石墨烯是一种纳米材料,是目前发现的最薄、强度最大、导电导热性能最好的一种新型纳米材料,被称“新材料之王”,它的制备和工业用途正在不断地被人们研究和发现。

习　题

1. 什么是纳米材料? 试述纳米科技的应用与前景。
2. 记忆合金具有记忆功能的原因是什么?
3. 请描述超导现象,试述超导材料的类型和应用。
4. 贮氢合金的类型和应用是怎样的?
5. 形状记忆合金的应用领域是什么?
6. 什么是非晶态合金? 非晶态合金的力学性能是怎样的?
7. 什么是石墨烯材料? 该类材料的特点及应用如何?

第 10 章　工程材料的失效与选用

【导学】

【导学】

在机械产品研发时,为了开发出高质量、低成本、具有竞争力的产品,应当对众多备选材料进行全面的分析和筛选。正确选用材料,对提高产品质量、降低制造成本有着重要的意义。要做到合理选材,就必须全面分析零件的工作条件、受力性质以及失效形式,然后综合各种因素,提出能满足工作条件的合适材料,并对其采用相应的热处理工艺以满足性能要求。

【学习目标】

◆ 了解零件失效的概念、形式及其产生原因;

◆ 掌握工程材料选择的原则、方法与步骤;

◆ 理解典型零件和工具材料的选用方法。

本章重难点

10.1　零件的失效

10.1.1　失效的概念

零件的失效是指零件严重损伤、完全破坏、丧失使用价值,或者虽能继续工作但不安全,或虽能安全工作,但不能保证工作精度、达不到预期的功效。零件失效的危害是巨大的,尤其是无明显征兆的失效,甚至能造成严重事故。因此,对零件失效进行分析,查找原因并提出防范措施是十分重要的。通过失效分析,能够对改进零件结构设计、修正加工工艺、更换材料等提出可靠依据。

10.1.2　失效的形式

1. 断裂失效

断裂失效是机械零件的主要失效形式。根据断裂的性质和原因,可分为以下几种。

（1）延性断裂

延性断裂是指零件在受到外载荷作用时,某一截面上的应力超过了材料的屈服强度,产生很大的塑性变形后发生的断裂。

（2）脆性断裂

脆性断裂发生时,承受的工作应力通常远低于材料的屈服强度,所以又称为低应力脆断。这种断裂经常发生在有尖锐缺口或裂纹的零件中,另外,零件结构中的棱角、台阶、沟槽及拐角等结构突变处也易发生,特别是在低温或冲击载荷作用的情况下。脆性断裂发生前并没有明显的征兆,因此,往往会带来灾难性的后果。

（3）疲劳断裂

在交变应力反复作用下发生的断裂称为疲劳断裂。疲劳的最终断裂是瞬时的,因此危害性较大,常在齿轮、弹簧、轴、模具、叶片等零件中发生。材料的类别、组织,载荷的类型,零件的尺寸、形状及表面状态等对零件的疲劳强度都有影响。

（4）蠕变断裂

蠕变是指在应力不变的情况下,变形量随时间的延长而增加的现象,由蠕变引起的断裂称为蠕变断裂。

2. 过量变形

在外力作用下零件发生整体或局部的过量弹性变形或塑性变形导致整个机器或设备无法正常工作,或者能正常工作但保证不了产品质量的现象,称之为过量变形。

（1）过量蠕变变形

在高温下工作的金属零件,即使工作应力不变,经过一定时间后,也会缓慢地产生过大的塑性变形而导致失效。

（2）过量弹性变形

如机床传动轴因刚度不足,产生过大的弹性变形后,会使轴上零件(如齿轮)不能正常啮合,轴承发生偏磨等,使整个机器运转不良,导致传动失效。

（3）过量塑性变形

零件在工作中承受的应力超过材料的屈服强度后,就会产生塑性变形失效。

3. 表面损伤

零件在工作中,因机械和化学作用,使其表面损伤而造成的失效,主要有以下三种形式。

（1）磨损失效

相互接触的两个零件在机械力的作用下,其相对运动表面的材料以细屑磨耗,从而使零件的表面状态和尺寸改变导致失效。

（2）接触疲劳失效

相互接触的两个运动表面(特别是滚动接触),在工作过程中随交变接触应力的作用,使表层材料发生疲劳破坏而脱落的现象称为接触疲劳失效。接触疲劳可分为麻点剥落和表层压碎两大类。

（3）腐蚀失效

金属与周围介质发生化学或电化学作用而造成的失效,如应力腐蚀、氢脆、腐蚀疲劳及点腐蚀等。腐蚀失效的特点是失效形式众多,机理复杂,占金属材料失效事故中的比例较大。

10.1.3　零件失效的原因

1. 结构设计

零件的结构、形状、尺寸设计不合理最容易引起失效。如键槽、孔或截面变化较剧烈的尖角处或尖锐缺口处容易产生应力集中,出现裂纹。另外,对零件在工作中的受力情况判断有误,设计时安全系数过小或对环境的变化情况估计不足造成零件实际承载能力降低等均属设计不合理。又如,坚持采用以强度条件为主、辅之以韧性要求的传统设计方法,则不能有效地解决脆性断裂,尤其是低应力脆断的失效问题。

2. 选　材

选用的材料性能不能满足零件工作条件的要求,或者质量差,如含有过量的夹杂物、杂质元素以及成分不合格等,都容易使零件造成失效。所用材料的化学成分、组织不合理也会造成零件的失效。例如用 65Mn 钢制造的长度为 2 048 mm 剪刀板,淬火后伸长 3～6 mm,使安装孔距超差而报废,后改用 CrWMn 或 Cr12MoV 钢,淬火后伸长变形只有 $1\sim 2$ mm,满足了尺寸要求。

3. 加工工艺

零件在加工和成形过程中,因采用的工艺方法、工艺参数不合理,操作不正确等会造成失效。如:热成形过程中温度过高所产生的过热、过烧、氧化、脱碳;热处理过程中工艺参数不合理造成的变形和裂纹、组织缺陷及由于淬火应力不均匀导致零件的棱角、台阶等处产生拉应力;化学热处理后渗层和淬硬层过深,使零件的脆断抗力降低;铸件中的气孔、夹渣及成分偏析;机加中表面粗糙度值过大,存在较深的刀痕或磨削裂纹等。这些缺陷均是导致零件早期失效的原因。

可见,即使选材正确,但热处理工艺不当,使零件在工作过程中组织发生变化,或引起零件的形状、尺寸发生改变,也会导致失效。

4. 安装使用因素

机器在安装过程中,零件安装不良,配合过紧、过松,对中不准,密封性差以及装配拧紧时用力过大或过小等,均易导致零件过早失效。在超速、过载、润滑条件不良的情况下工作,工作环境中有腐蚀性物质,维修、保养不及时或不善等也会造成零件过早失效。

10.2　选材的原则、方法与步骤

10.2.1　选材的一般原则

1. 使用性原则

使用性能是保证零件完成规定功能的必要条件,主要包括力学性能、物理性能和化学性能,它是选材的首要原则。

(1) 分析零件的工作条件

在分析零件工作条件的基础上,提出对所用材料的性能要求。工作条件是指受力形式(拉伸、压缩、弯曲、扭转或弯扭复合等)、载荷性质(静载、动载、冲击、载荷分布等)、受摩擦磨损情况,工作环境条件(如环境介质、工作温度等),以及导电、导热等特殊要求。

(2) 判断主要失效形式

零件的失效形式与其特定的工作条件是分不开的。要深入现场,收集整理有关资料,进行相关的实验分析,判断失效的主要形式及原因,找出原设计的缺陷,提出改进措施,确定所选材料应满足的主要力学性能指标,为正确选材提供具有实用意义的信息,确保零件的使用效能、提高零件抵抗失效的能力。几种常用零件的工作条件、失效形式和要求的力学性能见表 10-1。

(3) 合理选用材料的力学性能指标

一般情况下,材料的强度越高,其塑性、韧性越低。片面地追求高强度以提高零件的承载能力不一定就是安全的,因为材料塑性的过多降低,遇到短时过载等因素,应力集中的敏感性增强,有可能造成零件的脆性断裂。所以在提高屈服强度的同时,还应考虑材料的塑性指标。

(4) 综合考虑多种因素

若零件在特殊的条件下工作,则选材的主要依据也应视具体条件而定。贮存酸碱的容器和管路等,应以耐蚀性为依据,考虑选用不锈钢、耐蚀 MC 尼龙和聚砜等;而作为电磁铁材料,软磁性又是重要的选材依据；精密镗床镗杆的主要失效形式为过量弹性变形,则关键性能指标为材料的刚度；零件要求弹性、密封、减振防振等,可考虑选择能在−50～150 ℃温度范围内处于高弹态和优良伸缩性的橡胶材料,如 4001 耐热橡胶板等；重要螺栓的主要失效形式为过量的塑性变形和断裂,则关键性能指标为屈服强度和疲劳强度；在 600～700 ℃工作的内燃机排气阀可选用耐热钢等；汽车发动机的气缸可选用导热性好,比热容大的铸造铝合金等；选用高分子材料(如用尼龙绳作吊具等),还要考虑在使用时,温度、光、水、氧、油等周围环境对其性能的影响,防止老化则必须作为其重要的选材依据。

表 10-1　几种常用零件(工具)工作条件、失效形式及要求的力学性能

零件(工具)	工作条件			常见失效形式	主要力学性能
	应力种类	载荷性质	受载状态		
普通紧固螺栓	拉、剪应力	静载	—	过量变形、断裂	屈服强度及抗剪强度、塑性
传动轴	弯、扭应力	循环、冲击	轴颈处摩擦、振动	疲劳断裂、过量变形、轴颈磨损	综合力学性能
传动齿轮	压、弯应力	循环、冲击	强烈摩擦、振动	磨损、麻点剥落、齿折断	表面硬度及弯曲疲劳强度、接触疲劳强度、心部屈服强度
弹簧	扭应力(螺旋簧)、弯应力(板簧)	循环、冲击	振动	弹性丧失、疲劳断裂	弹性极限、屈服比、疲劳强度
冷作模具	复杂应力	循环、冲击	强烈摩擦	磨损、脆断	硬度、足够的强度、韧性
压铸模	复杂应力	循环、冲击	高温、摩擦、金属液腐蚀	热疲劳、脆断、磨损	高温强度、热疲劳强度、韧性与热硬性
滚动轴承	压应力	循环、冲击	强烈摩擦	疲劳断裂、磨损、麻点剥落	接触疲劳强度、硬度、耐蚀性
曲轴	弯、扭应力	循环、冲击	轴颈摩擦	脆断、疲劳断裂、咬蚀、磨损	疲劳强度、硬度、冲击疲劳强度、综合力学性能
连杆	拉、压应力	循环、冲击	—	脆断	抗压强度、冲击疲劳强度

(5) 合理利用材料的淬透性

淬透性对钢的力学性能有很大的影响,未淬透钢的心部,其冲击韧度、屈强比和疲劳强度较低。对于截面尺寸较大的零件,在动载荷下工作的重要零件,承受拉、压应力而要求截面力学性能一致的零件(如连接螺栓、锻模等),应选用能全部淬透的钢。对某些承受弯曲和扭转等复合应力作用下的轴类零件,由于它们截面上的应力分布是不均匀的,最大应力发生在轴的表面,而心部受力较小,可用淬透性较低的钢,但要保证淬硬层深度。焊接件等不可选用淬透性高的钢,避免造成焊接变形和开裂。承受冲击和复杂应力的冷镦凸模,其工作部分常因全部淬硬,造成韧性不足而脆断。所以选材及热处理时,不能盲目追求材料淬透性和淬硬性的提高。

2. 工艺性原则

工艺性能是指所选择的材料能否顺利地制成零件,金属材料的工艺性能包括铸造性、压力加工性、焊接性、切削加工性、热处理工艺性等。任何一个零件都要通过若干加工工序制作而成，工艺性能的好坏对零件加工难易程度、生产率、生产成本等影响较大。因此，所选材料仅满足使用性能是不够的，还必须具有一定的加工工艺性能。

3. 经济性原则

经济性原则是指所选用的材料加工成零件后能否做到价格低，成本低。在满足前两项原则的前提下，应尽量降低零件的生产成本，以提高经济效益。国内部分金属的相对价格见表 10-2。

表 10-2　常用材料的相对价格

材料种类	相对价格	材料种类	相对价格
铸铁	1	钢板	3
普通碳钢	3	角钢	2.5～3
优质碳钢	4.5	工字钢	2.6～2.8
弹簧钢	7.5～8.7	槽钢	2.4～2.8
铬钢	11	铜管	37～75
钼钢	11.5	黄铜及紫铜板	34～39
镍钢	12	黄铜及紫铜棒	32～37
铬钒钢	12	铅板	16～18.6
轴承钢	13～15	铝	16

（1）尽量降低材料及其加工成本

在满足零件对使用性能与工艺性能要求的前提下，能用铁不用钢，能用非合金钢不用合金钢，能用硅锰钢不用铬镍钢，能用型材不用锻件。

（2）用非金属材料代替金属材料

非金属材料的资源丰富，性能也在不断提高，应用范围不断扩大，尤其是发展较快的聚合物具有很多优异的性能，在某些场合可代替金属材料，既改善了使用性能，又可降低制造成本和使用维护费用。

10.2.2　选材的方法与步骤

1. 选材的方法

多数零件是在多种应力作用下工作的，每个零件的受力情况，因其工作条件不同而不同。因此，应根据零件的工作条件，提出最主要的性能要求，作为选材的主要依据，具体有以下三类。

（1）以综合力学性能为主时的选材

当零件工作中承受冲击载荷或循环载荷时，其失效形式主要是过量变形与疲劳断裂，因此，要求材料具有较高的强度、疲劳强度、塑性与韧性，即要求有较好的综合力学性能。如气缸螺栓、锻锤杆、连杆等，一般可采用调质状态的非合金钢、调质或渗碳合金钢、正火或等温淬火状态的球墨铸铁等来制造。

（2）以疲劳强度为主时的选材

对传动轴及齿轮等零件，整个截面上受力是不均匀的，疲劳裂纹一般开始于受力最大的表层。为了提高疲劳强度,应适当提高抗拉强度。在抗拉强度相同时,调质处理的组织比退火、正火组织的塑性、韧性好,并对应力集中敏感性较小,具有较高的疲劳强度。表面处理除可以提高表面硬度外,还可以在零件表面造成残留应力,可以部分抵消工作时产生的拉应力,是有效提高疲劳强度的方法。

（3）以磨损为主时的选材

两零件摩擦时,磨损量与其接触应力、相对速度、润滑条件及摩擦副的材料有关。而材料的耐磨性是其抵抗磨损的指标,主要与材料硬度、显微组织有关。根据零件工作条件不同,选材也有所不同:① 在受力较小、摩擦较大的情况下,其主要失效形式是磨损,需要提高材料的耐磨性,如各种量具、冷冲模等,可选用高碳钢或高碳的合金钢,并进行淬火和低温回火。② 同时受摩擦、循环载荷和冲击载荷的零件,其主要失效形式是磨损、过量的变形与疲劳破坏,如传动齿轮、凸轮等,为了使心部获得一定的综合力学性能,且表面有高的耐磨性,应选择适于表面热处理的钢材。

2. 选材的步骤

① 分析零件的工作条件及可能的失效形式,确定控制失效的关键性能指标(使用性能和工艺性能),以此作为选材的依据。

② 针对所确定的零件性能要求,通过力学计算或辅以试验等方法确定零件应有的各种性能指标。

③ 对同类或相近零件的用材情况进行调查研究,可从其使用性能、材料供应、材料价格、加工工艺性能等方面进行综合分析以供参考,拟定较为合理的选材方案。

④ 针对具体情况,灵活运用选材原则。一般在经济性、工艺性相近或相同时,应选用使用性能最优的材料。但在加工工艺上无法实现而成为突出的制约因素时,所选材料的使用性能也可以不是最优的。此时须找到使用性能与制约因素之间恰当的平衡点。如某产品采用1Cr18Ni9Ti 钢制造,按设计要求须钻 1.6 mm 细小深孔,用高速钢钻头钻孔时,由于奥氏体不锈钢黏刀严重,使钻头折断,无法加工,后改用易切削不锈钢 Y1Cr18Ni9 钢制造,获得了较理想的效果。

⑤ 根据所选材料及使用性能要求,确定热处理方法或其他强化方法。对于关键零件,投产前应对所选材料进行试验,以考查所选材料及其热处理工艺方法能否满足使用性能要求。

10.3　典型零件的选材实例分析

金属材料、高分子材料、陶瓷材料及复合材料是目前的主要工程材料,它们各有自己的特性,所以各有其合适的用途。当然这种情况也在随着科技进步发生着变化。

高分子材料的强度、刚度(弹性模量)低,尺寸稳定性较差,易老化,因此在工程上,目前还不能用来制造承受载荷较大的结构零件。在机械工程中,常制造轻载传动齿轮、轴承、紧固件及各种密封件等。

陶瓷材料在室温下几乎没有塑性,在外力作用下不产生塑性变形,易发生脆性断裂。因此,一般不用于制造重要的受力零件。但其化学稳定性很好,具有高的硬度和红硬性,故用于制造在高温下工作的零件、切削刀具和某些耐磨零件。由于其制造工艺较复杂、成本高,机械工程上的应用还不普遍。

复合材料综合了多种不同材料的优良性能,如强度、弹性模量高,抗疲劳、减摩、耐磨、减振性能好,且化学稳定性优异,故是一种很有发展前途的工程材料。

金属材料具有优良的综合力学性能和某些物理、化学性能,因此被广泛地用于制造各种重要的机械零件和工程结构,目前是机械工程中最主要的结构材料。从应用情况来看,机械零件的用材主要是钢铁材料。下面介绍几种典型钢制零件的选材实例。

10.3.1 轴类零件的选材

1. 机床主轴的工作条件及技术要求

(1)承受摩擦与磨损

机床主轴的某些部位承受着不同程度的摩擦,特别是轴颈部分,故应具有较高的硬度以增加耐磨性。轴颈的磨损程度决定于与其相配合的轴承类别。在与滚动轴承相配合时,因摩擦已转移给滚珠与套圈,轴颈与轴承不发生摩擦,故轴颈部位没有耐磨要求,硬度一般为 220~250 HBS 即可。但有时为保证装配工艺性和装配精度,对精度高的轴颈其硬度可提高到 40~50 HRC。在与滑动轴承配合中,轴颈和轴瓦直接摩擦,所以耐磨性要求较高,转速较高且轴瓦材质较硬时,耐磨性要求亦随之提高,轴颈表面硬度也应越高。如与锡青铜轴承配合的主轴轴颈硬度不得低于 300~400 HBS;对于高精度机床主轴(如镗床主轴),由于少量磨损就会导致精度下降,常采用与淬火钢质滑动轴承配合,故主轴轴颈必须具有更高的硬度与耐磨性,常用渗氮钢进行渗氮处理。

对有些带内锥孔或外锥体的主轴,工作时和配合件并无相对滑动摩擦,但配件装拆频繁,如铣床主轴上需经常调换刀具,磨床头尾架主轴上需调换顶尖和卡盘等,装拆过程中为防止这些部位的磨损,硬度应在 45 HRC 以上,高精度机床应提高到 56 HRC 以上。

(2)工作时承受多种载荷

机床主轴在高速运转时要受到各种载荷的作用,如弯曲、扭转、冲击等,故要求主轴具有抵抗各种载荷的能力。当弯曲载荷较大、转速又很高时,主轴还承受着很高的交变应力,因此要求主轴具有较高的疲劳强度和综合力学性能。

2. 主轴选材实例

主轴材料与热处理的选择主要应根据其工作条件及技术要求来决定。当主轴承受一般载荷、转速不高、冲击与循环载荷较小时,可选用中碳钢经调质或正火处理。要求高一些的,可选取合金调质钢进行调质处理。对于表面要求耐磨的部位,在调质后尚需进行表面淬火。当主轴承受重载荷、高转速、冲击与循环载荷很大时,应选用合金渗碳钢进行渗碳淬火。现以图 10-1 所示车床主轴为例,分析其选材与热处理方法。

该主轴选用 45 钢。热处理技术条件为:整体调质,硬度 220~250 HBS;内锥孔与外锥体淬火,硬度 45~50 HRC;花键部位高频淬火,硬度 48~53 HRC。由于主轴上阶梯较多,直径相差较大,宜选锻件毛坯。材料经锻造后粗略成形,可以节约原材料和减少加工工时,并可使主轴的纤维组织分布合理并提高力学性能。

车床主轴的加工工艺路线为:

下料→锻造→正火→机械粗加工→调质→机械半精加工(除花键外)

→局部淬火、回火(锥孔及外锥体)→粗磨(外圆、外锥体及锥孔)→铣花键

→花键高频淬火、回火→磨花键→精磨(外圆、外锥体及锥孔)

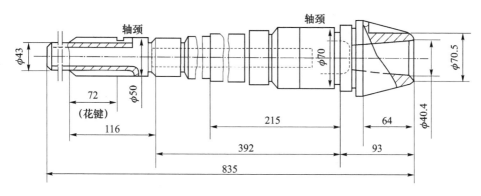

图 10 - 1 车床主轴简图

3. 曲轴的选材

曲轴是内燃机中形状复杂而又重要的零件之一,它在工作时受气缸中周期性变化的气体压力、曲柄连杆机构的惯性力、扭转和弯曲应力及冲击力的作用。根据内燃机转速不同,选用不同的材料。表 10 - 3 列出了几种曲轴用材和热处理工艺对比。

表 10 - 3 几种曲轴用材和热处理工艺对比

机 型	曲轴材料	心部热处理		轴颈热处理	
		方 式	硬度 HBS	方 式	硬度 HRC
解放牌汽车	45 钢	正火	163～197	高频淬火	52～62
东方红拖拉机	45 钢	调质	207～241	高频淬火	52～62
东方红型内燃机车	42CrMo 钢	调质	255～302	中频淬火	58～63
国外高速柴油机	38CrMoAlA	调质		氮化	
东风型内燃车	球墨铸铁	调质		—	—
东风型内燃机车	合金球铁	喷雾正火、回火	285～315	镀钛氮化	50～55

10.3.2 齿轮类零件的选材

1. 齿轮的工作条件、主要失效形式及对材料性能的要求

(1) 齿轮的工作条件

机床、汽车、拖拉机以及其他工业机械用齿轮尽管很多,但其工作过程大致相似,只是受力程度有所不同。齿轮工作时,通过齿面的接触传递动力,在啮合齿表面既有滚动又有滑动,有高的接触载荷与强烈的摩擦。传递动力时,其轮齿类似一根受力的悬臂梁,接触作用力在齿根处产生很大的力矩,使齿根部承受较高的弯曲应力。换挡、启动和啮合不均匀时,将承受冲击载荷,也可能因超载而发生脆断。

(2) 齿轮的主要失效形式

根据齿轮的工作条件,在通常情况下其主要失效形式是断齿、齿面剥落(麻点剥落、浅层剥落、深层剥落)及磨损等。其中齿面剥落是接触疲劳破坏的典型形态。

(3) 对齿轮材料性能的要求

根据上述的齿轮工作条件、失效形式,要求齿轮材料具备以下主要性能:① 高的接触疲劳抗力,使齿面在受到接触应力后不致发生麻点剥落。通过提高齿面硬度,特别是采用渗碳、碳氮共渗、渗氮等,可大幅度提高齿面抗麻点剥落的能力。② 高的弯曲疲劳强度,特别是齿根处要有足够的强度,使运行时所产生的弯曲应力不致造成疲劳断裂。

2. 齿轮的选材

(1) 机床齿轮选材

机床中齿轮的工作条件和矿山机械、动力机械中的齿轮相比,其运转较平稳、载荷较小,常用的材料有中碳非合金钢或中碳合金结构钢和低合金结构钢(渗碳钢)两类。中碳非合金钢或中碳合金结构钢中,最常用的材料是 45 钢和 40Cr 钢。一般 45 钢用于中小载荷齿轮,如床头箱齿轮、溜板箱齿轮等,经高频淬火与低温回火后,硬度值可达 52～58 HRC;40Cr 钢用作中等载荷齿轮,如铣床工作台变速箱齿轮等,经高频淬火及低温回火后,硬度为 52～58 HRC。合金渗碳钢中如 20Cr,20CrMnTi,20Mn2B,12CrNi3 等材料,一般用作承受高速、高载荷和有冲击作用的齿轮。

机床齿轮根据所选材料和力学性能要求的不同,其热处理方法及热处理工序位置也会有所不同。对非合金中碳钢或中碳合金结构钢常采用的加工工艺路线为:

下料→锻造→正火→机械粗加工→调质→机械精加工
→高频淬火＋低温回火(或渗氮)→精磨

(2) 汽车、拖拉机齿轮选材

汽车或拖拉机齿轮主要分装在变速箱和差速器中。在变速箱中,通过它来改变发动机、曲轴和主轴齿轮的转速;在差速器中,通过齿轮来增、减扭转力矩,且调节左右两边车轮的转速,并将发动机动力传给主动轮,推动汽车、拖拉机运行,所以其传递功率、受到的冲击力及摩擦压力都很大,工作条件比机床齿轮繁重得多。因此,耐磨性、疲劳强度、心部强度和冲击韧度等方面都有更高的要求。实践证明,选用碳钢经渗碳(或碳氮共渗)、淬火及低温回火后使用最为合适。

10.3.3 手用丝锥的选材

1. 手用丝锥的工作条件及失效形式

手用丝锥是加工金属零件内孔螺纹的刃具。因它用手动攻丝,受力较小,切削速度很低。它的主要失效形式是磨损及扭断。因此,手用丝锥对力学性能的主要要求是:齿刃部应有高硬度与高耐磨性以抵抗磨损;而心部及柄部要有足够强度与韧性以抵抗扭断。

手用丝锥热处理技术条件为:齿刃部硬度 59～63 HRC;心部及柄部硬度 30～45 HRC。

2. 手用丝锥选材举例

根据上述分析,手用丝锥材料的含碳量应较高,使其淬火后获得高硬度,并形成较多的碳化物以提高耐磨性。由于手用丝锥对热硬性、淬透性要求较低,受力很小,故可选用 $w_C=$ 1%～1.2% 的碳素工具钢。再考虑到需要提高丝锥的韧性及减小淬火时开裂的倾向,应选硫、磷杂质很少的高级优质碳素工具钢,常用 T12A(或 T10A)钢。

为了使丝锥齿刃部具有高的硬度,而心部有足够韧性,并使淬火变形尽可能减小(因螺纹齿刃部以后不再磨削),以及考虑到齿刃部很薄,故可采用等温淬火或分级淬火。T12 钢的 M12 手用丝锥的加工工艺路线为:

下料→球化退火(当轧材原始组织球化不良时才采用)
→机械加工(大量生产时,常用滚压方法加工螺纹)→淬火、低温回火
→柄部回火(浸入 600 ℃硝盐炉中快速回火)→防锈处理(发蓝)

淬火冷却时,采用硝盐等温冷却。淬火后,丝锥表层组织(2~3 mm)为贝氏体＋马氏体＋渗碳体＋残余奥氏体,硬度大于 60 HRC,具有高的耐磨性;心部组织为托氏体＋贝氏体＋马氏体＋渗碳体＋残余奥氏体,硬度为 30~45 HRC,具有足够的韧性。丝锥等温淬火后,变形量一般在允许范围以内。

10.3.4　机架、箱体类零件的选材

1. 机架类零件的选材

各种机械的机身、底座、支架、横梁、工作台以及齿轮箱、轴承座、阀体、导轨等为典型机架类零件,如图 10-2 所示。机架类零件的特点是形状不规则,结构比较复杂并带有内腔,质量从几千克至数十吨,工作条件差。其中一般的基础零件,如机身、底座等,主要起支承和连接机床各部分的作用而非运动的零件,以承受压应力和弯曲应力为主,为保证工作的稳定

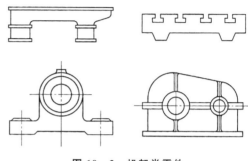

图 10-2　机架类零件

性,应有良好的刚度及减振性;工作台和导轨等零件,则要求有较好的耐磨性。这类零件一般受力不大,但要求良好的刚度和密封性,在多数情况下选用灰铸铁或合金铸钢件,个别特大型的还可采用铸钢焊接联合结构。

按零件类别及结构特征选材时,还应注意到整机是由零件组装而成的,零件特别是整机外表零件对整机的包装、搬运以及外观都会产生重要影响,因此应注意综合考虑。

2. 箱体类零件的选材

床头箱、变速箱、进给箱、溜板箱、内燃机的缸体等,都可视为箱体类零件。由于箱体大都结构复杂,一般多用铸造的方法生产出来,故几乎箱体都是由铸造合金浇铸而成。

一些受力较大,要求高强度、高韧性,甚至在高温下工作的零件,如汽轮机机壳,可选用铸钢;一些受力不大,而且主要是承受静力,不受冲击的箱体可选用灰铸铁;如该零件在服役时与其他部位发生相对运动,其间有摩擦、磨损发生,则应选用珠光体基体的灰铸铁;受力不大,要求自重轻或要求导热好的则可选用铸造铝合金制造;受力很小,要求自重轻的还可以考虑选用工程塑料;受力较大,但形状简单的,可选用型钢焊接而成。

本章小结

1. 机械工程上的产品设计包括结构设计、工艺设计和材料设计三个部分,零件的正确选材是机械工程技术人员的基本任务之一,也是本章教学的主要目标之一。

2. 失效分析方法是科学选材的基础,在进行使用性能分析时,应紧密结合机械零件的常用失效形式,正确地分析工作条件,找出其中最关键的指标,充分考虑零件的工艺性和经济性。

3. 在了解各种材料特性的基础上,认识选材的一般原则和程序,熟练掌握齿轮和轴类零件的选材原则与方法,建立起典型零件在选材、热处理和加工工艺方面的一般性经验和认识。

习　题

1. 什么是零件的失效?失效形式主要有哪些?分析零件失效的主要目的是什么?

2. 分析说明如何根据机械零件的服役条件选择零件用钢的碳含量及组织状态?

3. 汽车、拖拉机变速箱齿轮多半用渗碳钢来制造,而机床变速箱齿轮又多用调质钢制造,原因是什么?

4. 某工厂用 T10 钢制造的钻头对一批铸件钻 ϕ10 深孔,在正常切削条件下,钻几个孔后钻头很快磨损。检验钻头材料、热处理工艺、金相组织及硬度均合格。试问失效原因,并提出解决办法。

5. 生产中某些机器零件常选用工具钢制造。试举例说明哪些机器零件可选用工具钢制造,并可得到满意的效果?分析其原因。

6. 确定下列工具的材料及最终热处理:

    (1) M6 手用丝锥　　　　　　　　　　(2) ϕ10 麻花钻头

7. 下列零件应采用何种铝合金制造?

    (1)飞机用铆钉　　(2)飞机翼梁　　(3)发动机汽缸、活塞　　(4)小电机壳体

8. 指出下列工件在选材与制定热处理技术条件中的错误,说明理由及改正意见。

工件及要求	材　料	热处理技术条件
表面耐磨的凸轮	45 钢	淬火、回火;60 HRC
直径 30 mm,要求良好综合力学性能的传动轴	40Cr	调质;40～45 HRC
弹簧(丝径 ϕ15 mm)	45 钢	淬火、回火;55～66 HRC
板牙(M12)	9SiCr	淬火、回火;55～66 HRC
转速低、表面耐磨性及心部强度要求不高的齿轮	45 钢	渗碳淬火;58～62 HRC
钳工凿子	T12A	淬火、回火;55～66 HRC
传动轴(直径 100 mm)	45 钢	调质;40～45 HRC
塞规(用于大批量生产,检验零件内孔)	T7A 或 T8	淬火、回火;55～66 HRC

9. 指出下列工件应采用所给材料中哪一种材料?并选择热处理方法。

工件:车辆缓冲弹簧、发动机排气阀门弹簧、自来水管弯头、机床床身、发动机连杆螺栓、机用大钻头、车床尾架顶针、螺丝刀、镗床镗杆、自行车车架、车床丝杠螺母、电风扇机壳、普通机床地脚螺栓、高速粗车铸铁的车刀。

材料:38CrMoAl,40Cr,45,Q235,T7,T10,50CrVA,16Mn,W18Cr4V,KTH300 - 06,60Si2Mn,ZL102,ZCuSn10P1,YG15,HT200

第11章 实　验

实验一　金属材料的硬度测定

一、实验目的

① 了解硬度测定的基本原理及常用硬度试验法的应用范围。

② 学会正确使用硬度计。

二、实验概述

金属的硬度可以认为是金属材料局部表面在接触压力的作用下,抵抗局部变形,特别是塑性变形的一种能力。硬度值是材料性能的一个重要指标。硬度试验方法简单、迅速,不需要专门的试样,并能保持试样的完整性,设备也比较简单。对大多数金属材料,可用硬度值估算出它的抗拉强度,因此在设计图纸的技术条件中大多规定材料的硬度值。检验材料或工艺是否合格有时也需要用到硬度值,因此硬度试验在生产中广泛使用。

硬度测试方法很多,使用最广泛的是压入法。压入法就是把一个很硬的压头以一定的压力压入试样的表面,使试样表面产生压痕,然后根据压痕的大小来确定硬度值。压痕越大,则材料越软;反之材料越硬。根据压头类型和几何尺寸的不同,常用的压入法主要为布氏硬度测试法(用于黑色、有色金属的原材料检验)、洛氏硬度测试法(主要用于热处理后的金属产品的性能检验)和维氏硬度测试法(用于薄板材料及金属表层的硬度测定)三种。

1. 布氏硬度试验原理

如图 11 - 1 所示,布氏硬度试验是在一定的试验力 F 的作用下,将直径为 D 的球形压头(淬火钢球或硬质合金球)垂直压入试样表面,保持一定时间后,卸除试验力,在试样表面上形成直径为 d 的压痕。然后根据试验力 F 和压头的球直径 D 的大小,直接查金属布氏硬度数值表。按国家标准规定,硬度值应写在布氏硬度符号的前面。如钢件试验力 $F = 29.42\ \text{kN}$

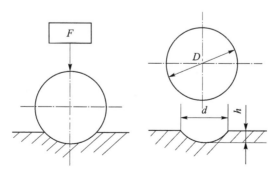

图 11 - 1　布氏硬度试验原理示意图

(3 000 kgf),压头球直径 $D=10$ mm,压力保持时间为 30 s,测出压痕直径 $d=4.00$ mm,查表为 229 $HBS_{10/3\,000/30}$,习惯上不标注单位。

当材料硬度在 450 HB 以上时,在试验力作用下,淬火钢球会发生变形。故国标规定:凡硬度大于 450 HB 小于 650 HB 的材料,使用硬质合金球作为压头,其测得的布氏硬度用 HBW 表示,而淬火钢球测得的布氏硬度用 HBS 表示。布氏硬度的优点是测定结果较准确,缺点是压痕大。目前布氏硬度计一般以淬火钢球为压头,主要用于测定较软的金属材料的硬度。

布氏硬度(HBS)试验规范可按表 11-1 进行选择。

表 11-1 布氏硬度(HBS)试验规范

材　　料	HBS 范围	试样厚度/mm	$F/D^2/$ (N·mm^{-2})	钢球直径 D/mm	试验力 F/kN	保持时间/s
黑色金属	140~450	>6	300	10	30	10
		6~3		5	7.5	
		<3		2.5	1.875	
	<140	>6	100	10	10	10
		6~3		5	2.5	
		<3		2.5	0.625	
有色金属	36~130	>6	100	10	10	30
		6~3		5	2.5	
		<3		2.5	0.625	
	8~35	>6	25	10	2.5	60
		6~3		5	0.625	
		<3		2.5	0.156	

2. 洛氏硬度试验原理

洛氏硬度试验与布氏硬度试验不同,它采用测量压痕深度的方法来确定材料的硬度值。

洛氏硬度试验原理如图 11-2 所示,它用顶角为 120°的金刚石圆锥体或直径为 1.588 mm 的淬火钢球作压头,在先后施加的两个试验力(初试验力和主试验力)的作用下将压头压入试样表面,然后卸除主试验力,在保留初试验力的情况下,通过测量压痕深度来确定其硬度。压痕越深,表示材料越软;反之,材料越硬。被测材料的硬度可直接从硬度计表盘上读出。

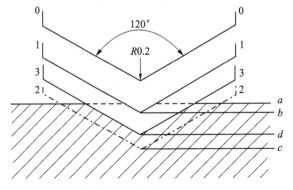

图 11-2 洛氏硬度试验原理示意图

图 11-2 中,0—0 为压头与试件表面未接触的位置;1—1 为加初试验力 98.07 N(10 kgf)后,压头经试件表面 a 压入到 b 处的位置,b 处是测量压入深度的起点(可防止因试件表面不平引起的误差);2—2 为初试验力和主试验力共同作用下,压头压到 c 处的位置;3—3 为卸除主试验力,但保持初试验力的条件下,因试件弹性变形的恢复使压头回升到 d 处的位置。因此,压头在主试验力作用下,实际压入试件产生塑性变形的压痕深度为 bd(bd 为残余压痕深度增量)。用 bd 大小来判断材料的硬度,bd 越大,硬度越低;反之,硬度越高。为适应习惯上数值越大、硬度越高的概念,故用一常数 K 减去 bd 作为硬度值(每 0.002 mm 的压痕深度为一个硬度单位),直接由硬度计表盘上读出。洛氏硬度用符号 HR 表示:

$$HR = K - \frac{bd}{0.002}$$

金刚石做压头时,K 为 100;淬火钢球做压头时,K 为 130。

为了能用同一硬度计测定由软到硬各种金属材料的硬度,扩大洛氏硬度机的使用范围,根据被测材料的不同,洛氏硬度可采用不同的压头和试验力,组成各种不同的洛氏硬度标尺,最常用的是 HRA、HRB 和 HRC 三种标尺,其中 HRC 应用最多,一般用于测量经过淬火处理后较硬材料的硬度。洛氏硬度表示方法为:在符号 HR 后面的字母表示所使用的标尺,字母前面的数字表示硬度值。如 50HRC 表示用 C 标尺测定的洛氏硬度值为 50。常用洛氏硬度的试验条件和应用范围见表 11-2。

表 11-2 常用洛氏硬度的试验条件和应用范围

标尺符号	测量范围	试验力/kN	压头类型	使用范围
HRA	70~85	0.59	金刚石圆锥体	硬质合金、表面淬火和渗碳钢
HRB	25~100	0.98	淬火钢球	非铁金属及退火、正火钢等
HRC	20~67	1.47	金刚石圆锥体	调质钢、淬火钢等

注:1 kgf=9.807 N。

洛氏硬度试验的优点是压痕小,对试样损伤小,操作简便,常用来直接检验成品或半成品的硬度;缺点是由于压痕小,当材料内部组织不均匀时,会使测量值不够精确,因此,在实际操作时,一般需要测取三个不同位置的硬度值,再以平均值作为被测试样的硬度值。洛氏硬度无单位,三种标尺之间没有直接的对应关系。

机械式硬度计操作

数显硬度计操作

三、实验设备及试样

① 设　备　HB3000 型布氏硬度试验机、HR150 型洛氏硬度试验机。
② 试　样　45 钢退火试样、20Cr 表面渗碳淬火+低温回火试样两种。

四、实验方法及步骤

1. 布氏硬度的测定

布氏硬度的测定在 HB3000 型布氏硬度试验机上进行,操作顺序如下:

(1) 操作前的准备工作

① 选定压头并擦拭干净,然后装入主轴衬套中;

② 选定载荷,加上相应的砝码;

③ 确定持续时间(按表 11-1 选择钢球直径、试验力大小及保持时间)。

(2) 操作顺序

① 接通电源,打开指示灯;

② 将试样放在工作台上,顺时针转动手轮,使压头压向试样表面,直到手轮打滑为止;

③ 按下"加载"按钮,即开始加载,当达到所要求的持续时间后,转动即自行停止,然后自动卸载;

④ 逆时针转动手轮降下工作台,取下试样并用读数显微镜测出压痕直径 d,查布氏硬度数值表即得 HB 值。

2. 洛氏硬度的测定

洛氏硬度的测定在 HR150 型洛氏硬度试验机上进行,操作顺序如下:

① 根据试样材料、形状和大小,按表 11-2 规范选择压头、载荷。

② 将试样放在工作台上,顺时针转动手轮,使试样与压头缓慢接触,当表盘上小指针移动至红点处后停止转动;然后将表盘上的大指针调零(对准标有 B 或 C 处),试样此时即已施加了 98.07 N 的初载荷。

③ 转动手柄,再加主试验力,当表盘大指针停止后,保留试验力 10 s,再卸除主试验力。

④ 读硬度值:表盘上大指针指示的数字即为硬度读数。HRA、HRC 读外圈黑刻度,HRB 读内圈红刻度。

⑤ 逆时针转动手轮,取出试样,硬度测定完毕。

⑥ 用同样方法在试样的不同位置再测两个数据,取其算术平均值即为该试样的硬度值。若三个值相差过于悬殊,应重测。

五、实验注意事项

① 要求试样表面平整、清洁、无氧化皮、无凹坑、无明显的加工痕迹。

② 洛氏硬度试验机金刚石压头属贵重物件,质硬而脆,严禁碰击。

③ 加载时细心操作,以免损坏机件;遇到故障及时报告指导教师。

金属材料的硬度测定实验报告

实验日期：　　　年　　月　　日

一、实验目的

二、实验设备及材料

三、洛氏硬度试验结果

洛氏硬度试验结果记入表 11 – 3。

表 11 – 3　洛氏硬度试验结果

材料名称	处理方法	试验规范			实验结果					
		硬度标尺	压头材料	总试验力/kN 或（kgf）	第一次	第二次	第三次	平均值		
								HRA	HRB	HRC

四、思考题

有 7 块金属材料，用洛氏硬度试验机及布氏硬度试验机分别测得的硬度值是：10HRC，50HRC，30HRB，90HRB，105HRB，80HRA，500HBS。试分析哪几块测定方法是正确的？哪几块测定方法是不允许的？为什么？

实验二　铁碳合金平衡组织的显微分析

一、实验目的

　　① 认识铁碳合金平衡组织的特征,初步识别各种铁碳合金在平衡状态下的显微组织。
　　② 分析和认识碳钢的含碳量与其平衡组织的关系。
　　③ 进一步认识平衡状态下碳钢成分、组织和性能间的关系。
　　④ 熟悉金相显微镜的使用和试样制备的过程。

二、实验概述

　　铁碳合金的显微组织是研究和分析钢铁材料性能的基础。所谓平衡状态的显微组织是指合金在极为缓慢的冷却条件下(如退火状态即接近平衡状态)所得到的组织,可以根据 Fe - Fe_3C 相图来分析铁碳合金在平衡状态下的显微组织。

　　铁碳合金的平衡组织主要指碳钢和白口铸铁的室温组织,碳钢和白口铸铁的室温组织均由铁素体和渗碳体这两个基本相组成。但由于含碳量不同,铁素体和渗碳体的相对数量、析出条件及分布状况均有所不同,因而呈现各种不同的组织形态。

1. 铁碳合金室温下基本组织组成物的显微组织特征

　　不同成分的铁碳合金在室温下的显微组织见表 11 - 4。

表 11 - 4　各种铁碳合金在室温下的显微组织

类　　型		含碳量/%	显微组织	浸蚀剂
工业纯铁		≤0.021 8	铁素体	4%硝酸酒精溶液
碳钢	亚共析钢	(0.021 8,0.77)	铁素体+珠光体	4%硝酸酒精溶液
	共析钢	0.77	珠光体	4%硝酸酒精溶液
	过共析钢	(0.77,2.11]	珠光体+二次渗碳体	苦味酸钠溶液,渗碳体变黑或呈棕红色
白口铸铁	亚共晶白口铁	[2.11,4.3)	珠光体+二次渗碳体+莱氏体	4%硝酸酒精溶液
	共晶白口铁	4.3	莱氏体	4%硝酸酒精溶液
	过共晶白口铁	(4.3,6.69]	莱氏体+一次渗碳体	4%硝酸酒精溶液

　　用侵蚀剂显露的碳钢和白口铸铁,在金相显微镜下具有下面几种基本组织组成物。

　　① 铁素体(F):铁素体是碳溶于 α - Fe 中形成的间隙固溶体。铁素体为体心立方晶格,具有磁性及良好塑性,硬度较低。用 4%硝酸酒精溶液浸蚀后,在显微镜下呈亮白色。工业纯铁为明亮等轴晶粒;亚共析钢中铁素体呈块状分布,当含碳量接近共析成分时,铁素体呈现断续的网状分布于珠光体周围。

　　② 渗碳体(Fe_3C):渗碳体是铁与碳形成的金属化合物,碳的质量分数为 6.69%,硬度高,脆性大,具有较强的耐腐蚀性,用 4%硝酸酒精溶液浸蚀后呈白亮色;若用苦味酸钠溶液浸蚀,则渗碳体能被染成暗黑色或棕红色,而铁素体仍为白色,由此可区别铁素体和渗碳体。按照成

分和形成条件的不同,渗碳体可以呈现不同的形态:一次渗碳体直接由液体中析出,故在白口铸铁中呈粗大的条片状;二次渗碳体由奥氏体中析出,往往以网络状形式沿奥氏体晶界分布;三次渗碳体由铁素体中析出,通常以不连续薄片状存在于铁素体晶界处,数量极微,可忽略不计。

③ 珠光体(P):珠光体是铁素体和渗碳体两相组成的呈层片状交替排列的机械混合物珠光体,碳的质量分数为 0.77%,在一般退火处理下是由铁素体与渗碳体相互混合交替排列形成的层片状组织。经 4%硝酸酒精溶液浸蚀后,渗碳体和铁素体均呈白色,但在不同放大倍数的显微镜下看到具有不同特征的珠光体组织。当放大倍数较低时,珠光体中的渗碳体看到的只是一条黑线,甚至珠光体片层因不能分辨而呈黑色。

④ 莱氏体(Ld'):莱氏体在室温时是珠光体和渗碳体所组成的机械混合物。莱氏体碳的质量分数为 4.30%,经 4%的硝酸酒精溶液侵蚀后,其组织特征是白色渗碳体上分布着黑色点状珠光体及黑色条状的珠光体。

2. 铁碳合金平衡组织的显微分析

$Fe - Fe_3C$ 相图的各种合金,按其含碳量及组织特点的不同,可分为工业纯铁、钢和铸铁三大类。

(1) 工业纯铁

含碳量≤0.021 8%(质量分数)的铁碳合金通常称为工业纯铁,室温下它是由铁素体和极少量沿晶界呈短杆状分布的三次渗碳体所组成的两相组织。

(2) 碳　钢

含碳量 0.021 8%~2.11%的铁碳合金通称为碳钢。碳钢又可分为以下几种:

① 亚共析钢:亚共析钢的室温组织由铁素体和珠光体组成,如图 11 - 3 所示。随着含碳量的增加,铁素体的数量逐渐减少而珠光体的数量逐渐增多。

② 共析钢:共析钢的室温组织由单一的珠光体组成,如图 11 - 4 所示。

图 11 - 3　亚共析钢的显微组织　　　　　　图 11 - 4　共析钢的显微组织

③ 过共析钢:过共析钢的室温组织形态为层片状(或黑色)的珠光体加上围绕其周围的白色细网状的二次渗碳体,如图 11 - 5 所示。

(3) 白口铸铁

含碳量 2.11%~6.69%的铁碳合金通称为白口铸铁。白口铸铁又可分为以下几种:

① 亚共晶白口铸铁:亚共晶白口铸铁的室温组织为珠光体+二次渗碳体+低温莱氏体。经硝酸酒精溶液浸蚀后,二次渗碳体与低温莱氏体中的共晶渗碳体混在一起难以分辨,珠光体

呈黑色骨胳状,低温莱氏体呈斑点状。亚共晶白口铸铁的显微组织如图 11-6 所示。

    ② 共晶白口铸铁:共晶白口铸铁的室温组织由单一的低温莱氏体组成,如图 11-7 所示。

    ③ 过共晶白口铸铁:过共晶白口铸铁的室温组织为低温莱氏体+一次渗碳体。用硝酸酒精溶液浸蚀后,一次渗碳体呈亮白色粗大针片状,如图 11-8 所示。

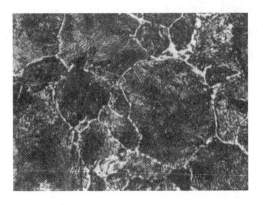
图 11-5　过共析钢的显微组织

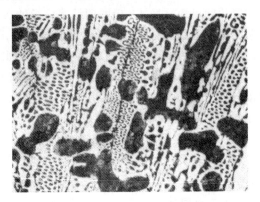
图 11-6　亚共晶白口铸铁的显微组织

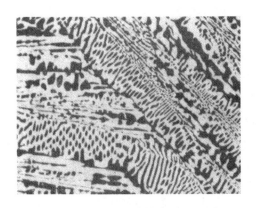
图 11-7　共晶白口铸铁的显微组织

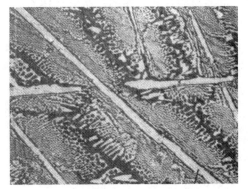
图 11-8　过共晶白口铸铁的显微组织

三、实验内容

    ① 观察并分析表 11-5 所列的铁碳合金的显微组织。

    ② 绘出所观察样品的显微组织示意图。

表 11-5　各种铁碳合金显微试品

材　料	热处理	组织名称及特征	浸蚀剂	放大倍数
10 钢	退火	铁素体(呈块状)和极少量的珠光体	4%硝酸酒精溶液	400
20 钢	退火	铁素体(呈块状)和少量的珠光体	4%硝酸酒精溶液	400
45 钢	退火	铁素体(呈块状)和相当数量的珠光体	4%硝酸酒精溶液	400
65 钢	退火	占大部分的深色组织为珠光体,白色为铁素体	4%硝酸酒精溶液	400

材　料	热处理	组织名称及特征	浸蚀剂	放大倍数
T8 钢	退火	铁素体(宽条状)和渗碳体(细条状)相间交替排列	4%硝酸酒精溶液	400
T12	退火	珠光体(暗色基底)和细网状二次渗碳体	4%硝酸酒精溶液	400
亚共晶白口铁	退火	珠光体(呈黑色枝晶状)、莱氏体(斑点状)和二次渗碳体(在枝晶周围)	4%硝酸酒精溶液	400
共晶白口铁	退火	莱氏体,即珠光体(黑色细条及斑点状)和渗碳体(亮白色)	4%硝酸酒精溶液	400
过共晶白口铁	退火	莱氏体(暗色斑点)和一次渗碳体(粗大条片状)	4%硝酸酒精溶液	400

四、实验设备及材料

① 金相显微镜;

② 铁碳合金显微试样一套(见表 11 - 5)。

五、实验方法及步骤

① 本实验中,学生应根据铁碳合金相图分析各类成分合金的组织形成过程,并通过对铁碳合金平衡组织的观察和分析,熟悉钢和铸铁的金相组织和形态特征,以进一步建立成分与组织之间相互关系的概念。

② 实验前学生应复习有关内容并阅读实验指导书,为实验做好理论方面的准备。

③ 在显微镜下观察每块试样,注意试样上的灰尘、污渍、划痕等与显微组织的区别。

④ 绘出所观察到的显微组织示意图。画图时应抓住组织形态的特征,并在图中表示出来。

铁碳合金平衡组织的显微分析

碳钢平衡组织分析实验报告

实验日期： 年 月 日

一、实验目的

二、实验设备及材料

三、画出亚共析钢、共析钢和过共析钢的显微组织示意图,并标出组织组成物的名称。

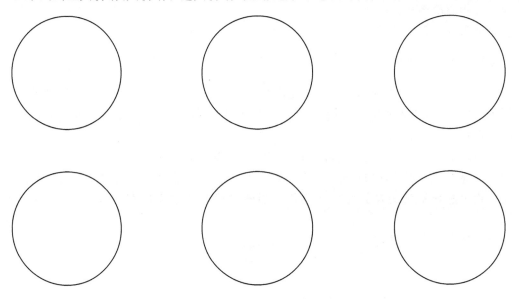

四、说出含碳量对碳钢平衡组织及力学性能的影响规律。

<h1 style="text-align:center">实验三　碳钢的热处理</h1>

一、实验目的

① 了解普通热处理(退火、正火、淬火及回火)操作方法。

② 分析碳钢在热处理时,加热温度、冷却速度及回火温度对其组织与硬度的影响。

③ 进一步熟悉洛氏硬度计的使用方法。

二、实验概述

碳钢的热处理就是通过加热、保温和冷却改变其内部组织,从而获得所需要的物理、化学、机械和工艺性能的一种操作方法。一般热处理的基本操作有退火、正火、淬火及回火。

热处理操作中,加热温度、保温时间和冷却方式是最重要的三个基本工艺因素,正确选择它们的规范,是热处理成功的基本保证。

1. 加热温度的确定

(1) 退火加热温度

亚共析钢的退火加热温度是 $Ac_3+(20\sim30)℃$(完全退火),退火加热的目的是消除铸锻后组织缺陷、细化晶粒、消除应力、降低硬度,为以后的加工及热处理做组织和性能准备。

共析钢和过共析钢的退火加热温度是 $Ac_1+(20\sim30)℃$(球化退火),退火加热的目的是获得球状珠光体,降低硬度、改善高碳钢的切削性能,减轻淬火时的变形和开裂倾向。

(2) 正火加热温度

亚共析钢、共析钢的正火加热温度为 $Ac_3+(30\sim50)℃$;过共析钢的正火加热温度为 $Ac_{cm}(30\sim50)℃$。正火加热的目的是消除铸锻后的组织缺陷、细化晶粒、消除应力、改善切削加工性。过共析钢正火还可以抑制网状渗碳体组织的出现。不同含碳量的碳钢在退火及正火状态下的强度和硬度值见表 11-6。

表 11-6　碳钢在退火及正火状态下的机械性能

性　能	热处理状态	含碳量/%		
		≤0.1	0.2~0.3	0.4~0.6
硬度(HB)	退火	~120	150~160	180~230
	正火	130~140	160~180	220~250
强度 $\sigma_b/(MN\cdot m^{-2})$	退火	300~330	420~500	560~670
	正火	340~360	480~550	660~760

(3) 淬火加热温度

亚共析钢的加热温度是 $Ac_3+(30\sim50)℃$,经适当的保温后,得到均匀细小的奥氏体。当在水中快冷时,就会得到均匀细小的条片状马氏体及少量的残余奥氏体。如果加热温度过高,会得到粗大的奥氏体晶粒,淬火后得到的马氏体晶粒也粗大。粗大的马氏体组织会使钢的韧性下降,具有这种组织的零件或模具在工作过程中容易发生脆断现象。若加热温度在

$Ac_1 \sim Ac_3$ 范围内时,则碳钢的高温组织为奥氏体+铁素体,淬火冷却后的组织为马氏体+铁素体。由于铁素体的存在,显著减小了钢的强化效果。淬火的过热和欠热组织都是因淬火温度选择不当产生的。

过共析钢的淬火加热温度是 $Ac_1 + (30 \sim 50)$ ℃,此时得到细小的奥氏体+未溶的颗粒状二次渗碳体。淬火后的组织为马氏体+渗碳体,也有少量的残余奥氏体。如果淬火温度选在 Ac_{cm} 以上,则钢中二次渗碳体全部溶入奥氏体。淬火冷却后,除得到粗大的片状马氏体外,还会得到较多的残余奥氏体。作为强化相的未溶渗碳体没有了,而硬度低的残余奥氏体增多了,所以过共析钢过热淬火组织的硬度、耐磨性和韧性都不如正常淬火的组织,对于共析钢,其正常的淬火温度是 $Ac_1 + (30 \sim 50)$ ℃。

各种不同成分碳钢的临界温度见表 11-7。

表 11-7 各种碳钢的临界温度(近似值)

类 别	钢 号	临界温度/℃			
		Ac_1	Ac_3 或 Ac_{cm}	Ar_1	Ar_3
碳素结构钢	20	735	855	680	835
	30	732	813	677	835
	45	724	780	682	760
	60	727	766	695	721
碳素工具钢	T7	730	770	700	743
	T8	730	—	700	—
	T10	730	800	700	—
	T12	730	820	700	—

(4) 淬火碳钢的回火

碳钢制件淬火后都必须进行回火处理,以减小或消除内应力,提高韧性,获得比较稳定的组织和性能。

回火是将已淬火的碳钢加热到 A_1 以上某一温度,适当保温一段时间,然后空冷或炉冷至室温。在回火的保温盒冷却过程中,淬火马氏体和残余奥氏体都要发生分解和分解产物的聚集长大。随着回火温度的升高,淬火碳钢的组织依次得到回火马氏体、回火托氏体和回火索氏体,淬火碳钢的硬度将依次降低,韧性将逐渐回升,内应力也逐渐趋于消除。

低温回火的温度一般为 150~250 ℃,淬火后低温回火得到的组织为回火马氏体,硬度约为 58~64 HRC。低温回火的目的是降低淬火后钢的应力,减小钢的脆性,但保持钢的高硬度。低温回火常用于高碳钢切削刀具、量具和轴承等工件的处理。

中温回火的温度一般为 300~500 ℃,淬火后中温回火得到的组织为回火托氏体,硬度约为 35~45 HRC。中温回火的目的是获得具有良好的弹性和强度的钢,同时使钢保持一定的韧性和较高的硬度。中温回火主要用于中高碳钢弹簧的热处理。

高温回火的温度一般为 500~650 ℃,淬火后高温回火得到的组织为回火索氏体,硬度约为 25~35 HRC。高温回火的目的是获得既有一定强度、硬度,又有良好塑性和韧性的综合机械性能的碳钢。所以把淬火后经高温回火的处理工艺称为调质处理。高温回火主要用于中碳结构钢机器零件的热处理。

钢经调质后的硬度与正火后的硬度相近,但塑性和韧性却显著高于正火。表 11 - 8 所列为 45 钢淬火后经不同温度回火的组织性能。

表 11 - 8　45 钢经淬火及不同温度回火后的组织和性能

类　型	回火温度/℃	回火后的组织	回火后的硬度(HRC)	性能特点
低温回火	<250	回火马氏体＋残余	58~64	高硬度,内应力减小
		奥氏体＋碳化物		
中温回火	250~500	回火屈氏体	35~45	硬度适中,有高的弹性
高温回火	>500	回火索氏体	25~35	具有良好塑性、韧性和一定强度相配合的综合性能

2. 保温时间

淬火加热时间实际上是将试样加热到淬火温度所需的时间及在淬火温度停留所需时间的总和。加热时间与钢的成分、工件的形状尺寸、所用的加热介质、加热方法等因素有关,一般按照经验公式加以估算。碳钢在电炉中加热时间的计算见表 11 - 9。

回火时的保温时间与回火温度有关。一般来说,低温回火保温时间要长一些(1.5~2 h),高温回火保温时间可短一些(0.5~1 h)。由于实验中所用试样较小,故保温时间可为 30 min。

表 11 - 9　碳钢在箱式电炉中加热时间的确定

加热温度/℃	工件形状		
	圆柱形	方形	板形
	保温时间/min		
	每毫米直径	每毫米厚度	每毫米厚度
700	1.5	2.2	3
800	1.0	1.5	2
900	0.8	1.2	1.6
1 000	0.4	0.6	0.8

3. 冷却方法

退火一般采用随炉冷却,正火采用空冷(大件也可吹风冷却)。

淬火的冷却方法有单介质淬火、双介质淬火、分级淬火和等温淬火等多种。其目的是要保证工件的实际冷却速度高于钢的临界冷却速度,这是淬火的必要条件;在此前提下,应采用尽量小的冷却速度以避免工件变形和开裂。回火后一般空冷即可。最常用的淬火介质是水和油,各种冷却介质的特性见表 11 - 10。

对碳钢来说,回火工艺的选择主要是考虑回火温度和保温时间这两个因素。几种常用碳钢(45、T8、T10 和 T12 钢)的回火温度与硬度见表 11 - 11。

表 11 - 10　几种常用淬火介质的冷却能力

冷却介质	在下列温度范围内的冷却速度/($℃ \cdot s^{-1}$)	
	650~550 ℃	300~200 ℃
18 ℃的水	600	270
26 ℃的水	500	270
50 ℃的水	100	270
12％NaCl 水溶液(18 ℃)	1 100	300
10％NaOH 水溶液(18 ℃)	1 200	300
10％Na_2CO_3 水溶液(18 ℃)	800	270
蒸馏水	250	200
肥皂水	30	200
菜籽油(50 ℃)	200	35
矿物机器油(50 ℃)	150	30
变压器油(50 ℃)	120	25

表 11 - 11　各种不同温度回火后的硬度值(HRC)

回火温度/℃	硬度值(HRC)			
	45 钢	T8 钢	T10 钢	T12 钢
150~200	60~54	64~60	64~62	65~62
200~300	54~50	60~55	62~56	62~57
300~400	50~40	55~45	56~47	57~49
400~500	40~33	45~35	47~38	49~38
500~600	33~24	35~27	38~27	38~28

注:由于具体处理条件不同,上述数据仅供参考。

三、实验内容

测定热处理后各试样的硬度。

四、实验设备、用品及试样材料

① 加热用箱式电阻炉及测温控温仪表,手钳。

② 热处理实验用 45 钢、T10 钢试样一套。

③ 冷却剂:冷水、机油。

④ 洛氏硬度试验机。

五、实验方法及步骤

① 全班分成两组,每组一套试样。

② 将试样放入要求温度的炉中,保温一段时间,然后分别按要求进行冷却。

③ 每组分别取三块 45 钢和 T10 钢水冷淬火试样进行回火处理。

④ 热处理后的试样磨去两边氧化皮,然后测量硬度。

⑤ 记录实验数据。

六、实验注意事项

① 实验前要进行分工,每个同学都要明确自己所分管的试样和任务。

② 淬火、正火保温时间为 15～20 min,回火保温时间为 30 min。

③ 在放、取试样时必须先切断电源。开关炉门要迅速,炉门打开时间不宜过长。

④ 试样由炉中取出淬火时,动作要迅速,以免温度下降影响淬火质量。

⑤ 试样在淬火液中应不断搅动,否则试样表面会由于冷却不均而出现软点。

⑥ 淬火时水温应保持 20～30 ℃,水温过高时要及时换水。

碳钢的热处理

碳钢的热处理实验报告

实验日期：　　年　月　日

一、实验目的

二、实验设备及材料

三、实验结果

实验结果记入表 11－12 中。

表 11－12　实验结果

钢　号	热处理前 HBS	热处理工艺			热处理后硬度（HRC）
		加热温度/℃	冷却方式	回火温度/℃	
45 钢		830	空冷		
			油冷		
			水冷		
			水冷	200	
			水冷	400	
			水冷	600	
		750	水冷		
T10 钢		830	空冷		
		780	油冷		
			水冷		
			水冷	200	
			水冷	400	
			水冷	600	

四、分析含碳量、加热温度、冷却速度及回火温度对碳钢性能（硬度）的影响。

附　表

附表 1　碳钢及合金钢硬度与强度换算值(摘自 GB/T 1172—1999)

硬　度								抗拉强度 R_m/MPa								
洛　氏		表面洛氏			维氏	布氏 ($F/D^2=30$)		碳 钢	铬 钢	铬钒钢	铬镍钢	铬钼钢	铬 镍 钼 钢	铬 锰 硅 钢	超 高 强度钢	不锈钢
HRC	HRA	HR15N	HR30N	HR45N	HV	HBS	HBW									
20	60.2	68.8	40.7	19.2	226	225		774	742	736	782	747		781		740
21	60.7	69.3	41.7	20.4	230	229		793	760	753	792	760		794		758
22	61.2	69.8	42.6	21.5	235	234		813	779	770	803	774		809		777
23	61.7	70.3	43.6	22.7	241	240		83	798	788	815	789		824		796
24	62.2	70.8	44.5	23.9	247	245		854	818	807	829	805		840		816
25	62.8	71.4	45.5	25.1	253	251		875	838	826	843	822		856		837
26	63.3	71.9	46.4	26.3	259	257		897	859	847	859	840	859	814		858
27	63.8	72.4	47.3	27.5	266	263		919	880	860	876	860	879	893		879
28	64.3	73.0	48.3	28.7	273	269		942	902	892	894	880	901	912		901
29	64.8	73.5	49.2	29.9	280	276		965	925	915	914	902	923	933		924
30	65.3	74.1	50.2	31.1	288	283		989	948	940	935	924	947	954		947
31	65.8	74.7	51.1	32.3	296	291		1 014	972	966	957	948	912	977		971
32	66.4	75.2	52.0	33.5	304	298		1 039	996	993	981	974	999	1 001		996
33	66.9	75.8	53.0	34.7	313	306		1 065	1 027	1 022	1 007	1 001	1 027	1 026		1 021
34	67.4	76.4	53.9	35.9	321	314		1 092	1 048	1 051	1 034	1 029	1 056	1 052		1 047
35	67.9	77.0	54.8	37.0	331	323		1 119	1 074	1 082	1 063	1 058	1 087	1 079		1 074
36	68.4	77.5	55.8	38.2	340	332		1 147	1 102	1 114	1 093	1 090	1 119	1 108		1 101
37	69.0	78.1	56.7	39.4	350	341		1 177	1 131	1 148	1 125	1 122	1 153	1 139		1 130
38	69.5	78.7	57.6	40.6	360	350		1 207	1 161	1 183	1 159	1 157	1 189	1 171		1 161
39	70.0	79.3	58.6	41.8	371	360		1 238	1 192	1 219	1 195	1 192	1 226	1 204	1 195	1 193
40	70.5	79.9	59.5	43.0	381	370	370	1 271	1 225	1 257	1 233	1 230	1 265	1 240	1 243	1 226
41	71.1	80.5	60.4	44.2	393	380	381	1 305	1 260	1 295	1 273	1 269	1 306	1 277	1 290	1 262
42	71.6	81.1	61.3	45.4	404	391	392	1 340	1 296	1 337	1 314	1 310	1 348	1 316	1 336	1 299
43	72.1	81.7	62.3	46.5	416	401	403	1 378	1 335	1 380	1 358	1 353	1 392	1 357	1 381	1 339
44	72.6	82.3	63.2	47.7	428	413	415	1 417	1 376	1 424	1 404	1 397	1 439	1 400	1 427	1 383

续附表1

硬 度								抗拉强度 R_m/MPa								
洛 氏		表面洛氏			维氏	布 氏 ($F/D^2=30$)		碳 钢	铬 钢	铬钒钢	铬镍钢	铬钼钢	铬 镍 钼 钢	铬 锰 硅 钢	超 高 强度钢	不锈钢
HRC	HRA	HR15N	HR30N	HR45N	HV	HBS	HBW									
45	73.2	82.9	64.1	48.9	441	424	428	1 459	1 420	1 469	1 451	1 444	1 487	1 445	1 473	1 429
46	72.7	83.5	65.0	50.1	454	436	441	1 503	1 468	1 517	1 50Z	1 492	1 537	1 493	1 520	1 479
47	74.2	84.0	65.9	51.2	468	449	455	1 550	1 519	1 566	1 554	1 542	1,589	1 543	1 569	1 533
48	74.7	84.6	66.8	52.4	482		470	1 600	1 574	1 617	1 608	1 595	1 643	1 595	1 620	1 592
49	75.3	85.2	67.7	53.6	497		486	1 653	1 633	670	1 665	1 649	1 699	1 651	1 674	1 655
50	75.8	85.7	68.6	54.7	512		502	1 710	1 698	1 724	1 724	1 706	1 758	1 709	1 731	1 725
51	76.3	86.3	69.5	55.9	527		518		1 768	1 780	1 186	1 764	1 819	1 770	1 792	
52	76.9	86.8	70.4	57.1	544		535		1 845	1 839	1 850	1 825	1 881	1 834	1 857	
53	77.4	87.4	71.3	58.2	561		552			1 899	1 917	1 888	1 947	1 901	1 929	
54	77.9	87.9	72.2	59.4	578		569			1 961	1 986			1 971	2 006	
55	78.5	88.4	73.1	60.5	596		585			2 026	2 058			2 045	2 090	
56	79.0	88.9	73.9	61.7	615		601								2 181	
57	79.5	89.4	74.8	62.8	635		616								2 281	
58	80.1	89.8	75.6	63.9	655		628								2 390	
59	80.6	90.2	76.5	65.1	676		639								2 509	
60	81.2	90.6	77.3	66.2	698		647								2 639	
61	81.7	91.0	78.1	67.3	721											
62	82.2	91.4	79.0	68.4	745											
63	82.8	91.7	79.8	69.5	770											
64	83.3	91.9	80.6	70.6	795											
65	83.9	92.2	81.3	71.7	822											
66	84.4				850											
67	85.0				879											
68	85.5				909											

附表 2　碳钢硬度与强度换算值(摘自 GB/T 1172—1999)

硬　度							抗拉强度 R_m
洛　氏	表面洛氏			维　氏	布　氏		/MPa
					HBS		
HRA	HR15N	HR30N	HR45N	HV	$F/D^2=10$	$F/D^2=30$	
60	80.4	56.1	30.4	105	102		375
61	80.7	56.7	31.4	106	103		379
62	80.9	57.4	32.4	108	104		382
63	81.2	58.0	33.5	109	105		386
64	81.5	58.7	34.5	110	106		390
65	81.8	59.3	35.5	112	107		395
66	82.1	59.9	36.6	114	108		399
67	82.3	60.6	37.6	115	109		404
68	82.6	61.2	38.6	117	110		409
69	82.9	61.9	39.7	119	112		415
70	83.2	62.5	40.7	121	113		421
71	83.4	63.1	41.7	123	115		427
72	83.7	63.8	42.8	125	116		433
73	84.0	64.4	43.8	128	118		440
74	84.3	65.1	44.8	130	120		447
75	84.5	65.7	45.9	132	122		455
76	84.8	66.3	46.9	135	124		463
77	85.1	67.0	47.9	138	126		471
78	85.4	67.6	49.0	140	128		480
79	85.7	68.2	50.0	143	130		489
80	85.9	68.9	51.0	146	133		498
81	86.2	69.5	52.1	149	136		508
82	86.5	70.2	53.1	152	138		518
83	86.8	70.8	54.1	156		152	529
84	87.0	71.4	55.2	159		155	540
85	87.3	72.1	56.2	163		158	551
86	87.6	72.7	57.2	166		161	563
87	87.9	73.4	58.3	170		164	576
88	88.1	74.0	59.3	174		168	589
89	88.4	74.6	60.3	178		172	603

续附表 2

硬 度							抗拉强度 R_m /MPa
洛 氏	表面洛氏			维 氏	布 氏		
HRA	HR15N	HR30N	HR45N	HV	HBS		
					$F/D^2=10$	$F/D^2=30$	
90	88.7	75.3	61.4	183		176	617
91	89.0	75.9	62.4	187		180	631
92	89.3	76.6	63.4	191		184	646
93	89.5	77.2	64.5	196		189	662
94	89.8	77.8	65.5	201		195	678
95	90.1	78.5	66.5	206		200	695
96	90.4	79.1	67.6	211		206	712
97	90.6	79.8	68.6	216		212	730
98	90.9	80.4	69.6	222		218	749
99	91.2	81.0	70.7	227		226	768
100	91.5	81.7	71.7	233		232	788

附表 3 常用钢种的临界温度

钢 号	临界温度(近似值)/℃				
	Ac_1	Ac_3	Ar_3	A_{r1}	M_s
优质碳素结构钢					
08F,08	732	874	854	680	
10	724	876	850	682	
15	735	863	840	685	
20	735	855	835	680	
25	735	840	824	680	
30	732	813	796	667	380
35	724	802	774	680	
40	724	790	760	680	
45	724	780	751	682	
50	725	760	721	690	
60	727	766	743	690	
70	730	743	727	693	
85	725	737	695	—	220
15Mn	735	863	840	685	
20Mn	735	854	835	682	
30Mn	734	812	796	675	
40	726	790	768	689	
50Mn	720	760	—	660	
普通低合金结构钢					
16Mn	736	849~867	—	—	

钢　号	临界温度（近似值）/℃				
	Ac_1	Ac_3	Ar_3	A_{r1}	M_s
09Mn2V	736	849～867	—	—	
15MnTi	734	865	779	615	
15MnV	700～720	830～850	780	635	
18MnMoNb	736	850	756	646	
合金结构钢					
20Mn2	725	840	740	610	400
30Mn2	718	804	727	627	
40Mn2	713	766	704	627	340
45Mn2	715	770	720	640	320
25Mn2V	—	840	—	—	
42Mn2V	725	770	—	—	330
35SiMn	750	830	—	645	330
50SiMn	710	797	703	636	305
20Cr	766	838	799	702	
30Cr	740	815	—	670	
40Cr	743	782	730	693	355
45Cr	721	771	693	660	
50Cr	721	771	693	660	
20CrV	768	840	704	782	
40Cr	755	790	745	700	
38CrSi	763	810	755	680	
20CrMn	765	838	798	700	
30CrMnSi	760	830	705	670	
18CrMnTi	740	825	730	650	
30CrMnTi	765	790	740	660	
35CrMo	755	800	750	695	271
40CrMnMo	735	780	—	680	
38CrMoAl	800	940	—	730	
20CrNi	733	804	790	666	
40CrNi	731	769	702	660	
12CrNi3	715	830	—	670	
12Cr2Ni4	720	780	660	575	
20Cr2Ni4	720	780	660	575	
40CrNiMo	732	774	—	—	
20Mn2B	730	853	736	613	
20MnTiB	720	843	795	625	
20MnVB	720	840	770	635	
45B	725	770	720	690	
40MnB	735	780	700	650	
40MnVB	730	774	681	639	
弹簧钢					

钢　号	临界温度（近似值）/℃				
	Ac_1	Ac_3	Ar_3	A_{r1}	M_s
65	727	752	730	696	
70	730	743	727	693	
85	723	737	695	—	220
65Mn	726	765	741	689	270
60Si2Mn	755	810	770	700	305
50CrMn	750	775	—	—	250
50CrVA	752	788	746	688	270
55SiMnMoVNb	744	775	656	550	
滚动轴承钢					
GCr9	730	887	721	690	
GCr15	745	—	—	700	
GCr15SiMn	770	872	—	708	
碳素工具钢					
T7	730	770	—	770	
T8	730	—	—	700	
T10	730	800	—	700	
T11	730	810	—	700	
T12	730	810	—	700	
合金工具钢					
6SiMnV	743	768	—	—	
5SiMnMoV	764	788	—	—	
9CrSi	770	870	—	730	
3Cr2W8V	820～830	1 100	—	790	
CrWMn	750	940	—	710	
5CrNiMo	710	770	—	680	
MnSi	760	865	—	708	
W2	740	820	—	710	
高速工具钢					
W18Cr4V	820	1 330	—		
W9Cr4V2	810	—	—		
W6Mo5Cr4V2Al	835	885	770	820	
W6Mo5Cr4V2	835	885	770	820	
W9Cr4V2Mo	810	—	—	760	
不锈、耐酸、耐热钢					
1Cr13	730	850	820	700	
2Cr13	820	950	—	780	
3Cr13	820	—	—	780	
4Cr13	820	1 100	—	—	
Cr17	860	—	—	810	
9Cr18	830	—	—	810	
Cr17Ni2	810	—	—	780	
Cr6SiMo	850	890	790	765	

附表 4　非合金钢、低合金钢和合金钢的合金元素含量界限值(GB/T 13304.1—2008)

合金元素	合金元素规定含量界限值/%		
	非合金钢	低合金钢	合金钢
Al	<0.10	—	≥0.10
B	<0.000 5	—	≥0.000 5
Cr	<0.30	0.30~<0.50	≥0.50
Co	<0.10	—	≥0.10
Cu	<0.10	0.10~<0.50	≥0.50
Mn	<1.00	1.00~<1.40	≥1.40
Mo	<0.05	0.05~<0.10	≥0.10
Ni	<0.30	0.30~<0.50	≥0.50
Nb	<0.02	0.02~<0.06	≥0.06
Pb	<0.40	—	≥0.40
Si	<0.50	0.50~<0.90	≥0.90
Ti	<0.05	0.05~<0.13	≥0.13
W	<0.10	—	≥0.10
V	<0.04	0.04~<0.12	≥0.12
Zr	<0.05	0.05~<0.12	≥0.12
La 系(每一种元素)	<0.02	0.02~<0.05	≥0.50
其他规定元素(S、P、C、N 除外)	<0.05	—	≥0.50

注:La 系元素含量也可视为混合稀土含量的总量。

附表 5　常用结构钢退火及正火工艺规范

牌　号	相变温度/℃			退　火			正　火	
	Ac_1	Ac_3	Ar_1	加热温度/℃	冷　却	HBS	加热温度/℃	HBS
35	724	802	680	850~880	炉冷	≤187	860~890	≤191
45	724	780	682	800~840	炉冷	≤197	840~870	≤226
45Mn2	715	770	640	810~840	炉冷	≤217	820~860	187~241
40Cr	743	782	693	830~850	炉冷	≤207	850~870	≤250
35CrMo	755	800	695	830~850	炉冷	≤229	850~870	≤241
40MnB	730	780	650	820~860	炉冷	≤207	850~900	197~207
40CrNi	731	769	660	820~850	炉冷<600 ℃	—	870~900	≤250
40CrNiMoA	732	774	—	840~880	炉冷	≤229	890~920	—
65Mn	726	765	689	780~840	炉冷	≤229	820~860	≤269
60Si2Mn	755	810	700	—	—	—	830~860	≤254

牌　号	相变温度/℃			退　火			正　火	
	Ac_1	Ac_3	Ar_1	加热温度/℃	冷　却	HBS	加热温度/℃	HBS
50CrVA	752	788	688	—	—	—	850～880	≤288
20	735	855	680	—	—	—	890～920	≤156
20Cr	766	838	702	860～890	炉冷	≤179	870～900	≤270
20CrMnTi	740	825	650	—	—	—	950～970	156～207
20CrMnMo	710	830	620	850～870	炉冷	≤217	870～900	—
38CrMoAl	800	940	730	840～870	炉冷	≤229	930～970	—

附表 6　常用工具钢退火及正火工艺规范

牌　号	相变温度/℃			退　火			正　火	
	Ac_1	Ac_{cm}	Ar_1	加热温度/℃	等温温度/℃	HBS	加热温度/℃	HBS
T8A	730	—	700	740～760	650～680	≤187	760～780	241～302
T10A	730	800	700	750～770	680～700	≤197	800～850	255～321
T12A	730	820	700	750～770	680～700	≤207	850～870	269～341
9Mn2V	736	765	652	760～780	670～690	≤229	870～880	—
9SiCr	770	870	730	790～810	700～720	187～241	—	—
CrVMn	750	940	710	770～790	680～700	207～255	—	—
GCr15	745	900	700	790～810	710～720	207～229	900～950	270～390
Cr12MoV	810	—	760	850～870	720～750	207～255	—	—
W18Cr4V	820	—	760	850～880	730～750	207～255	—	—
W6Mo5Cr4V2	845～880	—	740～805	850～870	740～750	≤255	—	—
5CrMnMo	710	760	650	850～870	～680	197～241	—	—
5CrNiMo	710	770	680	850～870	～680	197～241	—	—
3Cr2W8V	820	1 100	790	850～860	720～740	—	—	—

参考文献

[1] 高为国,钟利萍. 机械工程材料[M]. 长沙:中南大学出版社,2020.

[2] 耿家源,梁汉优. 机械工程材料[M]. 西安:西北工业大学出版社,2017.

[3] 赵程,杨建民. 机械工程材料[M]. 北京:机械工业出版社,2015.

[4] 刘爱辉,伍广. 工程材料及热加工[M]. 吉林:吉林科学技术出版社,2019.

[5] 崔忠圻,覃耀春. 金属学与热处理[M]. 北京:机械工业出版社,2020.

[6] 吴玉程. 材料科学与工程导论[M]. 北京:高等教育出版社,2020.

[7] 黄伯云. 材料大辞典[M]. 北京:化学工业出版社,2016.

[8] 石德珂. 材料科学基础[M]. 北京:机械工业出版社,2021.

[9] 陈玉清,陈云霞. 材料结构与性能[M]. 北京:化学工业出版社,2014.

[10] 于文强,陈宗民. 工程材料与热成型技术[M]. 北京:机械工业出版社,2020.

[11] 李长河,杨建军. 金属工艺学[M]. 北京:科学出版社,2019.

[12] 程芳. 机械工程材料及热处理[M]. 北京:北京理工大学出版社,2011.

[13] 谢乐林. 工程材料及热处理[M]. 哈尔滨:哈尔滨工程大学出版社,2010.

[14] 陈文凤. 机械工程材料[M]. 北京:北京理工大学出版社,2010.

[15] 李龙根. 工程材料与加工[M]. 北京:机械工业出版社,2009.

[16] 朱黎江. 金属材料与热处理[M]. 北京:北京理工大学出版社,2011.

[17] 付廷龙. 工程材料与机加工概论[M]. 北京:北京理工大学出版社,2010.

[18] 张铁军. 机械工程材料[M]. 北京:北京大学出版社,2011.

[19] 万轶,顾伟,师平. 机械工程材料[M]. 西安:西北工业大学出版社,2019.

[20] 齐民,于永泗. 机械工程材料[M]. 大连:大连理工大学出版社,2017.

[21] 严绍华. 热加工工艺基础[M]. 北京:高等教育出版社,2010.

[22] 李英. 工程材料及其成型[M]. 北京:人民邮电出版社,2007.

[23] 周超梅. 金属材料与模具材料[M]. 北京:北京理工大学出版社,2009.

[24] 国家质量监督检验检疫总局,国家标准化管理委员会. GB/T 230.1—2009 金属材料洛氏硬度试验第1部分:试验方法[S]. 北京:中国标准出版社,2009.

[25] 国家质量监督检验检疫总局,国家标准化管理委员会. GB/T 231.1—2009 金属材料布氏硬度试验第1部分:试验方法[S]. 北京:中国标准出版社,2009.

[26] 国家质量监督检验检疫总局,国家标准化管理委员会. GB/T 228.1—2010 金属材料拉伸试验第1部分:室温试验方法[S]. 北京:中国标准出版社,2010.